U0273987

水利建设与项目管理

王春磊　李刚　姚亮　主编

吉林科学技术出版社

图书在版编目（CIP）数据

水利建设与项目管理 / 王春磊, 李刚, 姚亮主编
.-- 长春 : 吉林科学技术出版社, 2018.7
ISBN 978-7-5578-4914-6

Ⅰ.①水… Ⅱ.①王… ②李… ③姚… Ⅲ.①水利工程－项目管理－研究 Ⅳ.①TV512

中国版本图书馆CIP数据核字(2018)第143753号

水利建设与项目管理

主　　编　王春磊　李　刚　姚　亮
出 版 人　李　梁
责任编辑　孙　默
装帧设计　陈　磊
开　　本　787mm×1092mm　1/16
字　　数　280千字
印　　张　20.5
印　　数　1-3000册
版　　次　2019年5月第1版
印　　次　2019年5月第1次印刷

出　　版　吉林出版集团
　　　　　吉林科学技术出版社
发　　行　吉林科学技术出版社
地　　址　长春市人民大街4646号
邮　　编　130021
发行部电话/传真　0431-85635177　85651759　85651628
　　　　　　　　　85677817　85600611　85670016
储运部电话　0431-84612872
编辑部电话　0431-85635186
网　　址　www.jlstp.net
印　　刷　三河市天润建兴印务有限公司

书　　号　ISBN 978-7-5578-4914-6
定　　价　118.00元

前　言

中国治水古已有之，从大禹治水至今，中华民族治水的历史源远流长，但是在自然环境、水利治理水平等各种因素的制约下，水旱灾害一直存在，在中华人民共和国成立之前，河道长期失治，给人们带来了严重的灾难。

改革开放以后，中国修建了长江三峡及黄河小浪底等复杂的水利工程，这当然是基于水利科技的进步，在中国研究者的不懈努力下，中国的许多水利水电开发技术已经位于世界前列，不只为中国的水利建设，也为世界的水利建设做出了贡献。进入21世纪后，在党的科学发展观的引领下，人们更加重视与自然的和谐相处，水利得到了大力发展，并取得了令人瞩目的成果。党的十八大报告中对水利工作给予高度重视，并将水利放在生态文明建设的突出位置，提出了更高要求，在水利基础设施建设方面，要加快建设，增强城乡防洪抗旱排涝能力，强化水、大气、土壤污染防治；在水利改革创新方面，要完善水资源管理制度，建立资源的有偿使用制度和生态补偿制度，积极开展排污权、水权交易试点。这些重大战略充分体现了党对水利工作的高度重视，为加快水利改革发展，推进中国特色水利建设现代化事业指明了方向，我们要按照十八大的战略部署，扎扎实实地做好各项水利工作，不断开拓水利改革发展新局面。

本书主要分为三个部分，第一部分为水利工程建设与水库建设管理，在介绍水利工程建设基本理论的基础上分析了水利工程建设项目前期管理、水利工程建设项目施工管理及水库建设管理；第二部分为水利工程质量评定，分别论述了水利工程质量检测及水利工程质量评定；第三部分为新材料在水库、河道中的运用，分别论述了新材料在水库防渗、加固中的应用及新材料在河道治理中的应用。

与已有的同类研究成果相比，本书主要具有以下三大特色：

一是全面性与实用性。本书论述了水利工程建设与项目管理，水库建设管理，水利工程质量评估、检测与鉴定及新材料在水库、河道等水利工程中的应用，内容广博，信息量丰富，这为水利工程施工项目的实际工作提供了指导。

二是针对性。水利工程一般建筑在江河之上，一旦失事后果不堪设想，水利建设投资巨大，这就更加需要保证水利工程建设的质量，在此形势下，国家高度重视水利建设，本书就是针对水利建设与项目管理的理论著作，可以供专业从业人员阅读，也可以为他们提供技术和理论上的指导。

三是创新性。对于水库防渗、加固，本书论述了灌浆新材料在水库防渗堵漏中的应用、新型封堵材料在水库防渗中的应用及加固新材料在水库加固中的应用；对于河道治理，本书论述了新材料在河道整治中的应用及新材料在河道加固中的应用。

需要说明的是，水利工程建设与项目管理并不止于本书的内容，尤其是其中的某些项目管理方法、测评技术等随着科技的发展而不断进步，这还需要项目管理者根据现实情况合理利用。

本书在编写过程中得到了相关领导的支持和鼓励，同时参考和借鉴了有关专家、学者的研究成果，在此表示诚挚的感谢！当然，由于编者水平有限，加上时间仓促，书中难免存在疏漏与不妥之处，欢迎广大读者给予批评指正！

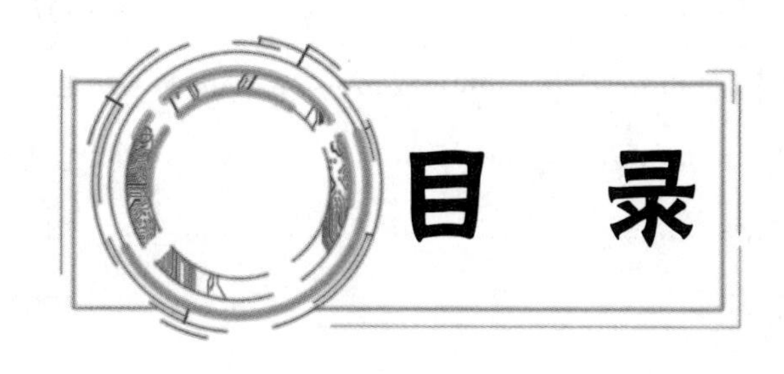

第一部分 水利工程建设与水库建设管理

第二部分　水利工程质量评定

第三部分　新材料在水库、河道中的运用

第一部分

水利工程建设与水库建设管理

在中国的经济建设中，水利工程作为一项重要的基础设施，发挥了巨大的作用。从防洪、排涝到抗旱、减灾再到水电建设，它不但保障和服务了民生，而且有效地促进了国民经济和社会的发展。为此，必须强化水利建设与项目管理，只有这样才能保证水利工程稳定、安全地运行，将水利工程的效能尽可能地发挥出来，从而获得更大的经济效益，提高水资源供给和生态保护的能力，为社会主义发展做出更大贡献。

当前，中国水利建设与项目管理中还存在一些亟待解决的问题，如项目法人责任未得到严格的落实，使得项目建设主体不明，造成资金不足、施工程序混乱、整个水利工程建设质量难以得到保障的后果；在工程建设中忽略了社会、政治、经济、环境之间的联系，抑制了其最大经济效益的发挥；在质量监督检查中，质量监管不到位，影响了整个工程的质量；等等。

对于如何对当前水利工程建设和水库建设进行合理管理问题，本部分从四个章节进行了阐述。首先介绍了水利工程的分类，前期、中期、后期的相关工作，项目制度与法人的相关内容；其次，就招标、投标、合同管理等水利工程建设项目的前期管理问题进行了阐述；再次，从施工管理的五个方面介绍了水利工程建设和水库建设管理，这五个方面分别是现场管理、成本管理、质量管理、进度管理、安全管理；最后，概述了在水库建设管理中的移民管理、风险管理、施工管理等。

第一章　水利工程建设概述

近年来，中国社会经济得到了突飞猛进的发展，中国在社会建设中所投入的人力、财力越来越多，水利工程作为重要的建设工程受到了越来越多的关注，也取得了一定的成绩。在中国社会经济发展中水利工程的地位日益突出，但是在其施工建设过程中的管理工作还需要进一步完善。目前水利工程项目的施工管理依然处在探索发展阶段，其进行的过程中依旧有一些常见的问题，这些问题都直接影响到水利工程的施工质量。

第一节 水利工程分类

水利工程按照其功能、作用、投资渠道及规模不同有几种分类方法，根据1997年国家计划委员会发布的《水利产业政策》，水利工程按照功能和作用分为两类，甲类（公益性项目）和乙类（准公益性和经营性项目）；按照受益范围分为中央项目和地方项目；按照规模大小分为大中型项目和小型项目。2003年水利部制定的《水利基本建设投资计划管理暂行办法》（水规计[2003]344号），对水利基本建设项目类型划分做出了明确的规定，目前水利工程建设项目类型划分按照此办法执行。

一、按照功能和作用分类

水利工程建设项目按照其功能和作用分为甲类（公益性项目）、乙类（准公益性和经营性项目）。

（一）公益性项目

指防洪、排涝、抗旱和水资源管理等社会公益性管理和服务功能，自身无法得到相应经济回报的水利项目。如堤防工程、河道整治工程、蓄洪区安全建设、除涝、水土保持、生态建设、水资源保护、贫困地区人畜饮水、防汛通信、水文设施等。

1.公益性水利工程基本特征分析

（1）公益性水利工程经济学特征

公益性水利工程是典型的公共物品，因此，它的经济学特征主要表现为：

①项目的国家主体性。公益性水利工程具有明显的社会效益和生态效益，直接的经济效益不显著或根本没有，但其间接经济效益明显，加之投资规模都比较大，这就决定了私人无法或不愿进入公益性水利工程领域进行投资，而只有依

靠政府通过税收的集中和财政预算的方式决定公益性水利工程的供给数量，因此，国家便成为公益性水利工程的项目投资主体。

②消费的非竞争性。消费的非竞争性是指受益者的增加不会引起其他受益者所享受到的效益的减少，换言之，受益者的增加引起的社会边际成本为零。在公益性水利工程的效益享受上，每个受益者能获得相同的效应，而且互不干扰。尽管新增受益者的边际费用为零，但提供公益性水利工程的费用并不为零，这一费用必须由政府通过某种途径加以补偿。

③消费的非排他性。如同经济学中所称的“灯塔现象”，虽然在公益性水利工程保护区内的众多企事业单位和广大城乡居民都得到了生命财产安全保障的好处和利益，但要其为此支付费用和承担责任是非常困难的，这就是公共物品消费中的“搭便车”现象。因此，公益性水利工程难于进行市场交换，一般企业不愿也无法提供这类产品或服务。

④生产中的自然垄断性。水利工程的规模经济性决定了它的自然垄断性，同时由于公共物品消费的非竞争性和非排他性，政府便成了生产和供给公共物品的行为主体，在公共物品的生产和供给上一般不会出现像私人商品那样激烈的竞争，从而排除了有效竞争性，这将导致低效率和资源浪费。由于没有市场竞争加以约束和限制，为了保证公益性水利工程的质量、工期和资金使用效率，就需要某种形式的公共干预。

（2）公益性水利工程财务特征

①工程本身不直接创造财富，而是具有除害效益或减少损失的效益，也就是说，公益性水利工程本身没有财务效益，因此，项目难以完全按照市场经济的规律运行。

②伴随洪水的随机性，工程的减灾效益表现为不确定性。如临淮岗洪水控制工程，工程建成后可将淮河中游正阳关以下地区防洪标准提高到百年一遇，但如果不发生百年一遇的大洪水，该工程不仅收不到任何经济效益，每年还要产生大量的维护费用。

③国民经济和社会效益巨大，统计资料表明，50年来，治淮总投入为923亿元，直接经济效益达5660亿元，为总投入的6倍。太湖流域1991年以来已建成工程直接减灾效益达158亿元，是已经投入治太资金的2. 5倍。长江流域1950—1983

年，国家用于长江防洪工程建设运行的投资总计96.48亿元，在此34年间总效益为935亿元，是总投资的9. 69倍、1951—1985年用于黄河防洪工程的总费用（含运行费）52. 68亿元，此间，黄河下游获得的除害效益为494亿元，投入“产出”比为1：9。此外，保护人民生命安全、社会安定、环境保护、预防疾病流行等不能用货币计算的间接经济效益和非经济效益也是十分巨大的。

（3）公益性水利工程项目管理特征

①项目建设的行政管理力度大。公益性水利工程的上述特点，决定了国家成为公益性水利工程筹建和运营的主体。项目的立项、策划、设计与审批要经过国家各级主管部门的严格把关，各级计划、基建、财务、监察、审计等部门依据各自的职权范围对工程项目建设单位贯彻执行国家有关法律、行政法规和方针政策的情况，建设项目的招标投标、工程质量、进度等情况，资金使用、概算控制的真实性、合法性以及单位主要负责人的经营管理行为进行行政管理和监督。另外，公益性水利工程产生的社会效益和间接经济效益虽然十分巨大，但对于局部地区和少数人的利益来说可能会受损，因此，在建设中存在大量的协调工作，很多问题无法用经济方式来解决，需要地方政府组建工程项目协调机构，用各种手段，以行政手段为主，以经济手段为辅对工程建设的外部环境负责协调保障，这也是公益性水利工程项目管理的一大特点。

②项目建管可能存在分阶段的责任主体。在项目的立项阶段，对于项目是否兴建、如何兴建、项目的经济合理性与技术可行性等方面，对项目的管理主要侧重在决策，且持续时间较长。在具体实施阶段，项目管理的重点主要集中在建设项目施工的“三控制、二管理、一协调”，即进度控制、投资控制、质量控制，合同管理、信息管理以及协调各方关系，对项目的管理主要侧重在组织、控制、协调，对时间有一定的要求。在项目建成后的管理阶段，主要是保持工程的良好工情，按正确的调度原则进行调度运行，发挥工程作用，这一阶段对项目的管理是比较程序化的管理。针对不同阶段的特点，可以选择相应阶段的责任主体负责建设管理。

（二）准公益性项目

指既有社会效益，又有经济效益，并以社会效益为主的水利项目。如综合利用的水利枢纽（水库）工程、大型灌区节水改造工程等。

（三）经营性项目

指以经济效益为主的水利项目。如城市供水、水力发电、水库养殖、水上旅游及水利综合经营等。

二、按照受益范围分类

水利工程建设项目按其受益范围分为中央水利基本建设项目（简称中央项目）和地方水利基本建设项目（简称地方项目）。

（一）中央项目

指对国民经济全局、社会稳定和生态环境有重大影响的防洪、水资源配置、水土保持、生态建设、水资源保护等项目，或中央认为负有直接建设责任的项目。中央项目在审批项目建议书或可行性研究报告时明确，由水利部（或流域机构）负责组织建设并承担相应责任。

（二）地方项目

指局部受益的防洪除涝、城市防洪、灌溉排水、河道整治、供水、水土保持、水资源保护、中小型水电建设等项目。地方项目在审批项目建议书或可行性研究报告时，明确由地方人民政府负责组织建设并承担相应责任。

三、按照规模大小分类

（一）按水利部的管理规定划分

水利基本建设项目根据其规模和投资额分为大中型项目和小型项目。

1.大中型项目是指满足下列条件之一的项目：

（1）堤防工程：一、二级堤防。

（2）水库工程：总库容1亿立方米以上。

（3）水电工程：电站总装机容量5万千瓦以上。

（4）灌溉工程：灌溉面积30万亩以上。

（5）供水工程：日供水10万吨以上。

（6）总投资在国家规定限额（3000万元）以上的项目。

2.小型项目是指上述规模标准以下的项目。

（二）按照水利行业标准划分

按照《水利水电工程等级划分及洪水标准》（SL 252—2000）的规定，水库工程项目总库容在0.1亿～1亿立方米的为中型水库，总库容大于1亿立方米的为大型水库；灌区工程项目灌溉面积在5万～50万亩的为中型灌区，灌溉面积大于50万亩的为大型灌区；供水工程项目工程规模以供水对象的重要性分类；拦河闸工程项目过闸流量在100～1000m³／s的为中型项目，过闸流量大于1000 m³／s的为大型项目。

第二节　水利工程建设的前、中、后期工作

一、水利工程建设进度控制体系

（一）水利工程建设进度控制基本过程

进度控制基本过程见图1–1示。

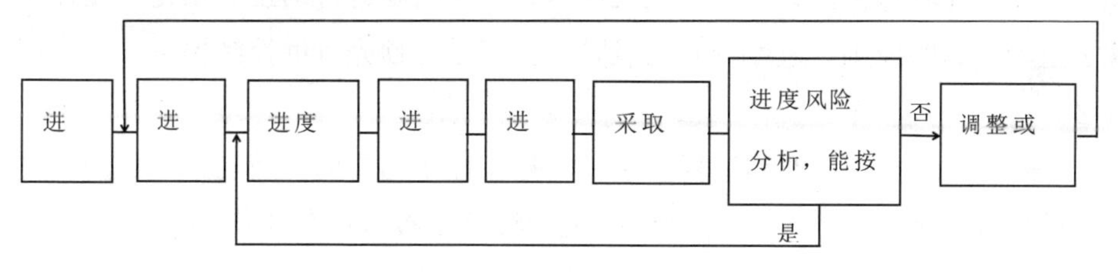

图1–1 进度控制基本过程图

（二）水利工程建设进度控制中的主要环节

水利工程建设进度控制的过程中，包括了3个重要环节：

1.确定进度计划。从逻辑上说，控制过程的第一步总是要制定计划（或标准）。对于工程项目建设，总体进度计划在项目的可行性阶段已经确定，但在项目的实施过程中，还须制定具体的进度计划。这些具体的计划是考核项目实施状况的尺子，有了它就可随时对项目进展的情况进行分析，做出评价。

2.衡量效果。在工程项目控制中，衡量业绩或效果，即是标准或计划与工程实际进展情况相比较，通过该比较以发现偏差，进而采取纠正偏差的措施。比较精明的管理者，衡量业绩或效果总是以预见为依据的，在某一阶段工程实施前就预见到可能发生的偏差，并确定引发此偏差的原因，进而在实施中采取有效措施，以此来纠正偏差，这是理想的做法，这也就是所谓前馈控制。

3.纠正偏差。纠正偏差是控制中的重要环节。采用什么措施来纠正偏差，对不同的控制内容有不同的措施，但有一点是共同的：引起偏差的因素可能很多，要经过分析，找出主要的影响因素，从而有针对性地采取措施，这样才能提高控制的效率。

（三）水利工程建设进度控制周期

建设项目进度控制过程是一个有计划的、周期性的活动，活动周期常以年、季度、月或周为单位。在一控制周期中，常包括对输入、生产过程和输出进行的控制，即所谓预先进度控制、同步进度控制和反馈进度控制。

1.预先进度控制。预先进度控制是指某控制周期开始时就实施的控制，它是以未来进度为取向的控制方法，亦称预防性进度控制。它利用已有的管理经验和信息，以及最新获得的社会、经济、技术等信息，进行细致和反复的预测，并把预测结果同控制目标值相比较，发现偏差，采取措施进行纠正。预先进度控制体现了主动控制的原则。进度控制的风险分析就是为预先进度控制提供支持依据和方法。

2.同步进度控制。亦称过程控制，它是在控制周期内，随工程项目的实施而进行的实时控制。如，在工程进度的关键线路上投入的施工资源明显不足，此时，承包方提出增加资源投入的要求，确保施工进度的实现。

3.反馈进度控制。在控制周期末，根据工程实施中已出现的偏差寻找原因，进而采取措施的一种控制方法。

二、水电工程前期工作

在基建程序中，初步设计和初步设计以前的各项工作，通常称为前期工作。做好基本建设的前期工作，常可收到事半功倍的效果。在前期工作中，深入调查研究，充分占有资料，正确选择建设项目，合理确定建设地点，优选工程布置方案，精心设计、周密安排建设计划，必将减少后续工作的盲目性，使工程施工得以顺利进展。

《水利基本建设投资计划管理暂行办法》规定："水利基本建设项目的实施，必须首先通过基本建设程序立项。水利基本建设项目的立项报告要根据党和国家的方针政策、已批准的江河流域综合治理规划、专业规划和水利发展中长期规划，由水行政主管部门提出，通过基本建设程序申请立项。立项过程主要包括项目建议书和可行性研究报告阶段。"

（一）项目建议书

项目建议书（又称立项申请）是项目建设筹建单位或项目法人，根据国民经济的发展、国家和地方中长期规划、产业政策、生产力布局、国内外市场、所在地的内外部条件，提出的某一个具体项目的建议文件，是对拟建项目提出的框架性的总体设想。对于大中型项目，有的工艺技术复杂、涉及面广、协调量大的项目，还要编制可行性研究报告，作为项目建议书的主要附件之一。

项目建议书阶段主要是对投资机会进行研究：以便形成项目设想。虽然这一阶段的工作比较粗糙，对量化的进度要求不高，但从定性的角度来看则是十分重要的，便于从总体上、宏观上对项目做出选择。

项目建议书的作用通常表现为三个方面：一是选择建设项目的依据，项目建议书批准后即为立项；二是已批准立项的工程可进一步开展可行性研究；三是涉及利用外资的项目，只有在批准立项后方可对外开展工作。

（二）项目可行性研究

项目可行性研究是通过对与项目有关的工程、技术、经济等各方面条件和情况的调查、研究、分析，对各种可能的建设方案进行比较论证，并对项目建成后的经济效益进行预测和评价的一种科学分析方法。工程建设项目可行性研究是项目建议书批准后、确定项目是否立项之前，国家对建设项目在技术上是否可行和经济上是否合理进行科学的分析和论证。凡经可行性研究未通过的项目，不得编制向上报送的可行性研究报告和进行下一步工作。我国工程建设项目可行性研究是对项目建议书或提案的进一步全面、深入的细化论证，主要内容包括：项目前景与范围、资源与条件、各备选方案及其实施安排、各备选方案的环境保护评价、财务与国民经济评价等。它主要评价项目技术上的先进性和适用性、经济上的盈利性和合理性、建设的可能性和可行性。可行性研究是项目前期工作的重要内容，它从项目建设和生产经营全过程考察分析项目的可行性。目的是回答项目是否有必要建设、是否可能建设和如何进行建设的问题，其结论为投资者的最终决策提供直接的依据。可行性研究阶段需要编写可行性研究报告。

根据《水利工程建设程序管理暂行规定》，可行性研究应对项目进行方案比较，在技术上是否可行和经济上是否合理进行科学的分析和论证。经过批准的可行性研究报告，是项目决策和进行初步设计的依据。可行性研究报告，由项目法人（或筹备机构）组织编制。

可行性研究报告，按国家现行规定的审批权限报批。申报项目可行性研究报告，必须同时提出项目法人组建方案及运行机制、资金筹措方案、资金结构及回收资金的办法，并依照有关规定附具有管辖权的水行政主管部门或流域机构签署的规划同意书、对取水许可预申请的书面审查意见。审批部门要委托有项目相应资格的工程咨询机构对可行性报告进行评估，并综合行业归口主管部门、投资机构（公司）、项目法人（或项目法人筹备机构）等方面的意见进行审批。

可行性研究报告经批准后，不得随意修改和变更，在主要内容上有重要变动时，应经原批准机关复审同意。项目可行性报告批准后，应正式成立项目法人，并按项目法人责任制实行项目管理。

（三）初步设计

设计是对拟建工程的实施在技术上和经济上所进行的全面而详尽的安排，是基本建设计划的具体化，是组织施工的依据。初步设计是根据批准的可行性研究报告和必要而准确的设计资料，对设计对象进行通盘研究，阐明拟建工程在技术上的可行性和经济上的合理性，规定项目的各项基本技术参数，编制项目的总概算。初步设计任务应择优选择有项目相应资格的设计单位承担，依照有关初步设计编制规定进行编制。我国一般工程建设项目进行两阶段设计，即初步设计和施工图设计。根据建设项目的不同情况，可根据不同行业的特点和需要。增加技术设计阶段。

根据《水利基本建设投资计划管理暂行办法》，中央项目的初步设计由流域机构报送水利部，其中，大中型项目由水利部组织技术审查，一般项目由流域机构组织技术审查。地方大中型项目初步设计，由省级水行政主管部门报送水利部，由水利部或委托流域机构组织技术审查。地方其他项目初步设计由省级水行政主管部门组织审查，其中地方省际边界工程的初步设计须报送流域机构组织技术审查。

三、水利工程施工管理中存在的问题

（一）水利工程的立项不具科学性

水利工程施工建设的首要工作就是立项，水利工程项目立项的科学性在很大程度上决定了工程建设和施工管理工作能否取得成功。项目立项属于综合性较高的工作，它包含了各个领域的知识理论，项目立项是为了在相关条件符合的基础之上，通过对水利工程项目的规划来判断其是否能够发挥出更多的经济效益。在对水利建设项目立项的过程中，必须要考虑到方方面面的情况，进行深入的调查和研究，但是有少数单位还没有调查清楚水利工程项目地区的社会、经济情况以及当地水资源情况等，就盲目立项，最终导致工程建设之后无法实现规划时的经济效益，甚至还会让当地群众反感。同时，部分水利项目在立项时往往会受到政府的干预，一些地方政府部门为了做面子工程而盲目地规划设计水利项目，导致了严重的资源浪费。

（二）水利工程施工管理中存在的问题

在水利工程施工建设阶段也有一些普遍存在的问题，比较突出的是水利工程施工管理系统不完善，没有建立符合施工实际的监督机制，某些工程施工中存在暗箱操作的问题；施工建设管理人员专业化水平和综合素质不高，无法科学地开展施工管理工作；水利工程监理队伍整体素质不高，专业人员匮乏，甚至有无证上岗的问题，监理工作无法良好开展；施工操作不规范等造成水利工程建设质量存在问题，发现问题之后没有追究相关人员责任，也不能及时地进行解决。

水利工程的施工管理机制还不够健全，当前我国很多水利工程都选址在农村地区进行建设，施工管理人员不具备较高的专业化水平，所以常常导致了执法不严、有法不依情况的出现。水利建设施工管理队伍综合素质普遍较低，加之施工管理工作量大、强度高，而工作报酬却比较低，管理人员调动离职的情况也经常出现，很多具备管理知识的年轻人才没有实际施工管理经验，对水利建设施工管理起不到积极作用。另外还有某些工程在建设过程中没有聘请管理人员，由于缺乏相应的管理造成建设施工进度缓慢，水利工程建设质量低等问题。

1.修建水利工程的资金不足导致了无法满足工程设计要达到的深度。很多年以来积累的问题，是一些当地地方水利工程建造一直存在前期修建工作的资金不能马上且按数到位或者是工程拨款不够等问题，特别是在西部一些偏远的农村贫困山区，基本上没有地方资金扶持，建造一些水利工程所需要的费用需要政府拨款。另外，还存在一个特别严重的问题就是工程费用到位迟，在以前的计划经济下，有关水利工程设计、勘探等单位大多数是水利工程行政主管部门的下级单位，可以通过有效的行政手段让这些下属单位开展各类为民服务的工作。然而，在今天的市场经济大环境下，水利勘察、大多数水利工程设计等单位都是现代化管理，谁都不愿意承担工程的前期费用，而且他们也不保证工程质量，即便他们愿意承担了，也会出自考虑企业的经济核心利益，对工程勘测设计任务的深度大打折扣，工程设计任务的质量得不到保证。部分地区的水利部门因为工程设计费用不足，但是为了完成上级领导部门交给的任务，他们只好自己进行设计、自己审核，造成设计出来的工程没有质量保障，出现了一些豆腐渣工程。

2.前期工程的工作任务复杂繁重，没有在勘察设计工作上花费足够的时间来进行设计研讨。近些年来，水利工程建设项目发展十分迅速，全国各地修建了许多各类功能的水库、人饮用水安全等有利于民生的大型水利工程项目，这些基础项目的修建大大地提高了各地的水利设施条件。但是，由于一些地方拥有设计能力的设计单位少之又少，工程设计太薄弱，突然加重他们的前期工作，就会使得这些设计单位肩上的担子过重，勘察设计质量也得不到有效的保证。这类情况在一些欠发达地区特别明显。还有一些企业或许为了企业自身利益等目的没有花费许多时间来进行工程设计，一心只求工程进度，从来都不考虑工程质量，特别是在水文环境、地质勘探等专业方面由于折扣大量的工作时间，使得勘察设计质量无法得到有效保证。

3.还存在的一个问题是大多数业主对前期工程工作的认识了解不够全面。导致出现这以问题有两个方面的主要原因：其中一个原因是以前业主不是专门搞水利工程出身的，对水利工程前期工作的特点了解得不是十分全面透彻，对于水利工程前期工作在心中压根就没有认识和了解。还有一个特别重要的原因就是业主对水利工程前期工作的重要性了如指掌，但是在态度上压根就不去重视它。

4.勘探设计单位在工程质量方面意识非常薄弱，特别是一些规模很小的勘探设计单位忽略了对水利工程基础资料数据的采集和整理，尤其是在水文环境、泥沙、工程地质等专业领域方面。主要是因为这类数据资料的采集需要花费一定的观察时间和实地考察才能得到具有价值的数据。这些工程设计单位减少对工程资金的投入，并且对陈旧的基础数据资料进行收集、整理，而且对数据分析又不够全面，目的是加快工程速度。因此造成了在水利工程设计工作中存在大量不足。

5.勘测设计单位的设计观念还未及时转变。一些勘测设计单位对新阶段的水利工程发展方针认识不够到位。许多设计人员还没有改变传统、狭义的设计思路，工程设计思路十分落后，仅仅看重工程设计，而忽视了对水资源的保护、节约等方面。还有一些勘测设计单位对新的政策了解不全面，知识更新速度慢，忽略了定期的技术培训等一系列的问题。

四、做好水利工程施工管理的建议

（一）更新施工管理观念

水利建设施工管理观念的创新，首先就必须要摒弃传统的、陈旧的管理理念，让施工管理观念和方式与新时期社会发展形势和水利事业发展相适应，特别是水利管理部门内部，必须要重视水利工程建设施工的每个阶段，做好各个环节的管控工作，积极提高施工管理人员的专业化水平；其次，可以采取各种途径的创新方法，转变过去的水利建设施工管理观念，让符合水利事业发展的现代管理观念深入人心，积极规划科学合理的管理计划，运用发展的思想来指导施工管理工作，坚持以经济建设为中心的管理理念，对水利工程施工建设中的各种资源科学配置，促进管理效率的提升。

（二）严格工程立项流程

水利工程项目的立项与审批流程要进行严格的管控，首先必须要制定科学全面的管理机制，让项目立项审批工作更加规范化和科学化。

水利管理部门应该结合水利工程实际来对项目报告进行仔细研究，保证其具有科学性和可行性，对于那些无法获得社会效益、经济效益回报的工程以及与当地实际情况不符合的工程立项要严格驳回；而一些比较大型的重点水利工程，不但要能够符合上述条件，有关部门还应该组建考察小组到工程地点开展实际调查研究，之后再进行评审；如果水利项目有虚报的现象，经过核实之后要及时严格查处。另外，水利工程项目的立项、审批、建设施工等各个环节都必须充分尊重当地人民的意见。

（三）提升工程质量管理水平

提升工程质量管理水平主要有两个方面：

1.要建立健全水利工程建设施工质量管理机制，在实际的施工过程中，应该严格坚持招标投标机制、项目法人机制、工程终身负责制度；在水利工程施工建设的过程中要根据事先签订的合同内容来严格执行；水利工程的承建单位应该遵照法人单位的要求建立起内部检查系统。

2.对建设施工所用到的各种材料以及施工设备进行严格的检查和管理，各种施工材料和机械设备是否合格直接影响着水利工程建设施工的质量，在施工管理过程中必须严格对其进行检测和管理，确保施工材料和设备都使用正规厂家的产品，同时应强化质检工作。

（四）构建施工质量管理体系

水利工程施工质量管理体系主要是以现场施工建设管理组织机构为主，结合施工企业质量管理机制而建立的。施工质量管理体系按照施工管理的范围具体可以分为以下几个方面：现场施工质量管理目标体系、质量管理控制体系、质量管理组织体系、质量管理沟通协调体系等。

水利工程的施工质量管理体系要坚持“预防为主”的原则，在施工建设开始之前就应该制定科学的施工管理流程和计划，确定施工建设程序、施工方式，制定相关的技术、组织、经济等管理措施，以便更好地指导水利工程施工建设。

在竞争日益激烈的今天，水利工程的建设只有拥有过硬的质量才能在这个社会上站稳脚步。工程质量的好坏不仅影响着人们的生活，同时也关系着国家的经济命脉。如果在水利工程的建设中出现豆腐渣工程，那么人们的生活不仅会受到严重的影响，同时也造成了资源的浪费。因此在水利工程建设中无论是在原材料的选择上，还是在实际的施工中都要选择安全、高效的材料，只有过硬的质量保证，水利工程才能更好地发挥它的作用。水利工程建设是一个复杂的项目，因此所涉及的内容较多，现场的施工中要对施工进行系统的安排，无论是现场的工作人员还是相关的工程设备，都要合理配置，以最大限度地利用起所有的资源来进行施工。要不断加强对一些施工现场的管理，相关工作人员要有专业的施工技术，对水利工程的建设要做到合理操作，严格施工，从而才能不断提高水利工程建设的相关管理水平。

就现如今水利工程所面临的新形势而言，建立健全相关的水利工程建设的管理体制至关重要。对于在水利工程建设过程中相关单位还是部门都要有明确的职责分布，并且要按照一定的管理流程来对水利工程建设进行科学的管理，无论是在施工之前，还是在施工的各个阶段都要起到管控作用，各部门要明确自己的相关管理工作，做到职责统一。作为监管单位，在水利工程的建设中要起到非常重要的作用，作为监管部门要不断加强相关部门的监管力度，对工程的各个环节都要做到严格的控制，从而保障水利工程建设的质量有据可循，并且把每一项工作和责任具体落实到每一位施工人员的身上，这样才能科学地提高水利工程的管理工作。

（五）有关水利工程问题的解决方案

1.有关水利工程项目建设单位要积极发挥在水利工程前期工作中领头羊的作用，第一个方面是要积极地将前期工程费用落实到位。在一些贫困偏远山区的水利工程前期建设中，主要问题是地方财政收入困难，拨款资金不足等。为解决前期工程资金不足的问题，有关水利工程项目建设单位或水利主管部门应该积极主动向上级有关主管部门和当地政府努力争取，目的是获得政府的专项资金拨款或者是银行贷款等多种渠道进行工程项目融资。另一方面是工程项目建设单位应积极参与设计工作的全过程。原因主要是因为大多数水利工程项目建设单位在进行水利工程项目研究设计阶段之前，还没有明确规定工程项目的业主，因此大多数是由某个单位或部门进行代替管理，这对水利工程项目修建过程整个想法的实施在一定程度上有很大的影响。许多工程项目业主最终确定后，有关部门已经批准了设计方案，在后期工程建设中业主的想法很难表现出来。因此，我觉得我们应该建立完善并且拥有一套完整的水利工程项目制度，确定工程项目业主要放在所有工程项目实施之前，这样对项目管理的连续性有所保证。还有一个方面是要严格按照制度来进行设计招标、设计监理等工程项目。水利工程修建单位在工程项目开始勘探设计阶段就应该实施竞标，这样不仅可以改进工程方案的设计质量，还可以大大促进设计进度，设计出最优方案，节约资金。相信这样的项目投入市场运行后，一定会有很强的市场竞争力。

2.工程设计单位要有忧患意识，不断加强工程设计质量，同时也要提高自身素质，这样才能与国际同行有竞争能力。一是勘探设计单位始终要坚持以质量立本，通过高质量、精品工程和信誉来赢得市场。设计单位还要不断加强内部管理、健全各项规章制度。二是前期工程设计工作中应该注意以下几个问题：①不要忽略了工程技术设计，在确保安全的前提下，将经济和效益进行比较。在设计工作中要全面考虑到新阶段的治水思路，综合考虑各种因素，通过运用先进科技，优化方案设计，改善设计成果。②勘察设计单位要严格按照规章流程进行勘察、设计，而且要保证勘察、设计的质量。三是工程方案设计时要普遍征求多方面意见，多个方案进行比较，选出最优方案。四是要严格执行现在有关规章制度进行工程费用的投入，各项工程费用的确定都要做到有据可查，进行全面认真的分析，合理选择运用，绝对不允许对工程项目存在过高的估算或故意压低估算。最后一个是全国所有的有关设计单位或各个专业领域之间应该要多多加强沟通与合作交流，避免因为经常不沟通交流而出现一些问题。

第三节　水利工程建设项目制度与法人

一、水利工程建设项目法人制度的发展历程

水利工程建设项目法人从20世纪90年代初期开始，在相关制度的制定与具体行为的实施中，经历了由萌芽、尝试、成形到问题逐步暴露这一发展过程，当前，正是问题集中显现的时期，急需抓紧研究解决，否则，会严重影响水利建设行业在市场经济发展的进程。

1992年原国家计委颁发了《关于建设项目实行业主责任制的暂行规定》，第一次明确提出项目业主（由项目投资方组成的项目管理班子）对建设项目的筹划、筹资、设计、建设实施直至生产经营、归还贷款及债券本息等全面负责并承

担投资风险，要求从1992年开始对所有的建设项目实行项目业主责任制。

在推行项目业主责任制的基础上，1996年原国家计委正式下发了《关于建设项目实行项目法人责任制的暂行规定》，进一步要求项目投资方按《公司法》的要求在建设阶段组建项目法人，对项目的策划、资金筹措、建设实施、生产经营、债务偿还和资产的保值增值，实行全过程负责。

在此之前，1995年水利部颁布了《水利工程建设项目实行项目法人责任制的若干意见》，首次转换项目建设与经营体制，建设管理模式与国际接轨，在项目建设与经营过程中运用现代企业制度进行管理，要求生产经营性项目原则上都要实行项目法人责任制。至1998年，经营性水利工程和大中型水利枢纽工程基本都实现按项目法人责任制要求进行建设管理。

1998年我国长江发生全流域性大洪水后，为拉动内需，保持国民经济持续发展，开始大量使用国债资金进行大规模的包括堤防建设在内的基础设施建设。1999年，为确保工程质量，国务院办公厅下发《关于加强基础设施工程质量管理的通知》，明确规定除军事项目外的基础设施项目都要按政企分开的原则组建项目法人，实行建设项目法人责任制。

2000年，国务院批转了国家计委、财政部、水利部、建设部《关于加强公益性水利工程建设管理的若干意见》，2001年水利部印发了《关于贯彻落实加强公益性水利工程建设管理若干意见的实施意见》，针对公益性水利工程建设实施项目法人责任制提出了具体要求。至此，以堤防工程为主的公益性水利建设项目也开始按项目法人责任制要求进行项目管理。

二、公益性水利建设项目法人责任制实施现状

公益性水利项目的效益、投入产出规律、产权归属等，与经营性项目有着明显的差别。因此，公益性水利项目筹资建设和经营责任，难以由现代公司法人承担，应当在可研方案中提出项目法人的筹建计划，可研批准后组建项目法人机构，作为公益性水利项目的责任主体，除项目投资和运行、维修费用由政府拨款外，项目法人负责组织项目的设计、建设实施、运行和资产保值。中央项目由水利部（或流域机构）负责组建项目法人，地方项目由项目所在地的县级以上地方人民政府组建项目法人，项目法人对项目的设计、建设实施、运行、维修管理全

过程负责，与主管部门签订投资包干协议，承担资产的保值责任。政府负责检查监督包干执行情况，拨付建设资金、运行和维修费用。

公益性水利工程建设过去一直沿用指挥部的建管形式，当时在某些地方确实做出了成绩，但是它所造成的损失和低效率的影响也是无法估计的。工程指挥部由主管部门的各职能部门建设单位和地方政府抽调人员组成，是临时性行政机构，其任务是运用政府提供的各种资源，担负项目建设、资金管理、工程管理等职责。项目建成验收后，将项目交付某一指定机构负责营运管理，指挥部也就完成了历史使命。一方面人员大多是临时的，专业人员少，非本职的人员多，组织松散，管理水平差。工程结束后，机构解散，没有明确的、独立的单位对项目全过程负责，设计、施工、管理相互脱节，投资效益无人负责，管理混乱，投资浪费严重。另一方面政府参与建设全过程管理，无法从烦琐的具体事务中解脱出来，不仅政府在建设管理中承担了无限责任，同时政府作为监督管理部门的职能在削弱。1995年以后明确实行项目法人责任制，经营性项目法人由各投资方按照《公司法》的规定设置股东会、董事会与监事会等机构，法人组织机构健全，项目法人的责、权、利较统一。而公益性项目法人由政府或主管部门组建，大部分项目都按照国家有关规定组建，设立专业的、常设的法人机构，具有明确的职责分工，组织、机构、人员、制度健全，和上级主管部门签订了建设管理责任，对工程建设的投资、质量、进度负责，实行的效果较好。但是一些项目由各级行政领导和主管部门负责人组成项目法人领导班子，项目管理仍以行政手段为主，辅以经济手段，实质上是行政领导责任制，政府在项目建设中起着决定性的作用，在很多工作方式和工作手段上沿袭了过去指挥部的一些做法，一些项目法人组建不规范，不具备项目法人应具备的条件，水平差，管理乱，对工程建设危害很大；对公益性项目法人没有一套具体可操作的实施办法，只是参照经营性项目执行，没有形成一套规范的管理模式：项目法人负责制也只是提及建设阶段的项目法人，对项目全过程责任不很清晰，这样造成责任主体不明确，法人责、权、利不明确，法人行为不规范，对项目法人缺乏刚性约束力和必要的监督。这些问题如不能及时有效地解决，将会对水利工程建设质量和投资控制产生极大影响，公益性水利工程实行项目法人责任制的效果将会大大减弱。

三、水利工程建设项目法人管理的几种主要模式

目前水利工程在确定项目法人时，一般是根据工程的作用和受益范围确定是中央项目还是地方项目，是中央项目就由水利部或相关流域机构负责组建项目法人，是地方项目就由地方政府负责组建项目法人，对于投资在2亿元以上的公益性或准公益性项目，还要求省级以上人民政府负责或委托组建项目法人。按照这一工作思路，我国目前水利工程建设项目法人基本上可分为以下几种组建模式：

（一）中央与地方联合建设模式

中央与地方联合建设的项目都是比较重要的大型流域控制性骨干工程。此类项目由中央与地方合资兴建，水利部（或流域机构代水利部）控股，水利部（或流域机构）与地方政府按各自出资比例联合组建项目法人单位，负责工程的建设及运营管理，并按投入工程建设资本金比例进行效益分成；同时，为及时解决工程建设中出现的各种政策问题，协调中央与地方的利益关系，保障良好的外部环境，水利部与工程所在省（区）还专门成立了工程建设领导小组，领导小组不定期召开领导小组会议，及时研究解决工程建设中出现的问题，指导项目法人的工作。中央与地方联合建设的项目所组建的项目法人按工程类别不同而有所区别，其中公益性项目组建的项目法人单位为事业性质，准公益性项目组建的项目法人单位大多为企业性质。

（二）中央独立建设模式

这种类型的工程一般投资额较大，且以公益性项目或以公益效益为主的项目居多，一般由中央出资，水利部或流域机构组建项目法人承担工程建设。如小浪底水利枢纽工程（以下简称小浪底工程）和西霞院反调节水库由水利部组建的小浪底水利枢纽工程建设管理局作为项目法人；长江重要堤防隐蔽工程由长江水利委员会成立长江重要堤防隐蔽工程建设管理局对建设全过程负责；对于治淮工程，淮河水利委员会成立了治淮工程建设管理局负责中央项目和省界工程的建设管理；黄河水利委员会则明确地市级黄河河务局作为所辖黄河流域堤防工程建设项目法人。小浪底工程和西霞院反调节水库属于新建枢纽工程，实行建管一体；黄河堤防历史上延续下来的一直是黄河水利委员会负责主要的建设与管理的任务，因此也属建管一体；而长江重要堤防隐蔽工程和治淮工程属于建管分离的模

式，建设期项目法人建成工程后就移交给管理单位。

（三）地方独立建设模式

近些年来，水利工程多以中央补助地方，地方政府或地方水行政主管部门独立组建项目法人负责工程建设管理为主要建设形式，即地方独立建设模式。

（四）工程代建制管理模式

所谓工程代建制，顾名思义就是利用市场资源代替政府部门从事工程具体的建设管理工作，它作为一种新型的建设理念，与上述所列举的中央建设模式与地方建设模式有着本质的不同，它不依据工程的所属，也不依据工程的规模，而是以真正市场的理念替代传统的假市场模式，改变水利工程建设中存在的政府部门既是裁判员又是运动员的现状，真正用市场的手来达到工程建设的帕累托是最佳选择。工程代建制的出发点是通过专业化、市场化的建设行为方式，达到保证工程建设质量，降低建设管理成本的目的。实行工程代建制的主体——企业性质的建设公司或事业性质的建设单位从事水利工程的建设管理，利用的资本是自身的人才资源和管理资源，按照近几年的运行情况来看，其直接的收益来自于工程的建设管理费。近年来，随着我国市场经济环境的不断成熟和人们思想观念的逐步转变，一些经济较发达的省区在水利工程建设管理体制改革方面已做出了有益的尝试。上海市水利投资建设有限公司作为上海市建设体制改革首批11家代建制单位之一，目前已承担了多项国家和市重点工程的建设；而早在2000年之前，上海浦东机场的建设中就已经出现了水利队伍通过招投标承揽浦东机场海堤工程建设管理任务的工程实例，成为水利工程代建制的较早雏形。

四、项目法人的组织形式及主要职责

项目法人责任制是水利工程建设管理体制的核心制度，项目法人是工程建设的主体，承担工程建设管理运营的第一责任。《水利工程建设管理暂行规定》（水建管C19953 128号）和《国务院批转国家计委、财政部、水利部、建设部关于加强公益性水利工程建设的若干意见》（国发[2000]20号）以下简称《若干意见》以及《水利部贯彻〈若干意见〉实施方案》规定了所有水利工程建设项目必须实行项目法人制。

（一）项目法人的组织形式

近年来开工的水利工程建设项目基本都实行了项目法人制度，在实践过程中，由于项目性质的不同，项目法人的类型和模式也有不同的形式。目前主要有建设管理局、董事会（有限责任公司）、项目建设办公室以及已有项目法人单位的项目办等模式。

1.建设管理局制

建设管理局制是目前公益性和准公益性项目中最普遍的项目法人模式，单一建设主体的水利工程建设项目法人一般都采用这种模式。比如水利部小浪底水利枢纽建设管理局就是由水利部负责组建的项目法人单位，负责小浪底水利枢纽工程的筹资、建设，竣工后的运营、还贷等。淮河最大的控制性工程——临淮岗控制性工程就是由淮河水利委员会负责组建的项目法人，即淮河水利委员会临淮岗控制性工程建设管理局，负责该工程建设及竣工后的管理运行。长江重要堤防隐蔽工程建设管理局、嫩江右岸省界堤防工程建设管理局，只负责工程建设，建成后交归地方运行管理。地方项目如辽宁省白石水库建设管理局等，都属于这种建设管理体制。

2.董事会制（下设有限责任公司负责工程建设和运营管理）

多个投资主体共同投资建设的准公益性水利工程建设项目，一般采用这种体制组建项目法人。第一个采用这种体制的大型水利枢纽工程是黄河万家寨水利枢纽工程，由水利部、山西省政府、内蒙古自治区政府共同投资建设，三方通过各自出资代表——水利部新华水利水电投资公司，山西省万家寨引黄工程总公司和内蒙古自治区电力（集团）总公司共同出资组建黄河万家寨水利枢纽有限公司，公司实行董事会领导下的总经理负责制，负责工程的筹资、建设、运营管理、还贷工作，形成了万家寨建设管理模式。后来又采用同样的模式建设嫩江尼尔基水利枢纽工程（水利部、黑龙江省政府、内蒙古自治区政府共同出资组建嫩江尼尔基水利枢纽有限公司）、广西百色水利枢纽工程（水利部和广西壮族自治区政府组建广西右江水利开发有限公司）。

3.项目建设办公室制

这种建设体制一般很少采用，是近年来利用外资进行公益性水利工程项目建设而采取的一种模式。如利用亚行贷款松花江防洪工程建设项目、利用亚行贷款黄河防洪项目，项目本身无法产生直接经济效益和承担还贷任务，必须由国家财政担保，统一向亚行贷款，由中央财政和项目所在的有关省（自治区）政府负责还贷。在项目实施阶段根据工程特点，设置了相应的机构。

4.已有项目法人建设制

这种模式普遍运用在原有水利工程项目的加固改造，比如水库的除险加固、原有灌区的改造扩建、原有堤防工程的加高培厚等。在项目实施阶段，原管理单位就是建设项目的项目法人单位，这样既有利于工程建设的实施，又有利于竣工后的运行管理。

（二）项目法人的组建

项目法人是工程建设的主体，是项目由构想到实体的组织者、执行者。项目法人的组建是关系到项目成败的大事。

1.项目法人的组建时间

水利工程建设项目的项目法人组建一般是在项目建议书批复以后，组建项目的筹建机构；待项目可行性研究报告批复（即立项）后，根据项目性质和特点组建工程建设的项目法人。

2.组建项目法人的审批和备案

组建的项目法人要按项目管理权限报上级主管部门审批和备案。

中央项目由水利部（或流域机构）负责组建项目法人。流域机构负责组建项目法人的，须报水利部备案。

地方项目由县级以上人民政府或委托的同级水行政主管部门负责组建项目法人，并报上级人民政府或委托的水行政主管部门审批，其中2亿元以上的地方大型水利工程项目由项目所在地的省（自治区、直辖市）及计划单列市人民政府或其委托的水行政主管部门负责组建项目法人，任命法定代表人。

对于经营性水利工程建设项目，按照《中华人民共和国公司法》组建国有独资或合资的有限责任公司。

新建项目一般应按建管一体的原则组建项目法人。除险加固、续建配套、改建扩建等建设项目，原管理单位基本具备项目法人条件的，原则上由原管理单位作为项目法人或以其为基础组建项目法人。

3.组建项目法人的上报材料

组建项目法人需上报材料的主要内容如下：

（1）项目主管部门名称。

（2）项目法人名称、办公地址。

（3）法人代表姓名、年龄、文化程度、专业技术职称、参加工程建设简历。

（4）技术负责人姓名、年龄、文化程度、专业技术职称、参加工程建设简历。

（5）机构设置、职能及管理人员情况。

（6）主要规章制度。

4.项目法人的机构组成

水利工程建设项目在建设期一般需要设立以下部门：综合管理部门（或办公室）、财务部门、计划合同部门、工程管理部门、征地移民管理部门以及物资管理和机电管理部门（根据工程特点按需要和职责设立），大型项目还需设立安全保卫部门。

5.项目法人的组织结构形式

项目法人的组织结构形式一般采用线性职能制，各部门按照职能进行分工，垂直管理。对于一个项目法人同时承担多个项目建设的，也可以按照矩阵组织结构模式。如长江重要堤防隐蔽工程建设管理局，负责长江重要堤防隐蔽工程28项，其项目位于湖北、湖南、安徽、江西等省。为了有效管理，长江重要堤防隐蔽工程建设管理局设立22个工程建设代表处作为工程项目法人的现场派出机构，全过程负责施工现场管理。

（三）项目法人主要职责

水利工程建设项目法人的主要职责如下：

1.组织初步设计文件的编制、审核、申报等工作。

2.按照基本建设程序和批准的建设规模、内容、标准，组织工程建设。

3.负责办理工程质量监督和主体工程开工报告报批手续。

4.负责委托地方政府办理征地、移民和拆迁工作，按照委托协议检查征地和移民实施进度、资金拨付。

5.负责与项目所在地地方人民政府及有关部门协调解决工程建设外部条件。

6.依法对工程项目的勘察、设计、监理、施工和材料及设备等组织招标，并签订有关合同。

7.组织编制、上报项目年度建设计划，落实年度工程建设资金，严格按照概算控制工程投资，用好、管好建设资金。

8.组织施工用水、电、通信、道路和场地平整等准备工作及必要的生产、生活临时设施的建设。

9.加强施工现场管理，严格禁止转包、违法分包行为。

10.及时组织研究和处理建设过程中出现的技术、经济和管理问题，按时办理工程结算。

11.负责监督检查工程建设管理情况，包括工程投资、工期、质量、生产安全和工程建设责任制情况等。

12.负责组织编制、上报在建工程度汛方案，落实有关安全度汛措施，并对在建工程安全度汛负责。

13.负责建设项目范围内的环境保护、劳动卫生和安全生产等管理工作。

14.按时编制和上报计划、财务、工程建设情况等统计报表。

15.负责组织编制竣工决算。

16.负责按照有关验收标准组织或参与验收工作。

17.负责工程档案资料的管理，包括对各参建单位所形成档案资料的收集、整理、归档工作，并进行监督、检查。

18.接受主管部门、质量监督部门、招投标行政监督部门的监督检查，并呈报各种报告和报表。

第二章 水利工程建设项目前期管理

水利工程项目建设的投资一般数额都比较大，工程项目中的任一环节出现延误都会造成巨大的经济损失，因此必须加强水利工程建设项目的前期管理。本章主要从招标管理、投标管理、合同管理三个方面进行相关内容的阐述。

第一节 招标管理

一、水利工程建设招标概述

（一）招标

招标投标作为一种竞争性的交易手段对市场资源的有效配置起到了积极的作用，它是一种被广泛使用的交易手段和竞争方式。

招标是指由招标人发出招标公告或通知，邀请潜在的投标人进行投标，最后由招标人通过对各投标人所提出的价格、质量、交货期限和该投标人的技术水平、财务状况等因素进行综合比较，确定其中最佳的投标人为中标人，并与之签订合同的过程。

（二）工程项目招标

工程项目招标是建设单位将拟建项目的全部或部分工作内容和要求，以文件的形式招引有兴趣的项目承包单位（承包商），要求他们按照规定条件各自提出完成该项目的计划和实施价格，业主从中择优选定建设时间短、技术力量强、质量好、报价低、信誉度高的承包单位，通过签订合同的方式将招标项目的工作内容交与其完成的活动。对于业主来说，招标就是择优。由于工程项目性质和业主对项目的评价标准不同，择优的侧重面会有不同，一般包含价格、技术、质量和工期等方面。

（三）项目招标的具体范围和规模标准

符合下列具体范围并达到规模标准之一的水利工程建设项目必须进行招标。

1.具体范围

（1）关系社会公共利益、公共安全的防洪、排涝、灌溉、水力发电、引（供）水、滩涂治理、水土保持、水资源保护等水利工程建设项目；

（2）使用国有资金投资或者国家融资的水利工程建设项目；

（3）使用国际组织或者外国政府贷款、援助资金的水利工程建设项目。

2.规模标准

（1）施工单项合同估算价在人民币200万元以上的；

（2）重要设备、材料等货物的采购，单项合同估算价在人民币100万元以上的；

（3）勘察设计、监理等服务的采购，单项合同估算价在人民币50万元以上的；

（4）项目总投资额在人民币3000万元以上，但分标单项合同估算价低于本项。

（1）（2）（3）规定的标准的项目原则上都必须招标。

3.依法可不进行招标的项目

下列项目可不进行招标，但须经项目主管部门批准：

（1）涉及国家安全、国家秘密的项目；

（2）应急防汛、抗旱、抢险、救灾等项目；

（3）项目中经批准使用农民投工、投劳施工的部分（不包括该部分中勘察设计、监理和重要设备、材料采购）；

（4）不具备招标条件的公益性水利工程建设项目的项目建议书和可行性研究报告；

（5）采用特定专利技术或特有技术的；

（6）其他特殊项目。

（四）招标组织形式

根据招标人是否具备自行招标的条件，招标组织形式可能采用自行招标或委托代理机构招标。

1.自行招标

（1）当招标人具备下列条件时，按有关规定和管理权限经核准可自行办理招标事宜：

①具有项目法人资格（或者法人资格）；

②具有与招标项目规模和复杂程度相适应的工程技术、概预算、财务和工程管理等方面专业技术力量；

③具有编制招标文件和组织评标的能力；

④有从事同类工程建设项目招标的经验；

⑤设有专门的招标机构或者拥有3名以上专职招标业务人员；

⑥熟悉和掌握招标投标法律、法规、规章。

（2）招标人申请自行办理招标事宜时，应报送以下书面材料：

①项目法人营业执照、法人证书或者项目法人组织文件；

②与招标项目相适应的专业技术力量情况；

③内设的招标机构或者招标业务人员的基本情况；

④拟使用的评标专家库情况；

⑤以往编制的同类工程建设项目招标文件和评标报告，以及招标业绩的证明材料；

⑥其他材料。

（3）《工程建设项目自行招标试行办法》（2000年7月1日国家发展计划委员会令第5号）对工程建设项目招标人的自行招标活动进行了规定，主要规定如下：

①招标人自行招标的，项目法人或者组建中的项目法人应当在向国家发改委上报项目可行性研究报告时一并报送符合本办法第四条规定的书面材料（注：本办法第四条规定与《水利工程建设项目招标投标管理规定》基本一样，此处略）。

②国家发改委审查招标人报送的书面材料，核准招标人符合本办法规定的

自行招标条件的，招标人可以自行办理招标事宜。任何单位和个人不得限制其自行办理招标事宜，也不得拒绝办理工程建设有关手续。

③招标人自行招标的，应当自确定中标人之日起十五日内，向国家发改委提交招标情况的书面报告。书面报告的内容至少应包括：招标方式和发布招标公告的媒介；招标文件中投标人须知、技术规格、评标标准和方法、合同主要条款等内容；评标委员会的组成和评标报告；中标结果。

2.委托代理机构招标

当招标人不具备自行招标的条件时，应当委托符合相应条件的招标代理机构办理招标事宜。《中华人民共和国招标投标法》中对招标代理机构的有关规定如下：

招标代理机构是依法设立、从事招标代理业务并提供相关服务的社会中介组织。从事工程建设项目招标代理业务的招标代理机构，其资格由国务院或省、自治区、直辖市人民政府的建设行政主管部门认定。招标代理机构与行政机关和其他国家机关不得存在隶属关系或者其他利益关系。招标代理机构应当在招标人委托的范围内办理招标事宜，并遵守本法关于招标人的规定。

招标代理机构应当具备下列条件：

（1）有从事招标代理业务的营业场所和相应资金；

（2）有能够编制招标文件和组织评标的相应专业力量；

（3）有符合《中华人民共和国招标投标法》规定条件、可以作为评标委员会成员人选的技术、经济等方面的专家库。

二、工程项目招标的类型

工程项目招标按照不同的分类标准可以划分为如下几种：

（一）按项目招标的方式分

（1）公开招标。

招标单位通过各种媒体（报刊、广播、电视等）发布招标公告，凡符合公告要求的承包商均可申请投标，经资格审查合格后，按规定时间进行投标竞争。公开招标使招标单位有较大的选择范围，可在众多的投标单位之间选择报价合理、工期较短、信誉良好的投标单位。公开招标有助于开展竞争，打破垄断，促使投标单位努力提高工程质量和服务水平，缩短工期和降低成本。但是招标单位审查投标者资格及其证书的工作量比较大，招标费用的支出也比较大。

（2）邀请招标。

邀请招标又称选择性招标或限制性招标。基于潜在投标人的数量有限和招标采购的经济性考虑而采用的招标方法。招标单位根据通过信息分析或咨询公司的推荐，选择几家有能力承担该工程或该采购任务、信誉良好的承包商，邀请其参加投标。其特点是：

①不用发布公告，不要资格预审，简化了手续，节省了费用和时间；

②由于对承包商比较了解，减少了违约的风险；

③竞争性差，有可能将好的承包商摒除在外，而且可能抬高标价。

（二）按工程建设业务范围分

（1）工程建设全过程招标。

是指从项目建议书开始，包括可行性研究、设计任务书、勘测设计、设备和材料的询价与采购、工程施工、生产准备、投料试车，直到竣工和交付使用，这一建设全过程实行招标。其前提是项目建议书已获批准，所需资金已经落实。

（2）勘测设计招标。

是工程建设项目的勘测设计任务向勘测设计单位招标。其前提是设计任务书已获批准，所需资金已经落实。

（3）材料、设备供应招标。

是工程建设项目所需全部或主要材料、设备向专门的采购供应单位招标。其前提是初步设计已获批准，建设项目已被列入计划，所需资金已经落实。

（4）工程施工招标。

是工程建设项目的施工任务向施工单位招标。其前提是工程建设计划已被批准，设计文件已经审定，所需资金已经落实。

（三）按工程的施工范围分

（1）全部工程施工招标。

全部工程施工招标就是招标单位把建设项目的全部施工任务作为一个“标底”进行招标。这样，建设单位只与一个承包单位（或集团）发生关系，合同管理工作较为简单。

（2）单项或单位工程招标。

（3）分部工程招标。

（4）专业工程招标。

（四）按照招标的区域分

按招标的国界可分为国际招标、国内招标和地方招标三种。

中国绝大多数工程建设项目，都实行国内招标。根据工程大小和技术难度的不同，可以在国内、省内、地区内甚至市县范围内招标。

三、工程项目的招标程序

（一）招标准备阶段

1.申报招标

招标单位在提出申请报告后，主管部门应对招标人的资格进行审查，其主要的条件内容包括：

（1）建设单位及所委托的招标单位是否具有法人资格；

（2）投资项目是否进行了可行性研究与论证；

（3）是否具备编制招标文件和标底的能力；

（4）是否具备进行投标单位资格审查和组织评标、决标的能力。

2.编制招标文件

招标文件是发包单位为了选择承包单位对标的所做的说明，是承发包双方建立合同协议的基础。具备施工条件的工程项目，由建设单位向主管部门提出招标报告，经备案后，就可着手招标文件的准备。建设单位可以自行准备，也可以委托招标代理机构代办。其主要内容如下：

（1）工程综合说明。

介绍工程概况，包括工程名称、规模、地址、工程内容、建设工期和现有的基本条件，如场地、交通、水电供应、通信设施等，使投标单位对拟建项目有基本了解。

（2）工程设计和技术说明。

用图纸和文字说明，介绍工程项目的具体内容和它们的技术质量要求，明确工程适用的规程规范，以便投标单位据以拟定工程施工方案和施工进度等技术组织措施。

（3）工程量清单和单价表。

工程量清单和单价表是投标单位计算标价、确定报价和招标单位评定标书的重要依据，必须明确列清。通常以单项工程或单位工程为对象，按分部分项列出实物工程量，简要说明其计算方法、技术要点和单价组成。工程量清单由招标单位提出，单价则由投标单位填列。

（4）材料供应方式。

明确工程所需各类建筑材料由谁负责供应，如何组织供应、如何计价和调价等问题。

（5）工程价款支付方式。

说明工程价款结算程序和支付方式。

（6）投标须知。

为了避免由于投标手续不完备而造成废标，招标单位通常在投标须知中告诉投标单位在填写标书和投送标书时应注意的事项，如废标条件、决标优惠条件、现场勘察和解答问题的安排、投标截止日期及开标时间和地点等。

投标须知是使投标商了解合同的内容性质，并按照业主的要求编制投标书的文件，包括向投标商提供与编制和提交投标文件、开标、评标以至授予合同有关的规定和资料。具体包括：

①承包方式：要说明是总价承包还是单价承包或其他承包方式，物价上涨因素的考虑以及对联合承包和签约分包的有关要求。

②投标人应具备的条件：指投标单位必须具备的证件和手续。主要包括：投标保证金；国际招标还要指出合格的投标商国籍、投标书使用的语言；招标程序及时间安排；投标单位填写投标文件应遵守的规则。如：对标书中文字填写、涂改的规定，错误的处理方法；标函递送的份数，正、副本的区别、递送方式；标函的密封要求（国际标函都要用火漆密封）；支付货币的规定；中标后的保证条件等。

（7）合同主要条件。

合同条款是标书的重要组成部分，其目的在于使投标单位预先明确其中标后的权利、义务和责任，以便在投标报价时充分考虑这些因素，决定能否愿意和能够承担各项责任。因此，招标书应详细列出承发包合同的主要条款，其概括起来主要有基本条款、技术条款、经济条款、双方权利和义务条款、法律条款五个部分。

3.确定标底

编制招标文件时，一般以拟建工程项目的施工图和有关定额为依据，编制施工图预算。通常把这一预算造价作为“标底”。

（二）招标阶段

1.发出招标信息

工程招标经有关部门审批即可对外发出招标信息。通常有两种方式。

（1）发布招标广告（适用于公开招标），应通过国家正规的报刊、网络、杂志、广播、电视等宣传媒介，在社会上广为传播。

（2）寄发招标通知（适用于邀请招标），书面邀请有关施工企业前来参加投标。

招标信息的主要内容：

（1）招标项目名称；（2）工程建设地点、现场条件；（3）工程内容：包括工程规模和招标项目；（4）招标程序和投标手续、建设工期、质量要求；（5）参加招标者的资历和对投标者的要求；（6）招标单位名称及联系人；（7）招标文件的供应办法；（8）申报投标的手续和报名截止日期，投票与开标的时间。

2.资格审查

资格审查的内容一般为：（1）施工单位的资质证书、营业执照和安全生产许可证；（2）主要施工经历；（3）技术力量；（4）设备能力；（5）正在施工的承建项目；（6）资金财务状况；（7）信誉情况。

资格审查的目的是防止一些不符合条件的单位参加投标。对于邀请投标的单位，一般不进行资格预审，而是在评标时一并审查。

根据《中华人民共和国建筑法》从业资格的规定，从事建筑活动的建筑施工企业、勘察单位、设计单位和工程监理单位，应当具备下列条件：（1）有符合国家规定的注册资本；（2）有与其从事的建筑活动相适应的具有法定执业资格的专业技术人员；（3）有从事相关建筑活动所应有的技术装备；（4）法律、行政法规规定的其他条件。

从事建筑活动的建筑施工企业、勘察单位、设计单位和工程监理单位，按照其拥有的注册资本、专业技术人员、技术装备和已完成的建筑工程业绩等资质条件，划分为不同的资质等级，经资质审查合格，取得相应等级的资质证书后，方可在其资质等级许可的范围内从事建筑活动。从事建筑活动的专业技术人员，应当依法取得相应的执业资格证书，并在执业资格证书许可的范围内从事建筑活动。

3.现场勘察

业主在招标文件中要注明投标人进行现场勘察的时间和地点。按照国际惯例，投标人提出的标价一般被认为是在审查投标文件后并在现场勘察的基础上编制出来的。一旦标价提出并经过开标以后，投标人就无权因为现场勘察不周、情况了解不细或其他因素考虑不全面而提出修改标价、调整标价或给予补偿等要求。因此，投标人应当派出适当的负责人员参加现场勘察，并做出详细的记录，作为编制投标书的重要依据。通常，招标人组织投标人统一进行现场勘察并对工程项目做必要的介绍。为了公平竞争，在开标以前，招标单位与投标单位不应单独接触解答任何问题。

4.标前会议

标前会议是业主给所有投标者提供的一次质疑机会。对大型项目尤其是大型水利工程，招标机构可以举行标前会议，统一澄清投标人提出的各种问题。业主在回答问题的同时，展示工程勘探资料，供投标单位参考。会议上提出的问题和解答的概要情况，应做好记录，如有必要可以作为招标文件的补充部分发给所有投标人。

5.接受投标文件

投标书须由投标单位编制，且盖有投标单位的印鉴，有法人代表或法人代表的委托人的签字，密封后在投标截止日期前送到指定地点。接受标函的时间、地点、方式，在招标文件中已明确规定。

（三）开标决标阶段

1.开标

招标单位应按招标文件所规定的时间、地点开标，开标应在各投标单位的代表及评标机构成员在场的情况下公开进行。

招标单位应按规定日期开标，不得随意变动开标日期。万一遇有特殊情况不能按期开标，需经上级主管部门批准，并要事先通知到各投标单位和有关各方，并告知延期举行时间。

（1）开标程序。

①宣布评标原则与方法。

②请公证部门和招标办代表检查各投标单位投标文件的密封情况、收到时间及各投标单位代表的法人证书或授权书。

③按投标文件收到顺序或倒序由公证部门和招标单位当众启封投标文件及补充函件，公布各投标单位的报价、工期、质量等级、提供材料数量、投标保函金额及招标文件规定需当众公布的其他内容。

④请投标单位的法人代表或法人代表所委托的代理人核实公布的要素，并签字确认。

⑤当众宣布标底。

自发出招标文件到开标时间，由招标单位根据工程项目的大小和招标内容确定。一般定在投标截止日期后5～15天内进行，务须公开，并应有记录或录音。

开标前，招标单位必须把密封好的标底送交评委。是否在开标时公布标底，是否当场决定中标单位要根据招标、决标方式而定。

（2）开标应注意的问题。

①开标应在招标通告（资格预审通告）或者投标邀请书规定的时间和地点公开进行。《中华人民共和国招标投标法》规定，投标截止时间即为开标时间。

②所有投标人均应参加。

③招标人或招标代理机构主持，监理工程师、贷款单位，以及主管部门均派代表参加。

④投标人或公证机构检查投标文件密封情况。

⑤按投标的先后顺序，公开启封正本投标文件。公布投标人的名称、投标总价、投标折扣（如果有的话）或修改函、投标保函、投标替代方案等。不解答任何问题。

⑥编写开标纪要，报送有关部门和贷款单位备案。

⑦开标前应注意：投标人不足三家不应开标；投标人超过三家，但开标后合格的投标人不足三家，则不能重新招标，应在两家或一家中选择中标人。

（3）废标出现的情形。

①投标文件（标函）密封不严，或密封有启动迹象。

②未加盖投标单位公章和负责人（法人）印章或法人代表委托的代理人的印章（或签名）。

③投标文件送达时间（或邮戳日期）超过规定投标截止日期。

④投标文件的格式、内容填写不符合规定要求，或者字迹有涂改或辨认不清。

⑤投标单位递交两份或两份以上内容不同的投标文件，未书面声明哪一份为有效。

⑥投标单位无故不参加开标会议。

⑦发现投标单位之间有串通作弊现象。

开标后，对投标书中有不清的问题，招标单位有权向投标者询问清楚。为保密起见，这种澄清也可个别地同投标者开澄清会。对所澄清和确认的问题，应记录在案，并采取书面方式经双方签字后，可作为投标文件的组成部分。但在澄清会谈中，投标单位提出的任何修正声明，更改报价、工期或附加什么优惠条件，一律不作为评标依据。

2.评标决标

评标委员会投标文件逐一认真审查评比的过程称为评标。

评标委员会由招标单位负责组织，邀请上级主管部门、建设银行、设计咨询单位的经验丰富的技术、经济、法律、管理等方面的专家，由总经济师负责评标过程的组织，本着公正原则，提出评标报告，推荐中标单位，供招标单位择优抉择，对评标过程和评标结果不得外泄。

评标决标大体可分为初评、终评两个阶段。

（1）初评。

初评阶段的主要任务是对各投标单位所提供的投标文件进行符合性审查，审查文件的内容是否与招标文件要求相符合，是否与招标文件的要求一致，以确定投标文件的合格性，选出符合基本要求标准的合格投标文件。

依据招标文件中列明的评标方法、内容、标准和授标条件，对所有投标人的投标文件做出总体综合评价。

①评价投标文件的完整性和响应性。

②评价法律手续和企业信誉是否满足要求。

③评价财务能力。

④评价施工方法的可行性和施工布置的合理性。

⑤对施工能力和经验的比较。

⑥评价保证工程进度、质量和安全等措施的可靠性。

⑦评价投标报价的合理性。

初评包括商务符合性审查和技术符合性审查两阶段。

商务符合性审查内容包括：投标单位是否按招标文件要求递交投标文件及按招标文件要求的格式填写；投标文件正、副文本是否完全按要求签署；有无授权文件；有无投标保函；有无投标人合法地位的证明文件；如为联营投标，有无符合招标文件的联营协议书或授权书；有无完整的已标价的工程量清单；对招标文件有无重大或实质性的修改及应在投标文件中写明的其他项目。

技术符合性审查包括：投标文件是否按要求提交各种技术文件和图纸、资料、施工规划或施工方案等，是否齐全；有无组织机构及人员配备资料；与招标文件中的图纸和技术要求说明是否一致。对于设备采购招标，投标文件的设备性能、参数是否符合文件要求；投标人提供的材料和设备能否满足招标文件要求。

在两项评审基础上，淘汰不合格的投标单位，挑选出合格者，进入终评。

（2）终评。

对初评有竞争优势的投标人（依评标能力，按投标报价低的选3～5家投标人），进一步全面评审，选出中标候选人。

对于初评合格的投标文件，可转入实质性的评审。

①对进入终评的投标人进行书面的和面对面的澄清。

②进行投标人的资格后审。

③按招标文件列明的方法、内容、标准和授标条件，进一步评价是否能够满足招标文件的实质性要求。

实质性评审同样包括商务性评审和技术性评审两个阶段。

技术性评审主要对投标文件中的组织管理体系、施工组织方案、采取的主要措施、主要施工机械设备、现场的主要管理人员等进行具体、详细的审查与分析，是否合理、先进、科学、可靠等。

商务性评审是从成本、财务和经济分析等方面评定投标人报价的合理性及可靠性，它在评选中占有重要地位，在技术评审合格的投标人中评选出最终的中标者，商务评审常起决定作用。

招标单位应将评标结构的评标报告及推荐意见，于10日内报招标办审核。邀请公证部门参加的投标项目，在决标后，由公证人员对整个开标、评标、决标过程做出公证意见。

（3）定标。

①招标人根据评标委员会提出的书面评标报告和推荐的中标候选人确定中标人。

②招标人也可授权评标委员会直接确定中标人。

③招标人自确定中标人之日起15天内，向有关行政监督部门提交招标投标情况的书面报告。

第二节　投标管理

一、水利工程建设投标概述

（一）工程项目投标的含义

工程项目投标是指承包商向招标单位提出承包该工程项目的价格和条件，供招标单位选择以获得承包权的活动。对于承包商来说，参与投标就如同参加一场赛事竞争。因为，它关系到企业的兴衰存亡。不仅比报价的高低，而且比技术、经验、实力和信誉。特别是当前国际承包市场上，工程越来越多的是技术密集型项目，势必给承包商带来技术和管理上的挑战。

标的是指发标单位标明的项目的内容、条件、工程量、质量、标准等要求，以及不公开的工程价格（标底）。

水利水电工程招标投标不仅广泛应用于工程建设项目的施工，在材料与机械设备的采购、科研攻关、技术合作、勘测规划设计等方面也被广泛采用。

（二）工程项目投标基本要求

根据《工程建设项目施工招标投标办法》，有关投标的基本要求是：

1.投标人资格

投标人是响应招标、参加投标竞争的法人或者其他组织。招标人的任何不具独立法人资格的附属机构（单位），或者为招标项目的前期准备或者监理工作提供设计、咨询服务的任何法人及其任何附属机构（单位），都无资格参加该招标项目的投标。

2.编制标书

投标人应当按照招标文件的要求编制投标文件。投标文件应当对招标文件提出的实质性要求和条件做出响应。投标文件一般包括下列内容：

（1）投标函；

（2）投标报价；

（3）施工组织设计；

（4）商务和技术偏差表。

投标人根据招标文件载明的项目实际情况，拟在中标后将中标项目的部分非主体、非关键性工作进行分包的，应当在投标文件中载明。

3.标书的送达

投标人应当在招标文件要求提交投标文件的截止时间前，将投标文件密封送达投标地点。招标人收到投标文件后，应当向投标人出具标明签收人和签收时间的凭证。在开标前任何单位和个人不得开启投标文件。

在招标文件要求提交投标文件的截止时间后送达的投标文件，为无效的投标文件，招标人应当拒收。

提交投标文件的投标人少于三个的，招标人应当依法重新招标。重新招标后投标人仍少于三个的，属于必须审批的工程建设项目，报经原审批部门批准后可以不再进行招标；其他工程建设项目，招标人可自行决定不再进行招标。

4.联合投标

两个以上法人或者其他组织可以组成一个联合体，以一个投标人的身份共同投标。

联合体各方签订共同投标协议后，不得再以自己名义单独投标，也不得组成新的联合体或参加其他联合体在同一项目中投标。

联合体参加资格预审并获通过的，其组成的任何变化都必须在提交投标文件截止之日前征得招标人的同意。如果变化后的联合体削弱了竞争，含有事先未经过资格预审或者资格预审不合格的法人或者其他组织或者使联合体的资质降到资格预审文件中规定的最低标准以下，招标人有权拒绝。

联合体各方必须指定牵头人，授权其代表所有联合体成员负责投标和合同实施阶段的主办、协调工作，并应当向招标人提交由所有联合体成员法定代表人签署的授权书。

联合体投标的，应当以联合体各方或者联合体中牵头人的名义提交投标保证金。以联合体中牵头人名义提交的投标保证金，对联合体各成员具有约束力。

5.下列行为均属投标人串通投标报价

（1）投标人之间相互约定抬高或压低投标报价；

（2）投标人之间相互约定，在招标项目中分别以高、中、低价位报价；

（3）投标人之间先进行内部竞价，内定中标人，然后再参加投标；

（4）投标人之间其他串通投标报价的行为。

6.下列行为均属招标人与投标人串通投标

（1）招标人在开标前开启投标文件，并将投标情况告知其他投标人，或者协助投标人撤换投标文件，更改报价；

（2）招标人向投标人泄露标底；

（3）招标人与投标人商定，投标时压低或抬高标价，中标后再给投标人或招标人额外补偿；

（4）招标人预先内定中标人；

（5）其他串通投标行为。

投标人不得以他人名义投标。以他人名义投标，指投标人挂靠其他施工单位，或从其他单位通过转让或租借的方式获取资格或资质证书，或者由其他单位及其法定代表人在自己编制的投标文件上加盖印章和签字等行为。

二、工程项目的投标程序

施工单位在获知招标信息或得到招标邀请以后，应根据工程的建设条件、工程质量要求和自身的承包能力等主客观因素，首先要决定是否参加投标，这是把握投标机会、制定投标策略的重要一步。

在决定参加投标以后，为了在竞争的投标环境中取得较好的结果，必须认真做好各项投标工作，主要有：建立或组成投标工作机构；按要求办理投标资格审查；取得招标文件；仔细研究招标文件；弄清投标环境，制定投标策略；编制投标文件；按时报送投标文件；参加开标等有关活动。

（一）投标工作机构

为了适应招标投标工作的需要，施工企业应设立投标工作机构，平时掌握建筑市场动态，积累有关资料；遇有招标项目，可迅速组成投标小组，开展投标活动。其成员应由企业领导以及熟悉招投标业务的技术、计划、合同、预算和供应等方面的专业人员组成。投标工作班子的成员不宜过多，最终决策的核心人员宜限制在企业经理、总工程师和合同预算部门负责人范围之内，以利投标报价的保密。

（二）研究招标文件

仔细研究招标文件，弄清其内容和要求，以便全面部署投标工作。研究的重点通常包括以下几个方面：

1.研究工程综合说明，了解工程轮廓全貌。

2.详细研究设计图纸和技术说明，如工程布置，各建筑物和各部件的尺寸以及对材料品种规格的要求，各种图纸之间的关系和技术要求的说明等。弄清这些问题，有助于合理选择施工方案，正确拟定投标报价。

3.研究合同条件，明确中标后合同双方的责、权、利。

4.熟悉投标须知，明确投标手续和进程，避免造成废标。

5.分析疑点，提出需要招标单位澄清的问题。

（三）弄清投标环境

投标环境主要是指投标工程的自然、经济、社会条件以及投标合作伙伴、竞争对手和谈判对手的状况。弄清这些情况对于正确估计工程成本和利润，权衡投标风险，制定投标策略，都有重要作用。

投标单位除了通过招标文件弄清其中一部分情况外，还应有准备、有目的地参加由招标单位组织的现场踏勘和工程交底活动，切实掌握施工条件。此外，还可通过平时收集的情报资料，对可能的合作伙伴、竞争对手和谈判对手做出透彻的分析。

（四）制定投标策略

施工企业为了在竞争的投标活动中，取得满意的结果，必须在弄清内外环境的基础上，制定相应的投标策略，借以指导投标过程中的重要活动。例如，在决定标价时的报价策略，进行谈判时的谈判策略等，这对是否能够中标以及中标以后盈利多少，要承担多大风险等至关重要的问题常起决定性作用。

（五）编制投标文件

编制投标文件是投标过程中一项重要工作，时间紧，工作量大，要求高，它是能否中标的关键，必须加强领导，组织精干力量，认真编制。

参加文件编制的人员必须明确企业的投标宗旨，掌握工程的技术要求和报价原则，熟悉计费标准，了解本单位的竞争能力和对手的竞争水平，并能做好保密工作。投标文件的主要内容应包括施工组织设计纲要、工程报价计算、投标文件说明和附表等部分。

在施工组织设计纲要中，要提出切实可行的施工方案，先进合理的施工进度，紧凑协调的施工布置，以期在施工方法、质量安全、工期进度乃至文明施工等方面，对招标单位具有吸引力。如果在提前竣工、节省投资等方面，准备提出一些夺标的优惠条件，也可在纲要中反映，当然，这些优惠条件也可作为投标策略，在适当时机提出。在报价计算中，要提出拟向招标单位报送的标价及其计算明细表。报价的高低对于能否中标和企业盈亏有决定性影响。

三、投标决策与投标技巧

投标方要想在投标过程中顺利成为中标方，就必须在投标过程中体现投标方的优势。把握好投标过程中的技巧和决策是关系到一项水利工程项目投标的成败，对投标决策与技巧的研究不仅可以提高投标方的成功概率，而且在不断总结经验的基础上为以后的水利工程项目的投标做好更多的准备。

（一）投标方的工程估价

投标报价是投标单位根据招标文件及有关的计算工程造价的依据，计算出投标价格，并在此基础上采取一定的投标策略，为争取到投标项目提出的有竞争力的投标报价。

1.投标方工程估价的基本原理

投标方工程估价的基本原理与工程预算大体相同，不同之处在于投标人是以投标价格参与竞争的，应贯穿企业自主报价的原则。

（1）计价方法。

可以采用定额计价方法或者工程量清单计价方法。

（2）编制方法。

投标方工程估价的编制方法取决于招标文件的规定。

（3）合同形式。

常见的合同形式有总价合同、单价合同、成本加酬金合同。

当拟建工程采用总价合同形式的时候，投标人应该按照规定对整个工程涉及的工作内容做出总报价；当拟建工程采用单价合同形式的时候，投标人应该按照规定对每个分项工程报出综合单价。投标人首先计算出每个分项工程的直接工程费，随后再分摊一定比例的间接费、利润，形成综合单价。工程的措施费单列，作为竞争的条件之一，规费和税金不参与竞争。

2.投标价格的编制方法

投标价格的编制要满足招标文件的要求。投标人在参与工程投标的过程中，最重要的工作是编制投标文件和确定投标报价。

招标投标法规定，投标报价低于成本的，不能中标。故投标价格的估算，关键是准确估算拟建工程的企业成本，并在此基础上估算投标价格。进行投标价格的估算时要注意六个费用方面的估算：

一是人工费用的估算，人工费用是由人工完成该分项工程所需要的人工消耗量标准和相应的人工工日单价两个因素决定；

二是材料费用的估算，材料费用与人工费用类似，是由完成该分项工程所需要的各种材料消耗量标准和相应的材料价格两个因素所决定；

三是机械费用的估算，该费用是由完成该分项工程所需要的各种机械台班消耗量标准及相应的机械台班使用费决定；

四是分包费用的估算，估算分包费用时可以向分包商询问价格或者依据过去的分包价格来计算，需要注意的是分包的直接费用上还需再增加一些总包的管理费用；

五是其他费用的估算，包括措施费、企业管理费、风险费以及利润的估算；

六是税金的估算，以上述的五个方面的费用总和为基础，按税法的有关规定进行计算。以不含税的工程造价为计算基础乘综合税率计算。

（二）投标的决策与技巧

1.影响投标报价的因素

（1）合同形式。

①采用单价合同，按清单计价模式以综合单价报价；

②采用总价合同，可以总价形式报价而无须提供每个分项工程的综合单价。

（2）评标形式。

①采用最接近标底者中标的评标方式，报价应尽可能接近标底；

②采用标底一定浮动范围内最低价中标的评标方式，报价应在规定的浮动范围内尽可能适当下浮；

③采用最低价者中标的评标方式，报价应以本企业的成本价为基础，尽可能以较低的报价；

④采用综合评分的评标方式，不仅报价应尽可能满足评分标准的要求，其他评分项目也应尽可能满足其要求，以获高分。

（3）竞争程度。

①竞争激烈时，应以较低的价格争取中标；

②竞争较弱时，以较高的报价争取较大的利润。

（4）企业实力。

①某企业在某领域有技术优势，报价高些；

②若无技术优势时，以较低的报价争取中标。

（5）施工任务。

①施工任务饱满，不急于承揽新的施工任务，报价可高些；

②施工任务缺乏，需要承担新的施工任务，以较低的价格争取中标。

（6）施工条件。

①施工条件好时，可以报较低的价格；

②施工条件不好时，报以较高的价格。

2.投标技巧

（1）不平衡报价法。

不平衡报价法主要在拟建工程采取单价合同形式时一贯使用的投标报价策略。不平衡报价法的报价技巧如表2–1所示。

表2–1 不平衡报价法的报价技巧

序号	信息类型	变动趋势	不平衡结果
1	单价组成分析表（其他项目费）	人工费和机械费	单价高
		材料费	单价低
2	暂定工程	自己承包的可能性高	单价高
		自己承包的可能性低	单价低
3	报单价的项目	没有工程量	单价高
		有假定的工程量	单价适中
4	资金收入时间	早	单价高
		晚	单价低
5	招标时业主要求压低单价	工程量大的项目	单价高
		工程量小的项目	单价降低
6	分包项目	自己发包	单价高
		业主指定分包	单价低
7	工程量估算不准确	增加	单价高
		减少	单价低
8	单价和包干混合制的项目	固定包干项目	单价高
		单价项目	单价低
9	另行发包项目	配合人工、机械费	单价高
		配合用材料	有意漏报
10	报价图纸不明确	增加工程量	单价高
		减少工程量	单价低
11	设备安装	特殊设备、材料	主材单价高
		常见设备、材料	主材单价低

（2）先亏后盈法。

对于一些大型的，需要分期建设的工程，为了能够拿到后续工程的建设，在第一期时可以以非常少的利润去投标。

（3）许诺优惠条件。

针对招标方的需求，提出一些辅助的优惠条件，比如免费进行技术人员的培训、可以提前竣工等等条件，增加中标的可能性。

（4）多方案报价法。

招标方对工程的一些规定不清楚时，可以经过风险研究，分析工程的多种可能性，制定不同情况下的招标报价，以便吸引投标人。

（5）增加建议方案法。

有些招标文件允许提一个建议方案，即可修改原设计方案，降低总造价或是缩短工期，或是工程运用更为合理，提出更为合理的方案以吸引业主。但要注意对原招标方案一定要报价。

3.投标报价的步骤

（1）按相应报价方法估算出初步标价。

根据招标文件的具体要求估算。

（2）调整、修正初步标价，做内部标价。

①校正初步标价。对初步标价进行内部审查，校正初步标价在计算方面的错误。

②调整初步标价。对初步标价进行分析，看其与工程的质量要求是否相称，价格是否有偏高或偏低的情况，随后对不合理因素进行调整。

（3）进行盈余分析，计算高、中、低三档标价。

盈余分析指对内部标价中尚存的盈余及风险因素进行预测、研究、分析，并将可能出现的预期盈利和估计风险损失予以定量分析的工作。

①中标价。以内部标价为中标价，也称基础标价。根据盈余分析的结果，以此为基础，计算出高标价和低标价。

②高标价。充分考虑可能发生的风险损失后的最高报价。

高标价=基础标价+（估计风险损失×修正系数）

③低标价。应该是能保本的最低报价，而非盲目压价。

低标价=基础标价–（预期盈利×修正系数）

修正系数应小于1，一般为0.5～0.7。

（4）进行拟报标价，将其核准为最终标价。

①拟报标价。拟报标价是指在上述高、中、低三档标价中做出决策，选择一个标价。

②最终标价。最终标价是投标人在投标报价书中所填写的标价。

最终标价应该是投标人经过反复斟酌、慎重调整后确定的，既有较大的中标可能性，又能保证中标后有利可图的标价。

第三节　合同管理

施工合同明确了在施工阶段承包人和发包人的权利和义务。施工合同的正确签订是履行合同的基础。合同的最终实现需要发包人和承包人双方严格按照合同的各项条款和条件，全面履行各自的义务，才能享受其权利，最终完成工程任务。水利工程是一种特殊的商品，对其进行招投标不仅可以鼓励建设单位之间的良性竞争，打断垄断，还可以达到控制工程质量、降低工程造价的目的。

一、合同与合同管理

（一）合同的内涵

合同是我国契约形式的一种，主要是指法人与法人之间、法人与公民之间或者公民与公民之间为共同实现某个目标，在合作过程中确定双方的权利和义务而签订的书面协议。

合同是两方或者多方当事人意思表示一致的民事法律行文，合同一旦成立就具有法律效力，在双方当事人之间就发生了权利和义务的关系，当事人一方或者双方没有按照合同规定的事项履行义务，就需要按照合同条款承担相应的法律责任。

水利工程施工合同是指水利工程的项目法人（发包方）和工程承包商（施工单位或承包方）为完成商定的水利工程而明确相互权利、义务关系的协议，即承包方进行工程建设施工，发包方支付工程价款的合同。根据施工合同的规定确保双方能够按照合同完成各自的权利和义务，如果一方违反规定，就需要按照合同条款承担法律责任。

（二）合同管理的依据

（1）国家和主管部门颁发的有关政策、法令、法规和规定。

（2）项目法人向监理工程师授权范围文件。

（3）合同文件和合同规定的施工规范、规程与技术标准。

（4）经监理工程师审定发出的设计文件、施工图纸与有关的工程资料，以及监理工程师发出的书面通知和项目法人批准的重大合同变更（包括设计变更）文件。

（5）项目法人、监理工程师和承包人之间的信函，项目法人和监理工程师的各种指令、会议纪要等。

（三）合同管理的主要内容

（1）提供承包人进场条件。

（2）提供施工图纸及有关原始资料，并指定规范与标准。

（3）核查承包人进场人员、施工设备、材料和工程设备等。

（4）控制工程总进度。

（5）掌握承包人施工技术措施，监督和检查现场作业和施工方法。

（6）工程质量控制和工程竣工验收。

（7）检查施工安全和环境保护。

（8）控制工程投资和工程费用支付。

（9）研究和处理工程合同的变更。

（10）处理合同索赔。

（11）处理合同风险。

（12）处理合同违约。

（13）研究和处理合同争议。

（14）协调各合同承包人的关系。

（15）做好各种记录和信息管理工作，以及工程资料和合同档案的管理工作。

（16）编制工程验收报告和工程总结。

（17）编制工程建设大事记。

二、施工合同的谈判

施工合同需明确在施工阶段发包人和承包人的权利和义务，合同谈判是施工合同签订的前提，是履行合同的基础。合同是影响利润最主要的因素，而合同谈判和合同签订是获得尽可能多利润的最好机会。

（一）发包人的一般义务和责任

发包人与承包人签订合同后，在合同规定的期限前委托监理人向承包人发出开工通知，并安排监理人进入工地开展监理工作。此后，监理人应在发包人授权范围内，负责与承包人联络，并监督管理合同的实施。发包人的主要义务和责任是按合同规定支付价款；提供必要的施工条件（包括提供施工用地和部分施工准备工程）；移交现场测量基准及其有关资料；及时提供图纸以及提供已有的水文和地质勘探资料，使承包人能顺利地开展工作；工程完工后应及时主持和组织工程验收。发包人的一般义务和责任如下：

1.遵守法律、法规和规章

发包人应在其实施本合同的全部过程中遵守与本合同有关的法律、法规和规章，并应承担由于其本身违反上述法律、法规和规章的责任。

2.发布开工通知

发包人应委托监理人按合同规定的日期前向承包人发布开工通知。

3.安排监理人及时进点实施监理

发包人应在开工通知发出前安排监理人及时进入工地开展监理工作。

4.提供施工用地

发包人应按专用合同条款规定的承包人用地范围和期限，办清施工用地范围内的征地和移民，按时向承包人提供施工用地。

5.提供部分施工准备工程

发包人应按合同规定，完成由发包人承担的施工准备工程，并按合同规定的期限提供承包人使用。

6.提供测量基准

发包人应按本合同的有关规定，委托监理人向承包人提供现场测量基准点、基准线和水准点及其有关资料。

7.办理保险

发包人应按合同规定负责办理由发包人投保的保险。

8.提供已有的水文和地质勘探资料

发包人应向承包人提供已有的与本合同工程有关的水文和地质勘探资料，但只对列入合同文件的水文和地质勘探资料负责，不对承包人使用上述资料所做的分析、判断和推论负责。

9.及时提供图纸

发包人应委托监理人在合同规定的期限内向承包人提供应由发包人负责提供的图纸。

10.支付合同价款

发包人应按合同规定及时向承包人支付工程进度款、完工结算款和最终结清款。发包人收到监理人签证的月进度付款证书并审批后支付给承包人，支付时间不应超过监理人收到月进度付款申请单后28天。若不按期支付，则应从逾期第一天起按专用合同条款中规定的逾期付款违约金加付给承包人。

发包人收到监理人签证的完工付款证书后的42天内审批支付给承包人。发包人若不按期支付，按合同约定支付违约金。

发包人审查最终付款证书后，若确认还应向承包人付款，则应在收到最终付款证书后的42天内支付给承包人。若确认承包人应向发包人付款，则发包人应通知承包人。发包人若不按期支付，按合同约定支付违约金。

11.统一管理工地的文明施工

发包人应按国家有关规定负责统一管理工地的文明施工，为承包人实现文明施工的目标创造必要的条件。

12.治安保卫和施工安全

发包人应按合同规定履行其治安保卫和施工安全职责。

13.环境保护

发包人应按环境保护的法律、法规和规章的有关规定统一筹划本工程的环境保护工作，负责审查承包人按合同规定所采取的环境保护措施，并监督其实施。

14.组织工程验收

发包人应按合同规定主持和组织工程的完工验收。

15.其他一般义务和责任

发包人应承担专用合同条款中规定的其他一般义务和责任。

（二）承包人的一般义务与责任

承包人的一般义务和责任如下：

1.遵守法律、法规和规章

承包人应在其负责的各项工作中遵守与本合同工程有关的法律、法规和规章，并保证发包人免予承担由于承包人违反上述法律、法规和规章的任何责任。

2.提交履约担保证件

承包人应按合同规定向发包人提交履约担保证件。

3.及时进点施工

承包人应在接到开工通知后及时调遣人员和调配施工设备、材料进入工地，按施工总进度要求完成施工准备工作。

4.执行监理人的指示，按时完成各项承包工作

承包人应认真执行监理人发出的与合同有关的任何指示，按合同规定的内容和时间完成全部承包工作。除合同另有规定外，承包人应提供为完成本合同工作所需的劳务、材料、施工设备、工程设备和其他物品。

5.提交施工组织设计、施工措施计划和部分施工图纸

承包人应按合同规定的内容和时间要求，编制施工组织设计、施工措施计划和由承包人负责的施工图纸，报送监理人审批，并对现场作业和施工方法的完备和可靠负全部责任。

6.办理保险

承包人应按合同规定负责办理由承包人投保的保险。

7.文明施工

承包人应按国家有关规定文明施工，并应在施工组织设计中提出施工全过程的文明施工措施计划。

8.保证工程质量

承包人应严格按施工图纸和本合同《技术条款》中规定的质量要求完成各

项工作。

9.保证工程施工和人员的安全

承包人应按合同的有关规定认真采取施工安全措施，确保工程和由其管辖的人员、材料、设施和设备的安全，并应采取有效措施防止工地附近建筑物和居民的生命财产遭受损害。

10.环境保护

承包人应遵守环境保护的法律、法规和规章，并应按合同的规定采取必要措施保护工地及其附近的环境，免受因其施工引起的污染、噪声和其他因素所造成的环境破坏和人员伤害及财产损失。

11.避免施工对公众利益的损害

承包人在进行合同规定的各项工作时，应保障发包人和其他人的财产和利益以及使用公用道路、水源和公共设施的权利免受损害。

12.为其他人提供方便

承包人应按监理人的指示为其他人在本工地或附近实施与本工程有关的其他各项工作提供必要的条件。除合同另有规定外，有关提供条件的内容和费用应在监理人的协调下另行签订协议。若达不成协议，则由监理人做出决定，有关各方遵照执行。

13.工程维护和保修

工程未移交发包人前，承包人应负责照管和维护，移交后承包人应承担保修期内的缺陷修复工作。若工程移交证书颁发时尚有部分未完工程需在保修期内继续完成，则承包人还应负责该未完工程的照管和维护工作，直至完工后移交给发包人为止。

14.完工清场和撤离

承包人应在合同规定的期限内完成工地清理并按期撤退其人员、施工设备和剩余材料。

15.其他一般义务和责任

承包人应承担专用合同条款中规定的其他一般义务和责任。

（三）合同的确定与签订

1.合同文件内容

水利工程施工合同文件包括：合同协议书、工程量及价格单、合同条件、投标人须知、水利工程施工、合同文件构成、合同技术条件（附投标图纸）、发包人授标通知、双方共同签署的合同补遗（有时也以合同谈判会议纪要形式表示）、中标人投标时所递交的主要技术和商务。

合同文件确定之后可对文件进行清理，将一些有歧义或者是矛盾的条文或者是文件直接予以作废清除。

2.关于合同协议的补遗

在合同谈判阶段，双方谈判的结果一般以合同补遗的形式表示，这一文件在合同解释中拥有最高级别的效力，因为它属于合同签订人的最终意思表示。

3.合同的签订

当双方对所有的内容都进行确认并且没有错误之后就可以进行施工承包合同的签订。

三、施工合同分析与控制

（一）合同分析

1.施工合同分析的必要性

在一个水利枢纽工程中，施工合同往往有几份、十几份甚至几十份，合同之间的关系错综复杂，必须对其进行分析。

合同文件和工程活动的具体要求（如工期、质量、费用等）、合同各方的责任关系、事件和活动之间的逻辑关系极为复杂，对这些逻辑关系加以整理区分，明确责任。

大部分参与工程建设的人员要做的工作都为合同文件上已经规定好的内容，合同管理人员必须先对合同文件的内容进行分析掌握，才能向建设人员进行合同交底以提高工作效率。

有时合同文件上某些条款的语言有些赘述，必须在施工之前先对其进行分析，使其简单明了，以便提高合同管理工作的效率。

在合同中存在的问题和风险包括合同审查时已发现的风险和可能存在隐藏

着的风险，在合同实施前有必要做进一步的全面分析。

在合同实施过程中，不管是发包方，还是承包方都会对某一问题产生分歧，解决这些分歧的依据就是双方签订的合同文件，因此必须对合同文件进行分析。

2.施工合同分析的内容

（1）合同的法律基础分析。

承包人需要对合同中签订和实施所依据的法律、法规进行了解，但只需对所依据的法律法规的范围和特点进行了解即可，只有了解了这些法律法规才能对合同的实施和索赔进行有效的指导，对合同中明示的法律要重点分析。

（2）合同类型分析。

施工合同的种类不止一种，不同类型的合同有着各自不同的履行方式，其性质、特点也都具有较大的差异，这些差异导致双方的责任、权利关系和风险分担也不一样，对合同的管理和索赔产生不利的影响。

（3）发包人的责任分析。

发包人的责任具有两个方面的内容，一是发包人的权利，发包人的权利是承包方的义务，是承包方需要履行的责任，承包方违约通常都是由于没有充分履行己方的义务导致；另一方面是发包人的合作责任，发包人的合作责任指的是配合承包方完成合同规定的内容，这是承包人顺利完成任务的前提，假若发包人不履行合作责任，承包人有权进行索赔。

（4）合同价格分析。

合同的价格分析包括的内容很多，应重点分析合同采用的计价方法、计价依据、价格调整方法，还要对工程款结算的方法和程序进行分析。

（5）施工工期分析。

合同中对于施工工期一般都已经规定好，对其进行分析，可以合理地进行施工计划的安排，对影响工期的不利因素注意做好预防措施。因为在实际工程中，工程的延误属于不可预料事件，对工程的进度影响非常大，也经常是进行索赔的理由，因此对工期的分析要特别重视。

（二）合同控制

1.预付款控制

预付款是承包工程开工以前业主按合同规定向承包人支付的款项。承包人利用此款项进行施工机械设备和材料以及在工地设置生产、办公和生活设施的开支。预付款金额的上限为合同总价的五分之一，一般预付款的额度为合同总价的10%～15%。

预付款的实质是承包人先向业主提取的贷款，是没有利息的，在开工以后是要从每期工程进度款中逐步扣除还清的。通常对于预付款，业主要求承包商出具预付款保证书。

工程合同的预付款，按世界银行采购指南规定分为以下几种。

（1）调遣预付款。

用做承包商施工开始的费用开支，包括临时设施、人员设备进场、履约保证金等费用。

（2）设备预付款。

这部分预付款主要是用于购置施工设备。

（3）材料预付款。

用于购置建筑材料。其数额一般为该材料发票价的75%以下，在月进度付款凭证中办理。

2.工程进度款

工程进度款是承包商依据工程进度的完成情况，不仅要计算工程量所需的价格，还应增加或者扣除相应的项目款才为每月所需的工程进度款。此款项一般需承包商尽早向监理工程师提交该月已完工程量的进度款付款申请，按月支付，是工程价款的主要部分。

承包商要核实投标及变更通知后报价的计算数字是否正确、核实申请付款的工程进度情况及现场材料数量、已完工程量，项目经理签字后交驻地监理工程师审核，驻地监理工程师批准后转交业主付款。

3.保留金

保留金也称滞付金，是承包商履约的另一种保证，通常是从承包商的进度款中扣下一定百分比的金额，以便在承包商违约时起补偿作用。在工程竣工后，保留金应在规定的时间退还给承包商。

4.浮动价格计算

外界环境的变化如人工、材料、机械设备价格会直接影响承包商的施工成本。假若在合同中不对此情况进行考虑，按固定价格进行工程价格计算的话，承包商就会为合同中未来的风险而进行费用的增加，如果合同规定不按浮动价格计算工程价格，承包商就会预测到由合同期内的风险而增加费用，该费用应计入标价中。一般来说，短期的预测结果还是比较可靠的，但对远期预测就可能很不准确，这就造成承包商不得不大幅度提高标价以避免未来风险带来的损失。这种做法难以正确估计风险费用，会造成估计偏高或偏低，这无论是对业主和承包商来说都是不利的。为获得一个合理的工程造价，工程价款支付可以采用浮动价格的方法来 解决。

浮动价格计算方法考虑的风险因素很多，计算比较复杂。实际上也只能考虑风险的主要方面，如工资、物价上涨，按照合同规定的浮动条件进行计算。

（1）要确定影响合同价较大的重要计价要素，如水泥、钢材、木材的价格和人工工资等。

（2）确定浮动的起始条件，一般都要在物价等因素波动到5%～10%时才进行调整。

（3）确定每个要素的价格影响系数，价格影响系数和固定系数的关系如下：

$$K_1+K_2+K_3+K_4+K_5=1$$

调整后的价格为

$$P_1=P_0\left(K_1\frac{C_1}{C_0}+K_2\frac{F_1}{F_0}+K_3\frac{B_1}{B_0}+K_4\frac{S_1}{S_0}+K_5\right)$$

式中，P_1为调整后的价格；P_0为合同价格；C_1为波动后水泥的价格、F_1为波动后钢材的价格、B_1为波动后木材的价格、S_1为波动后的人工工资；C_0为签合同时水泥的价格、F_0为签合同时钢材的价格、B_0为签合同时木材的价格、S_0为签合同时的人工工资；K_1为水泥的价格、K_2为钢材的价格、K_3为木材的价格、K_4为人工工资的影响系数；K_5为固定系数。

采取浮动价格机制后，业主承担了涨价风险，但承包方可以提出合理报价。浮动价格机制使承包方不用承担风险，它不会给承包方带来超利润和造价难以估量的损失。因而减少了承包方与业主之间不因物价、工资价格波动带来的纠纷，使得工程能够顺利实施。

5.结算

当工程接近尾声时要进行大量的结算工作。同一合同中包含需要结算的项目不止一个，可能既包括按单价计价项目，又包括按总价付款项目。当竣工报告已由业主批准，该项目已被验收时，该建筑工程的总款额就应当立即支付。按单价结算的项目，在工程施工已按月进度报告付过进度款，由现场监理人员对当时的工程进度工程量进行核定，核定承包人的付款申请并付了款，但当时测定的工程量可能准确也可能不准确，所以该项目完工时应由一支测量队来测定实际完成的工程量，然后按照现场报告提供的资料，审查所用材料是否该付款，扣除合同规定已付款的用料量，成本工程师则可标出实际应当付款的数量。承包人自己的工作人员记录的按单价结算的材料使用情况与工程师核对，双方确认无误后支付项目的结算款。

四、施工合同的索赔管理

（一）索赔的概述

1.索赔的定义

索赔是指在合同执行过程中，由合同当事人某一方负责的某种原因，给另一方造成的经济损失或工期延误，该方通过一定的合法程序向对方要求补偿或赔偿。

2.索赔的含义

（1）赔偿损失是指承包人或发包人要求对方赔偿由于违反合同规定或违约而造成的损失。

（2）补偿损失是指承包人要求补偿由于无法预见和合理防范的风险或自然障碍或外部条件造成的损失。

（3）索要是指承包人本应获得的正当利益，由于未能及时得到监理工程师或发包人确认，承包人要求兑现合同文件有关的规定。

3.索赔的原因

（1）发包人提供的原始资料不足或不准确引起的索赔。

（2）合同变更未能及时处理引起的索赔。

（3）后续法律、法规和规章的变更引起的索赔。

（4）发包人指定分包人造成的与其分包工作有关而又属承包人的安排和监督责任无法控制的索赔。

（5）发包人或监理工程师对承包人的工作和生产进行不合理的干预引起的索赔。

（6）发包人风险引起的索赔，包括发包人负责的工程设计不当；发包人提供不合格的材料和工程设备；承包人不能预见、不能避免并不能克服的自然灾害；战争、动乱等社会因素引起的索赔。

（7）发包人违约引起的索赔。

4.索赔的类型

（1）延长工期索赔。

（2）经济索赔。

（二）索赔的程序

1.承包人依据法律和合同规定要求索赔时应在引起索赔的事件第一次发生之后的28天内，将索赔意向书提交监理工程师，并抄报发包人。

2.索赔事件发生时，承包人应做好同期记录，接受监理工程师的审查，并提供副本。

3.监理工程师应对索赔项目进行跟班监督，核定索赔因素对工程实施的影响，以便核查。

4.承包人在索赔事件结束后的28天内，向监理工程师提交充分详细的索赔申请报告，并抄报发包人。如果索赔事件继续发展或继续产生影响，应按监理工程师要求的合理时间间隔列出索赔累计金额和提出中期索赔报告，在索赔事件结束后的28天内，承包人提交最终索赔报告。

5.监理工程师收到索赔申请报告后，应立即进行审核。

6.监理工程师向发包人汇报审核索赔申请报告的情况，以及初步确定的索赔款额或延长工期的建议，从而获得发包人的授权。

7.监理工程师在划清责任和澄清事实的基础上，与承包人和发包人谈判或反复协商。如果取得一致意见，监理工程师草拟索赔处理报告，经发包人批准后，通知承包人实施；如果监理工程师经反复协商仍无法取得一致意见，监理工程师做索赔处理决定。1999年第一版FIDIC条款规定：工程师在收到索赔申请报告，或是对过去索赔的任何进一步证明材料提供后42天内，或工程师可能建议并经承包人认可的此类其他期限内，做出回应，表示批准或不批准，并附具体意见。

8.若合同双方或其中任一方不接受监理工程师的索赔处理决定，则双方均可按合同规定提请争端裁决委员会解决。如果双方对争端裁决委员会评审意见无异议，监理工程师将按此评审意见办理索赔；否则，以仲裁裁决或诉讼作为最终决定。

（三）处理索赔应注意的问题

1.通过监理工程师处理索赔。

2.在发生索赔事件时，监理工程师应积极进行疏导、协调和处理，使索赔因素消灭在萌芽状态，这样也才能使发包人在经济上损失最小，也为承包人创造良好的施工条件。

3.一个高水平的监理工程师应凭借自己的协调能力、专业技能和经验，以合同为准则，行为公正和反复协商地处理索赔事件。监理工程师也有义务提醒承包人及时提出索赔意向书、同期记录和索赔申请报告。

4.1987年第四版FIDIC条款规定：如果承包人未按合同规定的程序、时间和时限提出索赔要求时，其索赔的权利要受到限制，即受到合同规定和监理工程师确认的同期记录与证明文件的限制。而1999年第一版FIDIC条款规定：如果承包商未能在察觉或应已察觉该事件或情况后28天内发出索赔通知，则竣工时间不得延长，承包商无权获得追加付款，而业主应免除有关该索赔的全部责任。

5.严格区分索赔和合同变更，这是两个不同的范畴。在合同实施的过程中，合同变更是不可避免的，也是容易处理的。但不及时处理，合同变更会演变成索赔。

第三章　水利工程建设项目施工管理

建筑业作为中国四大支柱产业之一，随着管理体制改革的不断深化，越来越多的施工企业采用国际上惯用的项目管理模式。本章从施工现场的管理、施工成本的管理、施工质量的管理、施工进度的管理、施工安全的管理五大方面出发，对现代水利工程建设项目的施工管理内容及方式进行详细的说明。

第一节　施工现场管理

水利工程施工现场管理对整体工程起着极其重要的作用，同时，它还在很大程度上决定着企业形象的好坏。由于水利工程施工人员繁多、物质资源庞大以及环境状况比较复杂等诸多因素，因而给水利工程施工现场的管理带来诸多不便。所以，如何有效利用现有条件，进一步加强水利工程施工现场的管理力度，是当前水利施工的热点话题。

一、水利工程建设现场管理的特点

（一）复杂性

水利工程建设中的现场管理工作相对比较复杂，管理标准不统一，造成现场管理工作比较混乱。而且不管是建设施工面还是现场管理层都存在着时间、空间多方错位，相关领域交叉重叠、面宽量广等问题。尤其是水利工程建设管理过程中，涉及的层次和领域广，造成工程建设中现场管理复杂。

（二）缺乏连续性

由于水利工程施工耗时长、占地大等特性，造成了建设过程中施工的时间和空间跨度都很大，导致了在不同时间和阶段，工程施工面临的问题也就各不相同。比如中国三峡水利工程施工时，夏季施工和冬季施工所要面临和处理的问题就不一样。所以，根据不同阶段的不同特性，来做好施工过程中现场管理工作就变得非常重要了。而且工程施工过程中，需要多个工种协调配合作业，施工人员多、流动量大，稍有不慎就容易引发生产安全事故，所以通过科学合理的手段对工程不同阶段的不同要求、安全、费用、技术等内容制定不同控制管理目标，强化现场管理工作，就显得尤为突出紧迫了。

（三）特殊性

水利工程的用时长、占地广等特性注定了它的选址有很强的特殊性。一般来说，水利工程都会建在山区、峡谷、荒地等偏僻且交通不方便的地区。因此，为了及时、连续地和外界保持联系，还会建设一些其他辅助设施，比如公路、办公区域以及员工生活区等，所以整个水利工程的建设和准备阶段会比较长。

（四）缺乏稳定性

由于水利施工过程中，涉及的领域和范围较广，不确定性因素较多，造成在水利工程建设过程中，施工现场的管理工作缺乏相对的稳定性。这些不确定的因素大体可以分为三种：一是人为因素，即在建设过程中，施工人员的素质水平以及施工技术等；二是自然因素，指施工区域的水文地质、气候、地理等自然环境；三是指社会因素，即当地的政治氛围、生产、经济等因素。

二、水利工程建设现场管理存在的不足

（一）材料管理上的不足

工程施工，材料是关键。作为水利工程建设施工的关键内容，施工原材料以及半成品原料的采购及使用若没有合理科学的管理，不但影响施工进度，甚至可能给水利工程带来严重的质量问题。例如，当对水利工程总混凝土工程进行施工时，用到的材料包括钢筋、水泥以及粉煤灰等，要保证施工的有效进行及施工质量，就必须首先对这些材料进行验证，确保其与国家建筑相关标准相符，才准许其进入施工现场。此外，对某些材料如钢筋、粉煤灰等的保管存在一定的技巧

性，同时对某些材料，如水泥的使用时间也有一定的限制，因此，在处理材料时必须要充分结合这些材料的特点和要求，方可达到材料管理的理想效果。

（二）施工过程中的管理不足

相对于其他建筑工程而言，水利工程涉及领域极为广泛，也比较特殊，因此，对施工人员以及施工方法的要求就更为严格。为了实现理想的施工效果，一方面要求施工方法及施工质量验收必须与标准规范相符；另一方面还要求对各个施工工序进行严格的质量管理。同时，水利工程的施工通常采取层层转包的方式，这就使水利工程的管理被各个承包商所取代，因而加大了管理难度。一旦承包单位管理出现松懈，施工单位就会出现偷工减料的现象，从而给工程质量带来严重影响。

（三）金属结构及设备管理的不足

在进行金属结构及机电设备的施工时，应当将施工工艺因素充分考虑在内，然而当前施工工艺存在工艺粗劣、焊接电流不稳定等问题，从而使整个水利工程的施工进度受到严重影响。与此同时，在对水利工程进行安装时，通常会出现较大的安装误差，从而造成阀门漏水现象。所以，必须严格依照相关工艺规范要求，实现对金属结构及设备的科学管理。

三、水利工程建设现场管理的意义

水利开发建设项目是一个极为复杂的过程，这一过程中包含了诸多风险。水利工程建设项目资金投入巨大，产生经济效益的周期过长，建设过程中存在的技术性难题，这些都让水利建设项目随时都有可能停滞不前。这种风险的存在会影响水利工程建设企业的实际经济收益，严重的还会导致企业破产。

现场施工管理作为一种科学的管理手段，能够在一定程度上降低水利工程建设企业面临的风险，最大限度地保证企业的经济收益。科学、有效的现场施工管理能够减少水利开发建设企业在开发建设项目中的前期和中期投入，极大地提高整个资金链供应的稳定性。有了强大的资金做后盾，才能够保证水利工程开发建设项目的稳定性。

在水利工程建设中，现场施工管理是水利开发建设企业采用高效的组织手段、科学的管理模式，在保证水利工程开发建设项目的质量和时间的前提下，最大限度地降低成本投入，减少建设支出，从源头上提高企业自身的经济效益，保证自己的利益。基础设施建设领域的巨大收益将会吸引越来越多的社会资本。虽然大量的资金涌入有利于水利工程事业的开发和建设，但是，这会在一定程度上加剧行业内部的竞争。通过改善、提高房地产项目中的施工管理水平，可以使水利工程建设项目的开发建设者以最少的资金投入、最快的开发建设速度、保质保量地完成水利工程建设项目的开发，建设超高品质的水利项目，增加企业的利润回报，以保证企业时刻处于高速发展的良好态势中。

由于水利工程建设与水文地质条件之间有紧密的联系，所以，施工现场的水文地质条件会直接影响水利工程建设的进展。为了保证水利工程的建设效率，保证工程建设的质量和水平，除了在工程建设前期全面研究、调查施工环境外，在工程建设的过程中，还需要一个科学、高效的现场施工管理体系与之配合。

四、加强水利工程施工现场管理的实践措施

（一）做好前期的准备工作

就目前来看，前期的准备工作主要是包括以下几个内容：

一是充分掌握和熟悉施工设计图，为水利工程施工中所需要的人力、物力等做好筹备工作；

二是工程的选址大都选在湖泊、河流等处施工，所以就要求管理人员要事先制定科学、合理的计划方案，有效地开展水流引导工作，同时对施工过程中相关的辅助设施做好保护措施，以确保这些设施在使用以前不会受到外力作用而造成损坏，并做好且规划好施工区域的基础设施坚实可靠；

三是做好施工设备的选择工作，并定时进行检测和养护；

四是做好原材料的选购、审核和签收工作，并将产品的详细数据、信息资料等进行妥善保管。

（二）不断完善施工现场的管理制度

应该按照国家相关的法律、法规，规范和完善施工现场的管理制度。完善施工过程中的招投标制、施工监管制、完工验收制以及合同管理制等内容。同时要明确相关管理人员的责任与职权，在施工过程中，切实做好现场管理制度的执行工作，严抓现场管理工作，确保工程施工能安全、有序地进行。

（三）加强施工队伍和管理队伍建设

在水利施工的过程中，在规范工程施工的同时，应做好管理队伍的建设工作。科学、有效地制定施工方案，并按照要求进行人员搭配，明确任务及责任；完善工资绩效制度，将工资和工作量画等号；加强管理人员的责任意识，严格奖惩机制；加大安全生产的宣传工作力度，做好相关的教育和培训工作，对带头违反制度的施工人员以及队伍，绝不姑息；做好施工现场的安全管理工作，加强施工人员的思想教育。管理队伍是现场管理工作的执行者，它的好坏直接影响到现场管理工作的好坏。所以，做好管理队伍的建设工作，在一定程度上，就相当于做好了施工现场的管理工作。

（四）做好施工人员的教育培训工作，提高施工人员的整体素质

施工人员是施工现场管理工作的主要承载体。施工人员素质的高低在很大程度上决定了现场管理工作的好坏。管理人员应加大对施工人员的教育和培训工作，促进员工之间的沟通和交流，同时做好管理人员与施工人员的互动交流，以确保切实有效地提高施工人员的整体素质，做好施工现场的管理工作。

第二节　施工成本管理

水利工程施工成本管理是现代水利企业制度的重要组成部分，是企业管理工作的重中之重。也是水利企业实现利润最大化的主要手段之一，只有控制项目成本，才能达到项目盈利的目的，施工项目管理才有意义。

一、水利工程施工成本的含义及组成

（一）水利工程施工成本的含义

水利工程施工成本是指在水利工程项目的施工过程中所发生的全部生产费用的总和，包括所消耗的原材料、辅助材料、构配件等的费用，周转材料的摊销费或租赁费等，施工机械的使用费或租赁费等，支付给生产工人的工资、奖金、

工资性质的津贴等，以及进行施工组织与管理所发生的全部费用支出。

（二）水利工程施工成本的组成

水利工程项目施工成本由直接成本和间接成本所组成。直接成本是指施工过程中耗费的构成工程实体或有助于工程实体形成的各项费用支出，其是可以直接计入工程对象的费用，包括人工费、材料费、施工机械使用费和施工措施费等。间接成本是指为施工准备、组织和管理施工生产的全部费用的支出，是非直接用于也无法直接计入工程对象，但为进行工程施工所必须发生的费用，包括管理人员工资、办公费、差旅交通费等。

二、施工成本管理的内容

施工项目成本管理是指在保证满足工程质量的前提下，对项目实施过程中所发生的费用，包括成本预测、成本计划编制、成本分析以及成本考核等。成本计划的编制与实施是关键的环节，因此进行施工项目成本管理的过程中，必须具体研究每一项内容的有效工作方式和关键控制措施，从而控制成本消耗，提高经济效益。

（一）施工项目成本预测

施工项目成本预测是根据一定的成本信息结合施工项目的具体情况，采取一定的方法对施工项目成本可能发生或发展的趋势做出的判断和推测。成本决策则是在预测的基础上确定出降低成本的方案，并从可选的方案中选择最佳的成本方案。

成本预测的方法有定性预测法和定量预测法。

1.定性预测法

定性预测是指具有一定经验的人员或有关专家依据自己的经验和能力水平对成本未来发展的态势或性质做出分析和判断。该方法受人为因素影响很大，并且不能量化。具体包括：专家会议法、专家调查法（特尔菲法）、主观概率预测法。

2.定量预测法

定量预测法是指根据收集的比较完备的历史数据，运用一定的方法计算分析，以此来判断成本变化的情况。此法受历史数据的影响较大，可以量化。具体包括：移动平均法、指数滑移法、回归预测法。

（二）施工项目成本计划

计划管理是一切管理活动的首要环节，施工项目成本计划是在预测和决策的基础上对成本的实施做出计划性的安排和布置，是施工项目降低成本的指导性文件。

1.搞好成本预测，确定成本控制目标

根据国家的方针政策，企业要结合中标价，根据项目施工条件、机械设备、人员素质等情况对项目的成本目标进行科学预测，做到量效挂钩。

2.查找有效途径，实现成本控制目标

为了有效降低项目成本，必须采取新技术、新材料、新工艺及加强合同管理力度的办法和措施来控制工程成本。

（三）施工项目成本控制

成本控制包括事前控制、事中控制和事后控制，成本计划属于事前控制，此处所讲的控制是指项目在施工过程中，通过一定的方法和技术措施，加强对各种影响成本的因素进行管理，将施工中所发生的各种消耗和支出尽量控制在成本计划内，属于事中控制。

1.工程前期的成本控制（事前控制）

成本的事前控制是通过成本的预测和决策，落实降低成本措施，编制目标成本计划而层层展开的。其中分为工程投标阶段和施工准备阶段。

2.实施期间成本控制（事中控制）

实施期间成本控制的任务是建立成本管理体系；项目经理部应将各项费用指标进行分解，以确定各个部门的成本指标；加强成本的控制。事中控制要以合同造价为依据，从预算成本和实际成本两方面控制项目成本。定期检查各责任部门和责任者的成本控制情况，检查责、权、利的落实情况。

3.竣工验收阶段的成本控制（事后控制）

事后控制主要是重视竣工验收工作，对照合同价的变化，将实际成本与目标成本之间的差距加以区分，进一步挖掘降低成本的潜力。在工程保修期间，将实际成本与计划成本进行比较，明确是节约还是浪费，分析成本节约或超支的原因和责任归属。

（四）施工项目成本核算

施工项目成本核算包括两个环节，一是归集费用，另一个为采取一定的方法，计算施工项目的总成本和单位成本。换句话说，施工项目成本是指对项目产生过程中所发生的各种费用进行核算。

1.施工项目成本核算的对象

（1）一个单位工程由几个施工单位共同施工，各单位都应以同一单位工程作为成本核算对象。

（2）同一建设项目，开竣工时间相近的若干单位工程可以合并作为一个成本核算对象。

（3）改、扩建的零星工程可以将开竣工时间相近属于同一个建设项目的各单位工程合并成一个成本核算对象。

2.工程项目成本核算的基本框架

工程项目成本核算的基本框架如表3-1所示。

表3-1 工程项目成本核算的基本框架

人工费核算	内包人工费
	外包人工费
材料费核算	编制材料消耗汇总表
周转材料费核算	实行内部租赁制
	项目经理部与出租方按月结算租赁费
	周转材料进出时，加强计量验收制度
	租用周转材料的进退场费，按照实际发生数，由调入方负担
	对U形卡、脚手架等零件，在竣工验收时进行清点，按实际情况计入成本
	实行租赁制周转材料不再分配负担周转材料差价
结构件费核算	按照单位工程使用对象编制结构耗用月报表
	结构单价以项目经理部与外加工单位签订合同为准
	结构件耗用的品种和数量应与施工产值相对应
	结构件的高进高出价差核算同材料费的高进高出价差核算一致
	如发生结构件的一般价差，可计入当月项目成本
	部位分项分包，按照企业通常采用的类似结构件管理核算方法
	在结构件外加工和部位分项分包施工过程中，尽量获取转嫁压价让利风险所产生的利益
机械使用费核算	机械设备实行内部租赁制
	租赁费根据机械使用台班、停用台班和内部租赁价计算，计入项目成本
	机械进出场费，按规定由承租项目承担
	各类大中小型机械，其租赁费全额计入项目机械成本
	结算原始凭证由项目指定人签证开班和停班数，据以结算费用
	向外单位租赁机械，按当月租赁费用金额计入项目机械成本
其他直接费核算	材料二次搬运费
	临时设施摊销费
	生产工具用具使用费
	除上述外其他直接费均按实际发生的有效结算凭证计入项目成本

续表

施工间接费核算	要求以项目经理部为单位编制工资单和奖金单列支工作人员薪金
	劳务公司所提供的炊事人员、服务、警卫人员提供承包服务费计入施工间接费
	内部银行的存贷利息，计入“内部利息”
	施工间接费，先在项目“施工间接费”总账归集，再按一定分配标准计入收益成本人核算对象“工程施工—间接成本”
分包工程成本核算	包清工程，纳入“人工费—外包人工费”内核算
	部分分项分包工程，纳入结构件费内核算
	双包工程
	机械作业分包工程
	项目经理部应增设“分建成本”项目，核算双包工程、机械作业分包工程成本状况

（五）施工项目成本分析

1.施工项目成本分析方法

施工项目成本分析就是在成本核算的基础上采取一定的方法，对所发生的成本进行比较分析，检查成本发生的合理性，找出成本的变动规律，寻求降低成本的途径。主要有比较法、连环替代法、差额计算法和挣值法。

2.施工成本因素分析

（1）产量变动对工程成本的影响。

工程成本一般可分为变动成本和固定成本两部分。由于固定成本不对产量变化，因此随着产量的提高，各单位工程多分摊的固定成本将相应减少，单位工程成本也会随着产量的增加而有所减少。

（2）劳动生产率变动对工程成本的影响。

提高劳动生产率，是增加产量、降低成本的重要途径。在分析劳动生产率的影响时，还须考虑人工平均工资增长的影响。

（3）资源、能源利用程度对工程成本的影响。

影响资源、能源费用的因素主要是用量和价格两个方面。就企业角度而言，降低耗用量是降低成本的主要方面。

（4）工程质量变动对工程成本的影响。

水利水电工程虽不设废品等级，但对废品存在返工、修工、加固等要求。一般用返工损失金额来综合反映工程成本的变化。

（5）机械利用率变动对工程成本的影响。

（6）技术措施变动对工程成本的影响。

在施工过程中，施工企业应尽力发挥潜力，采取先进的技术措施，这不仅是企业发展的需要，也是降低工程成本最有效的手段。

（7）施工管理费变动对工程成本的影响。

施工管理费在工程成本中占有较大的比重，因此节省开支，对降低工程成本也具有很大的作用。

（六）施工项目成本考核

成本考核就是在施工项目竣工后，对项目成本的负责人，考核其成本完成情况，以做到有奖有罚，避免“吃大锅饭”，以提高职工的劳动积极性。

施工成本考核是衡量成本降低的实际成果，也是对成本指标完成情况的总结和评价。成本预测是成本决策的前提，成本计划是成本决策所确定目标的实现，而成本考核是实现成本目标责任制的保证和实现决策目标的重要手段。施工成本管理的每一个环节都是相互联系和相互作用的。

三、施工成本控制的原则

施工项目成本控制要坚持以下几项原则：

（一）全面控制

全面控制原则主要体现在对项目成本的全员控制和项目成本的全过程控制。施工项目的成本是一项综合性指标，它涉及项目组织的各部门、各班组的工作业绩，也与每个职工的切身利益有关。同时，成本控制工作要随着项目施工进展的各个阶段连续进行，使施工项目成本自始至终置于有效的控制之下。因此，项目成本的高低需要大家关心，施工项目成本控制也需要项目参与者群策群力。

（二）计划控制

施工项目成本预测和决策为成本计划的编制提供依据，将承包成本额降低而形成计划成本成为施工过程中成本控制的标准。

成本计划编制方法有以下两种。

1.常用方法

成本降低额=两算对比差额＋技术措施节约额

2.计划成本法

计划成本法有以下4种算法。

（1）施工预算法：计划成本=施工预算成本–技术措施节约额

（2）技术措施法：计划成本=施工图预算成–本技术措施节约额

（3）成本习性法：计划成本=施工项目变动成本+施工项目固定成本

（4）按实计算法：施工项目部以该项目的施工图预算的各种消耗量为依据，结合成本计算降低目标，由各职能部门结合本部门的实际情况，分别计算各部门的计划成本，最后汇总项目的总计划成本。

（三）目标管理

目标管理是贯彻执行计划的一种方法，它把计划的方针、任务、目的和措施等一一进行分解，并分别落实到执行计划的部门、单位甚至个人。目标管理的内容包括目标的设定和分解。目标的责任到位，形成目标管理的P（计划）、D（实施）、C（检查）、A（处理）循环。

四、施工成本控制的内容及面临的问题

（一）施工成本控制的内容

施工成本控制是在成本发生和形成的过程中对成本进行的监督检查，成本的发生与形成是一个动态的过程，这就决定了成本的控制也是一个动态的过程，也可称为成本的过程控制。施工成本过程控制的对象与内容如下：

1.人工费的控制

人工费的控制实行“量价分离”的方法，将作业用工及零星用工按照定额工日的一定比例综合确定用工数量与单价，通过劳务合同进行控制。

加强劳动定额管理，提高劳动生产率、降低工程耗用人工工时，是控制人工费支出的主要手段。

2.材料费的控制

材料费的控制是施工降低成本的重要环节。材料费一般占建筑安装工程造价的60%左右，做好材料的管理，降低材料费用是降低施工成本最重要的途径。材料费的控制同样按照“量价分离”的原则，从材料的用量和材料价格两方面进行控制。

（1）材料用量的控制。

在保证符合设计规格和质量标准的前提下，合理使用材料和节约使用材

料，通过定额管理、计量管理等手段以及施工质量控制，避免返工等，有效控制材料物资的消耗。

①限额领料控制。

对于有消耗定额的材料，项目以消耗定额为依据，实行限额发料制度。对于没有消耗定额的材料，则实行计划管理和按指标控制的办法，根据长期实际耗用，结合当月具体情况和节约要求，制定领用材料指标，据以控制发料。超过限额领用的材料，必须经过一定的审批手续方可领用。施工班组严格实行限额领料，控制用料，凡超额使用的材料，由班组自负费用，节约的可以由项目部与施工班组分成，使员工充分认识到节约与自身利益相联系，在日常工作中，主动掌握节约材料的方法，降低材料废品率。

②计量控制。

为准确核算项目实际材料成本，保证材料消耗准确，在各种材料进场时，项目材料员必须准确计量，查明是否发生损耗或短缺。如有发生要查明原因，明确责任。发料过程中，要严格计量，防止多发或少发。

③以钱代物，包干控制。

在材料使用过程中，对部分小型及零星材料（如铁钉、铁丝等）采用以钱代物、包干控制的办法。其具体做法是：根据工程量结算出所需材料，将其折算成现金，每月结算时发给施工班组，一次包死，班组需要用料时，再从项目材料员那里购买，超支部分由班组自负，节约部分归班组所得。

④技术措施控制。

采用先进的施工工艺等可降低材料消耗，例如改进材料配合比设计，合理使用化学添加剂；精心施工，控制构筑物和构件尺寸，减少材料消耗；改进装卸作业，节约装卸费用，减少材料损耗，提高运输效率；经常分析材料使用情况，核定和修订材料消耗定额，使施工定额保持平均先进水平。

（2）材料价格的控制。

材料价格主要由材料采购部门在采购中加以控制。由于材料价格是由买价、运杂费、运输中的合理损耗等所组成，因此控制材料价格，主要是通过市场信息、询价，应用竞争机制和经济合同手段等控制材料、设备、工程用品的采购价格，包括买价、运费和耗损等。

①买价控制。

买价的变动主要由市场因素引起，但在内部控制方面，应事先对供应商进行考察，建立合格供应商名册。采购材料时，必须在合格供应商名册中选定供应商，实行货比三家，在保质保量的前提下，争取最低买价。同时实现项目监督，项目对材料部门采购的物资有权过问与询价，对买价过高的物资，可以根据双方签订的横向合同处理。此外，材料部门对各个项目所需的物资可以分类批量采购，以降低买价。

②运费控制。

合理组织材料运输，就近购买材料，选用最经济的运输方法，借以降低成本。为此，材料采购部门要求供应商按规定的包装条件和指定的地点交货，供应单位如降低包装质量，则按质论价付款，因变更指定地点所增加的费用均由供应商自付。

③损耗控制。

要求项目现场材料验收人员及时严格办理验收手续，准确计量，以防止将损耗或短缺计入材料成本。

材料管理工作是一项业务性较强、工作量较大的工作，降低材料单价和减少消耗量绝不是以次充好、偷工减料，而是在保质、保量、按期、配套地供应施工生产所需材料的基础上，监督和促进材料的合理使用，进一步达到材料成本最低的目标。

3.施工机械使用费的控制

合理选择和使用施工机械设备对施工成本控制具有十分重要的意义。施工机械一般通过租赁方式使用，因此，必须合理配备施工机械，提高机械设备的利用率和完好率。施工机械使用费的控制主要从台班数量和台班单价两方面控制。为有效控制施工机械使用费支出，要从以下几个方面进行控制：

（1）合理安排施工生产，加强设备租赁计划管理，减少因安排不当引起的设备闲置。

（2）加强机械设备的调度工作，尽量避免窝工，提高现场设备利用率。

（3）加强现场设备的维护保养，降低大修、经常性修理等各项开支，保障机械的正常工作，避免因不正确使用造成机械设备的停置。

（4）做好机上人员与辅助生产人员的协调与配合，实行超产奖励方法，加强培训提高机上人员技能，提高施工机械台班产量。

（5）加强配件管理，建立健全配件领发料制度，严格按油料消耗定额控制油料消耗。

4.施工分包费用的控制

施工分包费用的控制是施工成本控制的重要工作之一，项目经理部在确定施工方案的初期就要确定需要分包的工程范围。对分包费用的控制，主要是要做好分包工程的询价、订立平等互利的分包合同、建立稳定的分包关系网络、加强施工验收和分包结算等工作。

（二）施工成本控制的主要问题

水利工程施工成本控制是很多施工企业已经意识到的重要问题，很多企业尽管具有实施低成本控制战略的需要与愿望，但缺乏低成本控制战术。成本管理目标的制定缺乏科学的依据，成本控制的具体措施也缺乏可操作性。概括起来包括以下几个方面：

1.成本控制意识差

长期以来，有些项目简单地将项目成本控制的责任归于项目成本管理主管及财务人员，其结果是技术人员只负责技术和工程质量，工程组织人员只负责施工生产和工程进度，这样表面看起来分工明确，职责清晰，各司其职，唯独没有成本的责任控制。成本管理人员及账务人员只是成本控制的参与者，而不是成本控制的主体，不走出这个认识上的误区，就不可能搞好成本控制。

2.成本全过程控制不力

项目部各部门在成本控制系统中运作不力。很多施工企业对于成本控制措施的制定和实施过于简单化和表面化，普遍存在着简单地按照以往的工程管理经验来编制施工组织设计，沿用经验工程的成本降低率编制成本计划和制定目标成本，而忽略了该工程的现场环境以及施工条件和工期的要求，结果对成本核算、设计变更、工程索赔等事后控制造成极大的隐患。在这种情况下，即使编制了施工组织设计、施工成本控制，也起不到真正控制成本和提高效益的作用。

3.没有正确处理好工期、质量与成本的关系

对于工期要求紧的工程，进度控制当然要摆在第一位，但为了保证工程的

按期交付，盲目赶工期要进度，会造成工程成本的额外增加；为了保证工程进度，采用不合理的施工材料和方法，造成工程质量不合格，返工和停工又会造成经济的损失。这样筹划不科学就会造成成本的流失。

五、施工成本控制的方法

（一）施工图预算控制成本支出

在施工项目的成本控制中，可按施工图预算实行“以收定支”，对人工费、材料费、周转设备使用费加以控制。

（二）施工预算控制资源消耗

资源消耗数量的货币表现就是成本费用。因此，资源消耗的减少，就等于成本费用的节约；控制了资源消耗，也等于控制了成本费用。施工预算控制资源消耗的实施步骤和方法如下：

（1）项目开工以前，编制整个施工项目的施工预算，作为指导和管理施工的依据。

（2）对生产班组的任务安排，必须签发施工任务单和限额领料单，并向生产班组进行技术交底。

（3）在施工过程中，要求生产班组根据实际完成的工程量做好原始记录，作为施工任务单和限额领料单结算的依据。

（4）任务完成后，根据回收的施工任务单和限额领料单进行结算，并按照结算内容支付报酬（包括奖金）。

（三）应用成本与进度同步跟踪法

成本控制与计划管理、成本与进度之间有着必然的同步关系。为了方便在分部分项工程的施工中同时进行进度与费用的控制，掌握进度与费用的变化过程，可以按照横道图或网络计划图的特点分别进行处理。

1.横道图计划进度与成本的同步控制

在横道图计划中，表示作业进度的横线有两条，一条为计划线，另一条为实际线；计划线上的“C”表示与计划进度相对应的计划成本；实际线下的“C”表示与实际进度相对应的实际成本，由此得到以下信息：

（1）每个分项工程的进度与成本的同步关系。

（2）每个分项工程的计划施工时间与实际施工时间之比，以及对后道工序的影响。

（3）每个分项工程节约或超支，以及对完成某一时期责任成本的影响。

（4）每个分项工程施工进度的提前或拖期对成本的影响程度。

（5）整个施工阶段的进度和成本情况。

2.网络图计划进度与成本的同步控制

网络计划在施工进度的安排上可随时进行优化和调整，因而对每道工序的成本控制也更有效。

网络图的表示方法为：箭杆的上方用“C”后面的数字表示工作的计划成本，实际施工的时间和成本则在箭杆附近的方格中按实填写，这样就能从网络图中看到每项工作的计划进度与实际进度、计划成本与实际成本的对比情况。

（四）建立月度财务收支计划，控制成本费用支出

1.以月度施工作业计划为龙头，并以月度计划产值为当月财务收入计划，同时由项目各部门根据月度施工作业计划的具体内容编制本部门的用款计划。

2.在月度财务收支计划的执行过程中，项目财务成员应该根据各部门的实际情况做好记录，并于下月初反馈给相关部门。

（五）加强质量管理，控制质量成本

质量成本包括控制成本和故障成本。控制成本包括预防成本和鉴定成本，与质量水平成正比关系。故障成本包括内部故障成本和外部故障成本，与质量水平成反比关系。

1.质量成本核算

将施工过程中发生的质量成本费用，按照预防成本、鉴定成本、内部故障成本和外部故障成本的明细科目归集。质量成本的明细科目，可根据实际支付的具体内容来确定。

（1）预防成本。

质量管理工作费、质量培训费、质量情报费、质量技术宣传费、质量管理活动费等。

（2）内部故障成本。

返工损失、停工损失、返修损失、质量过剩损失、技术超前支出和事故分

析处理等。

（3）外部故障成本。

保修费、赔偿费、诉讼费和因违反环境保护法而发生的罚款等。

（4）鉴定成本。

材料检验试验费、工序监测和计量服务费、质量评审活动费等。

2.质量成本分析

根据质量成本核算的资料进行归纳、比较和分析，包括以下内容：

（1）质量成本各要素之间的比例关系分析。

（2）质量成本总额的构成比例分析。

（3）质量成本总额的构成内容分析。

（4）质量成本占预算成本的比例分析。

（六）坚持现场管理标准化，减少浪费

根据“必需、实用、简便”的原则，施工项目成本核算设立资源消耗辅助记录台账，这里以“材料消耗台账”为例，包括材料消耗台账、材料消耗情况的信息反馈、材料消耗的中间控制，由此说明资源消耗台账在成本控制中的应用。施工现场临时设施费用是工程直接成本的一个组成部分。在项目管理中，降低施工成本有硬手段和软手段两个途径。

六、降低施工成本的措施

降低施工项目成本应该从加强施工管理、技术管理、劳动工资管理、机械设备管理、材料管理、费用管理以及正确划分成本中心，使用先进的成本管理方法和考核手段入手，制定既开源又节流的方针，从两个方面来降低施工项目成本。

（一）认真会审图纸，积极提出修改意见

在项目建设过程中，施工单位必须按图施工。在满足用户要求和保证工程质量的前提下，对设计图纸进行认真会审，并提出积极的修改意见，在取得用户和设计单位的同意后，修改设计图纸，并办理增减账。同时，在会审图纸的时候，对于结构复杂、施工难度高的项目，更要加倍认真，并且要从方便施工这一方面，有利于加快工程进度和保证工程质量，又能降低资源消耗、增加工程

收入。

（二）加强合同预算管理

1.深入研究招标文件、合同内容，正确编制施工图预算。在编制施工图预算的时候，要充分考虑可能发生的成本费用，将其全部列入施工图预算，然后通过工程款结算向甲方取得补偿。

2.把合同规定的“开口”项目，作为增加预算收入的重要方面。一般来说，按照设计图纸和预算定额编制的施工图预算，必须受预算定额的制约，很少有灵活伸缩的余地；而开口项目的取费则有比较大的潜力，是项目增收的关键。

3.根据工程变更资料，及时办理增减账

随着工程的变更，必然会带来工程内容的增减和施工工序的改变，从而必然会影响成本费用的变更。因此，“劳动力调配和工期目标等的影响程度。”，再加“以及为实施变更内容所需要的各种资源进行合理估价，及时办理增减账手续，并通过工程款结算从甲方取得补偿。”

（三）落实技术组织措施

落实技术组织措施，走技术与经济相结合的道路，以技术优势来取得经济效益，是降低项目成本的又一个关键。一般情况下，项目应在开工以前根据工程情况制定技术组织措施计划，作为降低成本计划的内容之一列入施工组织设计。在编制月度施工作业计划的同时，也可按照作业计划的内容编制月度技术组织措施计划。

必须强调，在结算技术组织措施执行效果时，除要按照定额数据等进行理论计算外，还要做好节约实物的验收，防止“理论上节约、实际上超用”的情况发生。

（四）组织均衡施工，加快施工进度

为了加快施工进度，将会增加一定的成本支出。例如，在组织两班制施工的时候，需要增加夜间施工的照明费、夜点费和工效损失费；同时，还将增加模板的使用量和租赁费。

因此，凡是按时间计算的成本费用，如项目管理人员的工资和办公费，以及施工机械和周转设备的租赁费等，在加快施工进度、缩短施工周期的情况下，都会有明显的节约。除此之外，还可从业主那里得到一笔相当可观的提前竣工奖。因此，加快施工进度也是降低项目成本的有效途径之一。

第三节　施工质量管理

一、施工质量管理的概述

水利工程项目的施工阶段是根据设计图纸和设计文件的要求，通过工程参建各方及其技术人员的劳动形成工程实体的阶段。这个阶段的质量控制无疑是极其重要的，其中心任务是通过建立健全有效的工程质量监督体系，确保工程质量达到合同规定的标准和等级要求。为此，在水利工程项目建设中，建立了质量管理的三个体系，即施工单位的质量保证体系、建设（监理）单位的质量检查体系和政府部门的质量监督体系。

（一）工程项目质量

质量是反映实体满足明确或隐含需要能力的特性的总和。工程项目质量是国家现行的有关法律、法规、技术标准、设计文件及工程承包合同对工程的安全、适用、经济、美观等特征的综合要求。

从功能和使用价值来看，工程项目质量体现在适用性、可靠性、经济性、外观质量与环境协调等方面。由于工程项目是依据项目法人的需求而兴建的，故各工程项目的功能和使用价值的质量应满足不同项目法人的需求，并无一个统一的标准。

从工程项目质量的形成过程来看，工程项目质量包括工程建设各个阶段的质量，即可行性研究质量、工程决策质量、工程设计质量、工程施工质量、工程竣工验收质量。

工程项目质量具有两个方面的含义：一是指工程产品的特征性能，即工程产品质量；二是指参与工程建设各方面的工作水平、组织管理等，即工作质量。工作质量包括社会工作质量和生产过程工作质量。社会工作质量主要是指社会调查、市场预测、维修服务等。生产过程工作质量主要包括管理工作质量、技术工作质量、后勤工作质量等，最终将反映在工序质量上，而工序质量的好坏直接受人、原材料、机具设备、工艺及环境等五方面因素的影响。因此，工程项目质量的好坏是各环节、各方面工作质量的综合反映，而不是单纯靠质量检验查出来的。

（二）工程项目质量控制

质量控制是指为达到质量要求所采取的作业技术和活动，工程项目质量控制实际上就是对工程在可行性研究、勘测设计、施工准备、建设实施、后期运行等各阶段、各环节、各因素的全程、全方位的质量监督控制。工程项目质量有个产生、形成和实现的过程，控制这个过程中的各环节，以满足工程合同、设计文件、技术规范规定的质量标准。在中国的工程项目建设中，工程项目质量控制按其实施者的不同，包括以下三个方面：

1.项目法人的质量控制

项目法人方面的质量控制，主要是委托监理单位依据国家的法律、规范、标准和工程建设的合同文件对工程建设进行监督和管理。其特点是外部的、横向的、不间断的控制。

2.政府方面的质量控制

政府方面的质量控制是通过政府的质量监督机构来实现的，其目的在于维护社会公共利益，保证技术性法规和标准的贯彻执行。其特点是外部的、纵向的、定期或不定期抽查。

3.承包人方面的质量控制

承包人主要是通过建立健全质量保证体系，加强工序质量管理，严格施行“三检制”（即初检、复检、终检），避免返工，提高生产效率等方式来进行质量控制。其特点是内部的、自身的、连续的控制。

（三）工程项目质量控制的原则

在工程项目建设过程中，对其质量进行控制应遵循以下几项原则。

1.质量第一原则

“百年大计，质量第一”，工程建设与国民经济的发展和人民生活的改善息息相关。质量的好坏直接关系到国家繁荣富强，关系到人民生命财产的安全，关系到子孙幸福，所以必须树立强烈的“质量第一”的思想。

要确立质量第一的原则，必须弄清并且摆正质量和数量、质量和进度之间的关系。不符合质量要求的工程，数量和进度都将失去意义，也没有任何使用价值，而且数量越多，进度越快，国家和人民遭受的损失也将越大。因此，好中求多、好中求快、好中求省才是符合质量管理所要求的质量水平。

2.预防为主原则

对于工程项目的质量，我们长期以来采取事后检验的方法，认为严格检查就能保证质量，实际上这是远远不够的，应该从消极防守的事后检验变为积极预防的事先管理。因为好的建筑产品是好的设计、好的施工所产生的，不是检查出来的。必须在项目管理的全过程中，事先采取各种措施，消灭种种不符合质量要求的因素，以保证建筑产品质量。如果各质量因素（人、机、料、法、环）预先得到保证，工程项目的质量就有了可靠的前提条件。

3.为用户服务原则

建设工程项目是为了满足用户的要求，尤其是要满足用户对质量的要求。真正好的质量是用户完全满意的质量。进行质量控制就是要把为用户服务的原则作为工程项目管理的出发点，贯穿到各项工作中去。同时，要在项目内部树立“下道工序就是用户”的思想。各个部门、各种工作、各种人员都有个前、后的工作顺序，在自己这道工序的工作一定要保证质量，凡达不到质量要求不能交给下道工序，一定要使“下道工序”这个用户感到满意。

4.用数据说话原则

质量控制必须建立在有效的数据基础之上，必须依靠能够确切反映客观实际的数字和资料，否则就谈不上科学的管理。一切用数据说话，就需要用数理统计方法对工程实体或对象进行科学的分析和整理，从而研究工程质量的波动情况，寻求影响工程质量的主次原因，采取改进质量的有效措施，掌握保证和提高工程质量的客观规律。

在很多情况下，我们评定工程质量时，虽然也按规范标准进行检测计量产生一些数据，但是这些数据往往不完整、不系统，没有按数理统计要求积累数据、抽样选点，所以难以汇总分析，有时只能统计加估计，抓不住质量问题，既不能完全表达工程的内在质量状态，也不能有针对性地进行质量教育，提高企业素质。所以，必须树立起“用数据说话”的意识。从积累的大量数据中找出控制质量的规律性，以保证工程项目的优质建设。

二、水利工程质量管理的内容

在对水利工程的质量进行管理时，要注意从全面的观点出发。不仅要对工程质量进行管理，并且还要从工作质量和人的质量方面进行管理。

（一）工程质量

工程质量指的是建设水利工程要符合相关法律法规的规定，符合技术标准、设计文件和合同等文件的要求，其所起到的具体作用要符合使用者的要求。具体来说，对工程质量管理主要表现在以下几个方面。

1.工程寿命

所谓的工程寿命，实际上指的就是建设的项目在正常的环境条件下可以达到的使用时间，即工程的耐久性，这是进行水利工程项目建立的最重要的指标之一。

2.工程性能

工程性能就是工程建设的重点内容，要能够在各个方面，包括外观、结构、力学以及使用等方面满足使用者的需求。

3.安全性

工程的安全性主要是指在工程的使用过程中，其结构上应能保护工程，具备一定的抗震、耐火效果，进而保护人员的人身不受损害。

4.经济性

经济性指的是工程在建设和使用的过程中应该进行成本的计算，避免不必要的支出。

5.可靠性

可靠性指的是工程在一定的使用条件和使用时间下，能够有效完成相应功能的程度。例如，某水利工程在正常的使用条件和使用时间下，不会发生断裂或是渗透等问题。

6.与环境的协调性

与环境的协调性指的是水利工程的建设和使用要与其所处的环境相互协调

适应，不能违背自然环境的发展规律，与自然和谐共处，实现可持续发展。

我们可以通过量化评定或定性分析来对上述6个工程质量的特性进行评定，以此明确规定出可以反映工程质量特性的技术参数，然后通过相关的责任部门形成正式的文件下达给工程建设组织，以此来作为工程质量施工和验收的规范，这就是所谓的质量标准。

通过将待验收的工程与制定好的工程质量标准两相比较，符合标准的就是合格品，不符合标准的就是不合格品。需要注意的是，施工组织的工程建设质量，不仅要满足施工验收规范和质量评价标准的要求，并且还要满足建设单位和设计单位所提出的相关合理要求。

（二）工作质量

工作质量指的是从事建筑行业的部门和建筑工人的工作可以保证工程的质量。工作质量包括生产过程质量和社会工作质量两个方面，如技术工作、管理工作、社会调查、后勤工作、市场预测、维护服务等方面的工作质量。想要确保工程质量可以达到相关部门的要求，前提条件就必须首先要保证工作质量符合要求。

（三）人的质量

人的质量指的是参与工程建设的员工的整体素质。人是工程质量的控制者，也是工程质量的“制造者”。工程质量的好与坏与人的因素是密不可分的。

建设员工的素质主要指的是文化技术素质、思想政治素质、身体素质、业务管理素质等多个方面。

建设人员的文化技术素质直接影响工程项目质量，尤其是技术复杂、操作难度大、要求精度高的工程对建设人员的素质要求更高。

身体素质是指根据工程施工的特点和环境，应严格控制人的生理缺陷，特殊环境下的作业，比如高空作业，患有高血压、心脏病的人不能参与，否则容易引起安全事故。

思想政治素质和业务管理素质主要指的是在施工场地，施工人员应该避免产生错误的情绪，比如畏惧、抑郁等，也注意错误的行为，比如吸烟、打盹、错误的判断、打闹嬉戏等行为都会影响工作的质量。

三、质量管理体系的建立与运行

（一）工程项目质量管理系统的概述

工程项目质量管理体系是以控制、保证和提高工程质量为目标，运用系统的概念和方法，使企业各部门、各环节的质量管理职能组织起来，形成一个有明确任务、职责、权限、互相协调、互相促进的有机整体，使质量管理规范化、标准化的体系。

质量管理体系要素是构成质量体系的基本单元，它是工程质量产生和形成的主要因素。

施工阶段是建设工程质量的形成阶段，是工程质量监督的重点，因此，必须做好质量管理的工作。

施工单位建立质量管理体系要抓好以下7个环节：

1.要有明确的质量管理目标和质量保证工作计划。

2.要建立一个完整的信息传递和反馈系统。

3.要有一个可靠有效的计量系统。

4.要建立和健全质量管理组织机构，明确职责分工。

5.组织开展质量管理小组活动。

6.要与协作单位建立质量的保证体系。

7.要努力实现管理业务规范化和管理流程程序化。

（二）工程项目质量控制系统的建立

建设工程项目质量控制系统的建立首先需要质量体系文件化，对其进行策划，根据工程项目的总体要求，从实际出发，对质量管理体系文件进行编制，保证其合理性；然后要定期进行质量管理体系评审和评价。

1.建立工程项目质量控制体系的基本原则

（1）全员参与的分层次规划原则。

只有全员参与到质量管理体系当中才能为企业带来利益，又因水利工程施工的特殊性，还需要对不同的施工单位制定不同的质量管理标准。

（2）过程管理原则。

在工作过程中，按照建设标准和工程质量总体目标，分解到各个责任主体，依据合适的管理方式，确定控制措施和方法。

（3）质量责任制原则。

施工单位只需做好自己负责项目的工作即可，责任分明，质量与利益相结合，提高工程质量管理的效率。

（4）系统有效性原则。

即做到整体系统和局部系统的组织、人员、资源和措施落实到位。

2.建立步骤

（1）总体设计。

质量体系建设的第一步一定要先对整个大的环境进行充分的了解，制定一个符合社会、市场以及项目的质量方针和目标。

（2）质量管理体系文件的编制。

编制质量手册、质量计划、程序文件和质量记录等质量体系文件，包括对质量管理体系过程和方法所涉及的质量活动所进行的具体阐述。

（3）人员组织的确定。

根据各个阶段方面的侧重部分，合理安排组织人员进行监督，制定质量控制工作制度，按照制度形成质量控制的依据。

（三）工程项目质量管理体系运行

质量管理体系运行的基本方式是按照计划（Plan）—执行（Do）—检查（Check）—处理（Action）的管理循环进行的，它包括4个阶段、8个步骤。

1．4个阶段

（1）计划阶段。

按使用者要求，根据具体生产技术条件，找到生产中存在的问题及其原因，拟定生产对策和措施计划。

（2）执行阶段。

按预定对策和生产措施计划，组织实施。

（3）检查阶段。

对生产产品进行必要的检查和测试，即把执行的工作结果与预定目标对比，检查执行过程中出现的情况和问题。

（4）处理阶段。

把经过检查发现的各种问题及用户意见进行处理，凡符合计划要求的给予肯定，成文标准化；对不符合计划要求和不能解决的问题，转入下一循环，以便进一步研究解决。

2．8个步骤

（1）分析现状，找到问题，依靠数据做支撑，不武断，不片面，结论合理有据。

（2）分析各种影响因素，要把可能因素一一加以分析。

（3）找出主要影响因素，在分析的各种因素中找到主要的关键的影响因素，对症下药，改进工作，提高质量。

（4）研究对策，针对主要因素拟定措施，制订计划，确定目标。

以上4个步骤均属P（Plan计划）阶段的工作内容。

（5）执行措施，为D（Do执行）阶段的工作内容。

（6）检查工作结果，对执行情况进行检查，找出经验教训，是C（Check检查）阶段工作内容。

（7）巩固措施，制定标准，把成熟的措施定成标准（规程、细则），形成制度。

（8）遗留问题转入下一个循环。

以上（7）、（8）为A（Action处理）阶段的工作内容。

PDCA循环工作原理是质量管理体系的动力运作方式，有着以下特点。

（1）4个阶段相互统一成一个整体，一个都不可缺少，先后次序不能颠倒。

（2）施工建设单位的各部门都存在PDCA循环。

（3）PDCA循环在转动中是前进的，每个循环结束，质量提高一步。每经过一次循环，就解决了一批问题，质量水平就有了新的提高。

（4）A阶段是一个循环的关键，这一阶段的目的在于总结经验，巩固成果，找出偏差，纠正错误，以利于下一个管理循环。

四、工程质量事故的处理

（一）质量事故的概念

为了加强水利工程质量管理，规范水利工程质量事故处理行为，根据《中华人民共和国建筑法》和《中华人民共和国行政处罚法》，水利部于1999年3月4

日发布实施《水利工程质量事故处理暂行规定》（水利部令第9号），该规定分为总则、事故分类、事故报告、事故调查、工程处理、事故处罚、附则等六章共四十一条。

根据《水利工程质量事故处理暂行规定》，水利工程质量事故是指在水利工程建设过程中，由于建设管理、监理、勘测、设计、咨询、施工、材料、设备等原因造成工程质量不符合工程规范和合同规定的质量标准，影响工程使用寿命和对工程安全运行造成隐患和危害的事件。

工程建设中，原则上是不允许出现质量事故的，但由于工程建设过程中各种因素的综合作用又很难完全避免。工程如出现质量事故，有关方面应及时对事故现场进行保护，防止其遭到破坏，影响今后对事故的调查和原因分析，但在有些情况下，如不采取防护措施，事故有可能进一步扩大时，应及时采取可靠的临时性防护措施，防止事故发展，以免造成更大的损失。

（二）质量事故的分类及特点

1.质量事故的分类

工程质量事故的分类方法很多，有按事故发生的时间进行分类，有按事故产生原因进行分类，有按事故造成的后果或影响程度进行分类，有按事故处理的方式进行分类，有按事故的性质进行分类。根据《水利工程质量事故处理暂行规定》，工程质量事故按直接经济损失的大小，检查、处理事故对工期的影响时间长短和对工程正常使用的影响，分为一般质量事故、较大质量事故、重大质量事故和特大质量事故。

（1）一般质量事故指对工程造成一定经济损失，经处理后不影响正常使用并不影响使用寿命的事故。

（2）较大质量事故指对工程造成较大经济损失或延误较短工期，经处理后不影响正常使用但对工程使用寿命有一定影响的事故。

（3）重大质量事故指对工程造成重大经济损失或较长时间延误工期，经处理后不影响正常使用但对工程使用寿命有较大影响的事故。

（4）特大质量事故指对工程造成特大经济损失或长时间延误工期，经处理仍对正常使用和工程使用寿命有较大影响的事故。

（5）小于一般质量事故的质量问题称为质量缺陷。

2.水利工程质量事故的特点

由于工程建设项目不同于一般的工业生产活动，其项目实施的一次性，建设工程特有的流动性、综合性，劳动的密集性及协同作业关系的复杂性，构成了建设工程质量事故具有复杂性、严重性、可变性和多样性的特点。

（1）复杂性。

为了满足各种特定使用功能的需要，适应各种自然环境，水利水电工程品种繁多，类型各异，即使是同类型同级别的水工建筑物，也会因其所处的地理位置不同，地质、水文及气象条件的变化，而带来施工环境和施工条件的变化。尤其需要注意的是，造成质量事故的原因错综复杂，同一性质、同一形态的质量事故，其原因有时截然不同。同时水利水电工程在使用过程中也会出现各种各样的问题。所有这些复杂的因素，必然导致工程质量事故的性质、危害程度以及处理方法的复杂性。

（2）严重性。

水利水电工程一旦发生工程质量事故，不仅影响工程建设的进程，造成一定的经济损失，还可能会给工程留下隐患，降低工程的使用寿命，严重威胁人民生命财产的安全。在水利水电工程建设中，最为严重、影响最恶劣的是垮坝或溃堤事故，不仅造成严重的人员伤亡和巨大的经济损失，还会影响国民经济和社会的发展。

（3）可变性。

水利水电工程中相当多的质量问题是随着时间、条件和环境的变化而发展的。因此，一旦发生质量问题，就应及时进行调查和分析，针对不同情况采取相应的措施。对于那些可能要进一步发展，甚至会酿成质量事故的，要及时采取应急补救措施，进行必要的防护和处理；对于那些表面问题，也要进一步查清内部结构情况，确定问题性质是否会转化；对于那些随着时间、水位、温度或湿度等条件的变化可能会进一步加剧的质量问题，要注意观测，做好记录，认真分析，找出其发展变化的特征或规律，以便采取必要有效的处理措施，使问题得到妥善处理。

（三）质量事故报告的主要内容

根据《水利工程质量事故处理暂行规定》，事故发生后，事故单位要严格保护现场，采取有效措施抢救人员和财产，防止事故扩大。因抢救人员、疏导交通等原因需移动现场物件时，应做出标志、绘制现场简图并做出书面记录，妥善保管现场重要痕迹、物证，并进行拍照或录像。

发生质量事故后，项目法人必须将事故的简要情况向项目主管部门报告。项目主管部门接事故报告后，按照管理权限向上级水行政主管部门报告。较大质量事故逐级向省级水行政主管部门或流域机构报告；重大质量事故逐级向省级水行政主管部门或流域机构报告并抄报水利部；特大质量事故逐级向水利部和有关部门报告。

发生（发现）较大质量事故、重大质量事故、特大质量事故要在48小时内向有关单位提出书面报告；突发性事故，事故单位要在4小时内向有关单位报告。

有关事故报告应包括以下主要内容：

（1）工程名称、建设地点、工期，项目法人、主管部门及负责人电话。

（2）事故发生的时间、地点、工程部位以及相应的参建单位名称。

（3）事故发生的简要经过，伤亡人数和直接经济损失的初步估计。

（4）事故发生原因初步分析。

（5）事故发生后采取的措施及事故控制情况。

（6）事故报告单位、负责人以及联络方式。

（四）质量事故处理的基本要求

根据《水利工程质量事故处理暂行规定》，因质量事故造成人员伤亡的，还应遵从国家和水利部伤亡事故处理的有关规定。其中质量事故处理的基本要求是：

1.质量事故处理的原则

（1）根据《水利工程质量事故处理暂行规定》，发生质量事故必须坚持“事故原因不查清楚不放过、主要事故责任者和职工未受到教育不放过、补救和防范措施不落实不放过”的原则，认真调查事故原因，研究处理补救措施，查明事故责任者，做好事故处理工作。

（2）事故调查应及时、全面、准确、客观，并认真做好记录。

（3）事故处理要建立在调查的基础上。

（4）根据调查情况，及时确定是否采取临时防护措施。

（5）事故处理要建立在原因分析的基础上，既要避免无根据地蛮干，又要防治谨小慎微地把问题复杂化。

（6）事故处理方案既要满足工程安全和使用功能的要求，又要经济合理、技术可行、施工方便。

（7）事故处理过程要有检查记录，处理后进行质量评定和验收，方可投入使用或下一阶段施工。

（8）对每一个工程事故，不论是否需要进行处理，都要经过分析，明确做出结论。

（9）根据质量事故造成的经济损失，坚持谁承担事故责任谁负责的原则。质量事故的责任者大致有业主、监理单位、设计单位、施工单位和设备材料供应单位等。

2.水利工程质量事故分级管理制度

（1）水利部负责全国水利工程质量事故处理管理工作，并负责部属重点工程质量事故处理工作。

（2）各流域机构负责本流域水利工程质量事故处理管理工作，并负责本流域中央投资为主的、省（自治区、直辖市）界及国际边界河流上的水利工程质量事故处理工作。

（3）各省、自治区、直辖市水利（水电）厅（局）负责本辖区水利工程质量事故处理管理工作和所属水利工程质量事故处理工作。

3.质量事故处理的一般程序

质量事故分析处理程序如图3–1所示。

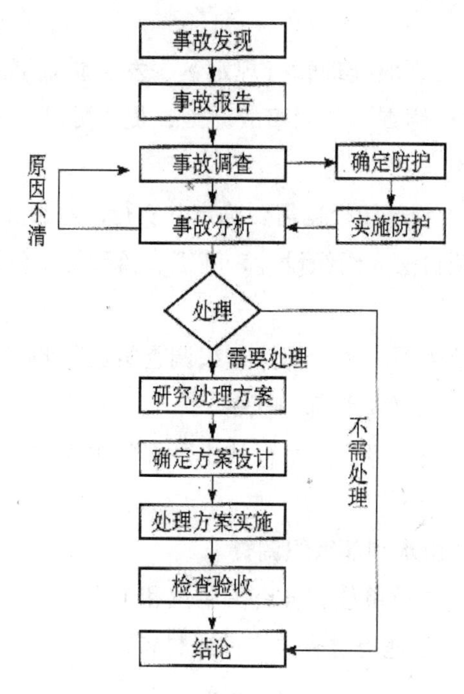

图3–1 质量事故分析处理程序

（1）发现质量事故。

（2）报告质量事故。发生质量事故，不论谁发现质量事故都应立即报告。

（3）调查质量事故。为了弄清事故的性质、危害程度，查明其原因，为分析和处理事故提供依据，有关方面应根据事故的严重程度组织专门的调查组，对发生的事故进行详细调查。事故调查一般应从以下几方面入手：工程情况调查；事故情况调查；地质水文资料；中间产品、构件和设备的质量情况；设计情况；施工情况；施工期观测情况；运行情况等。

（4）分析事故原因。

（5）研究处理方案。

（6）确定方案设计。

（7）处理方案实施。

（8）检查验收。

（9）结论。

4.质量事故的调查

根据《水利工程质量事故处理暂行规定》，发生质量事故，要按照规定的管理权限组织调查组进行调查，查明事故原因，提出处理意见，提交事故调查报告。

事故调查组成员由主管部门根据需要确定并实行回避制度。

（1）一般事故由项目法人组织设计、施工、监理等单位进行调查，调查结果报项目主管部门核备。

（2）较大质量事故由项目主管部门组织调查组进行调查，调查结果报上级主管部门批准并报省级水行政主管部门核备。

（3）重大质量事故由省级以上水行政主管部门组织调查组进行调查，调查结果报水利部核备。

（4）特大质量事故由水利部组织调查。

（5）调查组有权向事故单位、各有关单位和个人了解事故的有关情况。有关单位和个人必须实事求是地提供有关文件或材料，不得以任何方式阻碍或干扰调查组正常工作。

（6）事故调查组提交的调查报告经主持单位同意后，调查工作即告结束。

（7）事故调查费用暂由项目法人垫付，待查清责任后，由责任方负担。

（8）事故调查组的主要任务：①查明事故发生的原因、过程、财产损失情况和对后续工程的影响；②组织专家进行技术鉴定；③查明事故的责任单位和主要责任者应负的责任；④提出工程处理和采取措施的建议；⑤提出对责任单位和责任者的处理建议；⑥提交事故调查报告。

5.工程处理

根据《水利工程质量事故处理暂行规定》，发生质量事故，必须针对事故原因提出工程处理方案，经有关单位审定后实施。

（1）一般事故，由项目法人负责组织有关单位制定处理方案并实施，报上级主管部门备案。

（2）较大质量事故，由项目法人负责组织有关单位制定处理方案，经上级主管部门审定后实施，报省级水行政主管部门或流域机构备案。

（3）重大质量事故，由项目法人负责组织有关单位提出处理方案，征得事故调查组意见后，报省级水行政主管部门或流域机构审定后实施。

（4）特大质量事故，由项目法人负责组织有关单位提出处理方案，征得事故调查组意见后，报省级水行政主管部门或流域机构审定后实施，并报水利部备案。

（5）事故处理需要进行设计变更的，需原设计单位或有资质的单位提出设计变更方案。需要进行重大设计变更的，必须经原设计审批部门审定后实施。

（6）事故部位处理完成后，必须按照管理权限经过质量评定与验收后，方可投入使用或进入下一阶段施工。

（五）质量事故处罚

1.对工程事故责任人和单位需进行行政处罚的，由县以上水行政主管部门或经授权的流域机构按照第五条规定的权限和《水行政处罚实施办法》进行处罚。

特大质量事故和降低或吊销有关设计、施工、监理、咨询等单位资质的处罚，由水利部或水利部会同有关部门进行处罚。

2.由于项目法人责任酿成质量事故，令其立即整改；造成较大以上质量事故的，进行通报批评、调整项目法人；对有关责任人处以行政处分；构成犯罪的，移送司法机关依法处理。

3.由于监理单位责任造成质量事故，令其立即整改并可处以罚款；造成较大以上质量事故的，处以罚款、通报批评、停业整顿、降低资质等级，直至吊销水利工程监理资质证书；对主要责任人处以行政处分，取消监理从业资格，收缴监理工程师资格证书、监理岗位证书；构成犯罪的，移送司法机关依法处理。

4.由于咨询、勘测、设计单位责任造成质量事故，令其立即整改并可处以罚款；造成较大以上质量事故的，处以通报批评，停业整顿，降低资质等级，吊销水利工程勘测、设计资格；对主要责任人处以行政处分，取消水利工程勘测、设计执业资格；构成犯罪的，移送司法机关依法处理。

5.由于施工单位责任造成质量事故，令其立即自筹资金进行事故处理，并处以罚款；造成较大以上质量事故的，处以通报批评、停业整顿、降低资质等级，直至吊销资质证书；对主要责任人处以行政处分、取消水利工程施工执业资格；构成犯罪的，移送司法机关依法处理。

6.由于设备、原材料等供应单位责任造成质量事故，对其进行通报批评、罚款；构成犯罪的，移送司法机关依法处理。

7.对监督不到位或只收费不监督的质量监督单位处以通报批评、限期整顿、重新组建质量监督机构；对有关责任人处以行政处分、取消质量监督资格；构成犯罪的，移送司法机关依法处理。

8.对隐情不报或阻碍调查组进行调查工作的单位或个人，由主管部门视情节给予行政处分；构成犯罪的，移送司法机关依法处理。

9.对不按本规定进行事故的报告、调查和处理而造成事故进一步扩大或贻误处理时机的单位和个人，由上级水行政主管部门给予通报批评，情节严重的，追究其责任人的责任；构成犯罪的，移送司法机关依法处理。

10.因设备质量引发的质量事故，按照《中华人民共和国产品质量法》的规定进行处理。

11.工程建设中未执行国家和水利部有关建设程序、质量管理、技术标准的有关规定，或违反国家和水利部项目法人责任制、招标投标制、建设监理制和合同管理制及其他有关规定而发生质量事故的，对有关单位或个人从严从重处罚。

（六）质量缺陷的处理

根据《水利工程质量事故处理暂行规定》，小于一般质量事故的质量问题称为质量缺陷。水利工程应当实行质量缺陷备案制度。

1.对因特殊原因，使得工程个别部位或局部达不到规范和设计要求（不影响使用），且未能及时进行处理的工程质量缺陷问题（质量评定仍为合格），必须以工程质量缺陷备案形式进行记录备案。

2.质量缺陷备案的内容包括：质量缺陷产生的部位、原因，对质量缺陷是否处理和如何处理以及对建筑物使用的影响等。内容必须真实、全面、完整，参建单位（人员）必须在质量缺陷备案表上签字，有不同意见应明确记载。

3.质量缺陷备案资料必须按竣工验收的标准制备，作为工程竣工验收备查资料存档。质量缺陷备案表由监理单位组织填写。

4.工程项目竣工验收时，项目法人必须向验收委员会汇报并提交历次质量缺陷的备案资料。

第四节　施工进度管理

施工管理水平对于缩短建设工期，降低工程造价，提高施工质量，保证施工安全至关重要。施工管理工作涉及施工、技术、经济等活动。其管理活动是从制定计划开始，通过计划的制定，进行协调与优化，确定管理目标；然后在实施过程中按计划目标进行指挥、协调与控制；根据实施过程中反馈的信息调整原来的控制目标，通过施工项目的计划、组织、协调与控制，实现施工管理的目标。

一、施工进度管理的概述

（一）进度的概念

进度是指工程施工项目的事实过程中具体的进展情况，具体包括在项目实施过程中需要消耗的时间、劳动力、成本等。当然，项目实施结果应该以项目任务的完成情况，如工程的数量来表达。但是在实际操作中，很难找到一个恰当的指标来反映工程进度，因为工程实物进度已不只是传统的工期控制，而且还将工期与工程实物、成本、劳动消耗、资源等统一起来。

（二）进度指标

进度控制的基本对象是工程活动，它包括项目结构图上各个层次的单元，上至整个项目，下至各个工作包。项目进度指标的确定对项目工程的进度表达、计算和控制都会有重要的影响。由于一个工程有不同的子项目、工作包，因此必须挑选一个共同的、对所有工程活动都适用的计量单位。

1.持续时间

持续时间是进度的重要指标。例如计划工期两年，现已经进行了1年，则工期已达50%。一个工程活动，计划持续时间为30天，现已经进行了15天，则已完成50%。但通常还不能说工程进度已达50%，因为工期与人们通常概念上的进度是不一致的，工程的实际效率往往低于计划效率。

2.资源消耗指标

资源消耗包括劳动工时、机械台班、成本的消耗等。资源消耗有较强的可比性，但在实际工程中要注意投入资源数量和进度有时会产生背离，同时实际工作和计划常有差别，这样可以统一精度指标分析尺度。

3.进度控制原理

（1）动态控制原理。

施工进度控制是一个不断进行的动态控制，也是一个循环进行的过程。当实际进度按照计划进度进行时，两者相吻合；若不一致时，便产生超前或落后的偏差系统原理

（2）系统原理。

施工项目在具体的进度计划中，由于过程中总是发生着变化，而且实施各种进度计划和施工组织系统都是为了努力完成一个个任务。此外，为了保证施工进度实施，还需要一个施工进度的检查控制系统。不同层次人员负有不同进度控制职责，分工协作形成一个纵横连接的施工项目控制组织系统。实施是计划控制的落实，控制保证计划按期完成。

（3）信息反馈原理。

信息反馈是施工项目进度控制的主要环节。通过将施工过程中的信息反馈给各级负责人员，经比较分析后做出决策，调整进度计划，才能保证施工过程符合预定工期目标。

二、施工进度计划

（一）进度计划的编制依据

项目进度计划是项目进度控制的基准，是确保项目在规定的合同工期内完成的重要保证。项目进度计划的编制是指根据项目活动定义、项目活动排序、项目活动工期和所需资源进行的分析及项目进度计划的编制工作。

根据所包含的内容不同，进度计划可分为总体进度计划、分项进度计划、年度进度计划等。不同的项目，其进度计划的划分方法也有所不同，如建筑工程进度计划可以分为工程总体进度计划、单项工程进度计划、单位工程进度计划、分部分项工程进度计划、年度进度计划等。

工程进度管理前期工作及其他计划管理所生成的各种文件都是工程进度计划编制所要参考的依据。具体包括：

1.有关法律、法规和技术规范、标准及政府指令。

2.工程的承包合同（承包合同中有关工程工期、工程产出物质量、资源需求量的要求、资金的来源和资金数量等内容都是制定工程进度计划的最基本的依据）。

3.工程的设计方案与施工组织设计。

4.工程对工期的要求。

5.工程的特点。

6.工程的技术经济条件。

7.工程的内部、外部条件。

8.工程各项工作、工序的时间估计。

9.工程的资源供应状况。

10.已建成的同类或相似工程的实际工期。

在工程管理中，科学、合理地安排进度计划，控制好施工进度是保证工程工期、质量和成本三大要素的第一重要因素。工程进度符合合同要求、施工进度既快又科学，将有利于承包商降低工程成本，保证工程质量，同时给承包商带来好的工程信誉；反之，工程进度拖延或匆忙赶工，都会使承包商的费用增大，资金利息增加，给承包商造成严重的亏损。另外，竣工期限拖延也会给业主带来工程管理费用的增加、投入工程资金利息的增加以及工程延期投产运营的经济损失。可见，工程进度计划与管理无论对承包商还是业主都是相当重要的。

（二）进度计划的编制方法

工程进度计划的编制方法主要有关键日期表、甘特图、垂直图、网络计划技术等。表3-2简单对比了它们的特点及适用范围。

表3-2 进度计划编制方法对比

类别	方法介绍	方法特点
关键日期表	将工程建设活动或施工过程在表中列出，注明其开始与结束时间以及是否是关键工作	是一种简介型的日程安排；但表现力差，优化调整较困难
甘特图	利用比例横线条表示各活动的延续时间，在图中列出活动或施工过程名称，标注时间坐标值	在工程实践中广泛使用，简单明了、直观易懂；但计划中各活动之间的逻辑关系不能明确表达，优化调整较困难
垂直图	利用横向坐标表示活动时间，纵向坐标表示工作进程（通常开始点定位于下方），活动进展情况由下至上的斜线表示，斜线的倾斜度大小表示施工速度的快慢	该方法直观明了，特别适用于线形工程，如公路工程、管道工程等进度规划
网络计划技术	应用网络图来表示一项工程中各项关键工作和关键线路，通过不断改进网络计划来寻求最优方案，以求在计划执行过程中对计划进行有效的控制与监督，保证合理地使用人力、物力和财力，以最小的消耗取得最大的经济效果	能清楚地表达各工作之间的相互依存制约关系，通过计算还可以找出网络计划的关键线路和次关键线路，计算出非关键工作的机动时间；但进度状况不能一目了然，绘图的难度和修改的工作量都很大

（三）进度计划的编制步骤

进度计划编制的步骤和阶段成果大致如表3-3所示。

表3-3 进度计划编制的步骤和阶段成果

编制阶段	编制步骤	阶段成果
准备阶段	工程描述	工程描述表
	信息收集和分析	
	明确施工方案	
绘制网络图	工程分析与工作描述	项目分解结构（WBS）图表、工作描述表工作列表、工作责任分配表
	工作排序与网络图绘制	各工作详细关系列表、网络图结构
时间参数计算 确定关键线路	工序作业时间估计	各工序作业时间
	时间参数计算	最早开始（结束）时间、最晚开始（结束）时间、自由时差、总时差
	确定关键线路	
编制可行网络计划	工期、资源的检查与调整	
	编制可行网络计划	可行网络计划
优化并确定正式网络计划	进度计划的优化	
	编制正式网络计划	正式网络计划

以下是对上述工程进度计划编制步骤的部分说明：

1.明确施工方案

明确施工方案一般包括确定施工程序、施工起点流向、主要分部分项的施工方法和施工机械等。

单位工程施工应遵循的程序为：先地下后地上、先主体后附属、先结构后装饰、先土建后设备。先地下后地上主要是指首先完成管道、管线等地下设施、土石方工程和基础工程，然后开始地上工程施工。先主体后附属主要是指先进行主体结构的施工，再进行附属结构的施工。先结构后装饰是指先进行主体结构施工，后进行装修工程的施工。先土建后设备主要是指一般的土建工程与水暖电气等工程的总体施工程序。

确定施工起点流向就是确定单位工程在平面或竖向上施工开始的部位和开展的方向。施工流向牵涉到一系列施工活动的开展和进程，是组织施工活动的重要环节。

确定施工顺序要遵循施工程序，符合施工工艺，与施工方法一致，符合施工组织的要求，满足施工质量和安全的要求，还应考虑当地气候的影响。

2.工程分解与工作描述

施工方案确定后就可在此基础上对工程进行划分，即采用WBS（项目分解结构）把建设工程分解成若干组成元素，以便按照客观的施工顺序依次或平行地逐一完成这些元素，从而最终完成建设任务。工程分解有时又称划分工序。“工序”在网络计划技术中是一个含义十分广的名词。它在双代号网络图中表现为一条箭线，这条箭线所代表的工作内容可多可少、可粗可细，要根据计划对象的情况和计划的任务来定。一般来说，计划的对象规模大或者控制性计划，其划分的每一个工序所包含的内容就会较多，划分得也就很粗，工序也就会很少。如果计划的对象规模不大，或者是用于指导施工的实施性计划，则要把工序划分得很具体。

在工程分解的基础上，为了更明确地描述工程所包含的各项工作的具体内容和要求，需要对工作进行描述，编制工作描述表并对所有工作进行汇总编制工作列表。同时，为了明确各部门或个人在过程中的责任，应根据项目分解结构图表和组织结构图，对工程的每一项工作或任务分配责任者和落实责任。工作责任分配的结果是形成工作责任分配表。

3.工作排序与网络图绘制

一个工程有若干项工作或活动，它们在时间上的先后顺序称为逻辑关系，既包括客观存在的、不变的强制性逻辑关系，还包括随实施方案、人为约束条件、资源供应条件变化而变化的逻辑关系。一般来说，工作排序应首先考虑强制性逻辑关系，在此基础上通过分析进一步确定工作之间可变的逻辑关系。工作排序的结果是形成描述工程各工作相互关系的项目网络图以及工作的详细关系列表。

在此基础上便可绘制网络图。网络图是整个工程在时间工程和工序关系上的模拟，能清楚地反映整个工程的工作过程，所以它是网络计划的基础，是网络计划技术的出发点。网络图的绘制原则主要有：

（1）在网络图中不允许出现循环线路（或闭合回路），即箭头从某一事项出发，只能自左向右前进，不能反向又重新回到该事项上去。

（2）箭线的首尾都必须有事项，即不允许从一条箭线的中间引出另一条箭线来。

（3）不允许在两个相邻事项之间有多余箭线。

（4）网络图中不允许出现中断的线路。

（5）对单目标网络，不允许出现多个起始事项和终止事项的情况。

（6）网络中各事项的编号是由左向右、由小向大，工作的起始事项号要小于工作的终止事项号，并且事项编号不能重复。

以上规定又称网络逻辑，一张网络图只有符合网络逻辑的要求才能正确反映计划任务的内容，并为大多数人所接受。

4.工序作业时间估计

确定进度计划中各工序的作业时间是计算网络计划时间参数的基础，是计划工作的关键，必须十分谨慎。利用网络计划技术编制进度计划时有一个特点，那就是工序作业时间的确定并非完全根据当时的情况（施工条件和工期要求），而是按照正常条件来确定一个合理的、经济的作业时间，待计算完以后再结合工期要求和资源供应等具体要求，对计划进行调整。这种做法的意义表现在以下方面：

（1）按照正常的条件而不是赶工、抢工条件确定的作业时间，一般总是比较合理的，其费用也是较低的。按照这种作业时间编制出来的计划总成本一般较低。

（2）有了这样的初步计划，结合实际进行调整和优化便有了一个合理的基础，也便于进行比较。

（3）以这种作业时间为基础计算出网络时间并找到关键路线之后，在必须压缩工期时，就可以知道应该压缩哪些工艺，哪些地方有时差可以利用、有潜力可以挖掘。这样就不至于因考虑工期要求而盲目抢工，把那些还有时差的工序也加快，徒然增加工程费用，造成成本增高、资金浪费。所以，采用网络计划技术编制进度计划从一开始就避免了浪费。

工序作业时间的确定可以采用各种不同的方法，比如根据工程量、人工（或机械台班）产量定额和合理的人员（或机械）数量计算求得。但对于产量定额必须有所分析，要根据实际情况做适当的调整才能使计划更切合实际，这是对各项具体的工序（分项工程）而言的。对于那些大“工序”（单位工程等），则可以根据国家的工期定额或类似工程的资料加以必要修正后套用。必要时，比如对一些缺乏经验而又比较重要的分项工程或工程，也可以采用三时估计法，即估计一个最乐观时间（在最顺利条件下所需时间）、一个最可能时间和一个最悲观时间（在最不利条件下所需时间），然后利用专门的计算公式进行加权计算，求得一个期望工时。

5.进度计划的优化

可行计划还不是最后的计划，所以只要有改进的可能，对于可行计划还应逐步加以改进、优化，使之更趋完善，以便取得更好的经济效益。在工程实践中，寻求最优计划在实际中是不可能的，只能寻求在目标条件下更令人满意的计划。工程进度计划的优化一般有以下几种途径。

（1）在不增加资源的前提下压缩工期。

在进行工期优化时，首先应在保持系统原有资源的基础上对工期进行压缩。如果还不能满足要求，再考虑向系统增加资源。在不增加系统资源的前提下压缩工期有两条途径：

一是不改变网络计划中各项工作的持续时间，通过改变某些活动间的逻辑关系达到压缩总工期的目的。主要是将某些原来前后衔接的活动改为互相搭接，这种方法主要适用于可以形成流水作业的工程。按照前后衔接的关系，要等到紧前活动全部完成以后，紧后活动才开始。改为互相搭接的关系后，紧前活动只要完成一部分，其紧后活动就可以开始了。

二是改变系统内部的资源配置，削减某些非关键活动的资源，将削减下来的资源调集到关键工作中去以缩短关键工作的持续时间，从而达到缩短总工期的目的。

（2）压缩关键活动。

压缩关键活动的步骤如下：

①确定初始网络计划的计算工期。

②将计算工期与指令工期进行比较，求得需要缩短的时间。

③压缩关键线路重新计算，得到新的计算工期。

如果这个新的计算工期符合指令工期的要求，则工期优化即已完成。否则，按上述步骤再次压缩关键线路，直到符合指令工期的要求为止。当网络图中有多条关键路径时，应首先对多条关键线路的公共部分进行压缩，这样可节省费用。如果网络图中有多条关键路线，若其中有一条不能够再压缩，则整个网络计划的总工期也就不能再压缩了。在实际工作中要压缩任何活动的持续时间都会引起费用的增加。

（3）工期—费用优化

任何一个工程都是由若干项活动组成的。每项活动的完成时间并非常量，随着投在其中的费用的变化而变化。因此，有必要对网络计划进行工期—费用分析。根据工期活动的费用率以及极限工程，可以知道每项活动可压缩的时间和相应要增加的成本，压缩工程工期必须压缩关键活动的时间，而且必须按费用率由小到大进行压缩。在压缩关键活动工期时还要受到以下限制：

①活动本身最短工期的限制。

②总时差的限制。

关键路线上各活动压缩时间之和不能大于非关键路线上的总时差。

③平行关键路线的限制。

当一个网络计划图中存在两条（或多条）关键路线时，如果要缩短计划工期，必须同时在两条（或多条）关键路线上压缩相同的天数。

④紧缩关键路线的限制。

如果关键路线上各项活动的工期都为最短工期，这条路线就称为紧缩关键路线。当网络计划中存在这种路线时，工期就不能再缩短了。在这种情况下压缩任何别的活动的持续时间，都不会缩短工期而只会增加工程的费用。

网络计划工期—费用优化可以按下列步骤进行：

①首先计算出网络计划中各活动的时间参数，确定关键活动和关键路线。

②估算活动的正常工期和正常费用、极限工期和极限费用，并计算活动的费用率。

③若只有一条关键路线，则找出费用率最小的关键活动作为压缩对象；若有两条关键路线，则要找出路线上费用率总和最小的活动组合为压缩对象（这种费用率总和为最小的活动组合称为最小切割）。

④分析压缩工期时的约束条件，确定压缩对象的可能压缩时间，压缩后计算出总的直接费用的增加值。

⑤计算压缩后的工期能否满足合同工期的要求，如果能满足，停止压缩；如果不能满足，再按①~⑤的顺序继续压缩；如果出现了紧缩的关键路线，而工期仍不能满足合同要求，则要重新组织和安排各工序的施工方法，调整各工序活动的逻辑关系，然后再按①~⑤的顺序进行优化调整。这种方法是用逐渐增加费用来减少工期的，所以称为最低费用加快法。

三、施工进度控制

（一）施工进度计划的检查

在施工项目的实施过程中，为了进行进度控制，进度控制人员应经常收集施工进度材料，进行统计整理和对比分析，确定实际进度与计划进度之间的关系，其主要工作包括：

1.跟踪检查施工实际进度

保证汇报资料的准确性，进度控制人员要经常到现场查看施工项目的实际进度情况，从而保证经常地、定期地准确掌握施工项目的实际进度。

2.对比实际进度与计划进度

通过使用横道图比较法、S形曲线比较法、“香蕉”形曲线比较法、前锋线比较法和列表比较法等，将收集整理的资料与施工项目实际进度进行比较。

3.施工进度检查结构的处理

通过检查应向企业提供的施工进度控制报告，对施工项目经理及各级业务职能负责人的最简单的书面形式报告。

（二）工程进度的对比、分析

1.横道图比较法

横道图比较法就是将在项目实施中针对工作任务检查实际进度收集的信息，经整理后直接用横道线并列标于原计划的横道线一起，进行直观比较的方法。

横道图比较法是人们在施工中进行施工项目进度控制经常采用的一种简单方法。为了比较方便，一般用它们实际完成量的累计百分比与计划应完成量的累计百分比进行比较。

2.实际进度前锋线比较法

当工程进度计划采用时标网络计划形式时，可以利用实际进度前锋线法进行实际进度与计划进度的比较。实际进度前锋线比较法是从计划检查时间的坐标点出发，用虚线依次连接各项工作的实际进度点，最后到计划检查时间的坐标点为止，形成前锋线。可以根据前锋线与工作箭线交点的位置判断工程实际进度与计划进度的偏差。

3.S形曲线比较法

S形曲线比较法是以横坐标表示进度时间，纵坐标表示累计完成任务量，从而绘制出按计划时间累计完成任务量的S形曲线，将工程各检查时间对应的实际完成任务量与S形曲线进行实际进度与计划进度相比较的一种方法。

以建筑工程为例，一般是工程的开始和结尾阶段，单位时间投入的资源量较少，中间阶段单位时间投入的资源量较多。与其相关，单位时间完成的任务量也呈同样的变化趋势，即随时间进展累计完成的任务量也呈S形变化。

4.香蕉形曲线比较法

从S形曲线比较法中得知，工程进度计划实施过程中的进行时间与累计完成任务量的关系都可以用一条S形曲线表示。而且，一般情况下，任何一个工程的网络计划图都可以绘制出两条S形曲线：以各项工作的最早开始时间安排进度而绘制的S形曲线（ES曲线）和以各项工作的最迟开始时间安排进度而绘制的S形曲线（LS曲线）。两条S形曲线都是从计划的开始时刻开始，在计划的完成时刻结束，因此两条曲线是闭合的。因形如香蕉，故称为香蕉形曲线。工程实施中进度控制的理想状况是：任一时刻按实际进度描绘的点应落在该香蕉形曲线的区域内。

香蕉形曲线的作图方法与S形曲线的作图方法基本一致，不同之处仅在于要分别以工作的最早开始时间和最迟开始时间绘制两条S形曲线。利用香蕉形曲线比较法，可以进行进度的合理安排，可以进行施工实际进度与计划进度比较，还能对后期工程进行预测，即在确定的检查状态下，后期工程仍按最早、最迟开始时间实施，分析ES曲线和LS曲线的发展趋势，预测工程后期进度状况。

四、施工进度拖延的原因及纠偏措施

（一）进度拖延原因分析

工程项目的进度受到许许多多的因素影响，项目管理者应按预定的项目计划定期评审实施进度情况，分析并确定拖延的根本原因。进度拖延是工程项目实施过程中经常发生的现象，拖延之后赶进度，不仅使工期延误，还费财费力得不偿失。因此，在各层次的项目单元、各个阶段避免出现延误。

1.工期及相关计划的失误

计划失误是常见的现象。人们在计划期将持续时间安排得过于乐观，包括：计划时忘记（遗漏）部分必需的功能或工作；资源或能力不足；出现了计划中未能考虑到的风险或状况；未能使工程实施达到预定的效率。在现代工程中，建设者需事先对影响进度的各种因素进行调查，预测它们对进度可能产生的影响，避免由于计划值不足而耽误工期。

2.实施过程中管理的失误

施工过程由于业主与承包商之间缺乏沟通，或者施工者缺乏工期意识，由此项目在各个活动之间由于前提条件不足，造成拖延工程的活动。因此，任务下达时，承包商应提供足够的资金，材料不拖延，没有未完成项目计划规定的拖延，各单位有良好的信息沟通，这样能够避免施工的延期，避免造成财产的损失。

（二）进度拖延纠偏措施

1.进度拖延的事前预防

在工程开始以后，首先要采取各种日常的进度控制措施，防止可以避免的、人为的进度拖延。日常进度控制途径包括以下几个方面：

（1）突出关键路线。

坚持抓关键路线，以此作为最基本的工作方法及组织管理的基本点，并作为牵制各项工作的重心。

（2）加强生产要素配置管理。

配置生产要素是指对劳动力、资金、材料、设备等进行存量、流量、流向分布的调查、汇总、分析、预测和控制。合理配置生产要素是提高施工效率、增加管理效能的有效途径，也是网络节点动态控制的核心和关键。在动态控制中，必须高度重视整个工程建设系统内、外部条件的变化，及时跟踪现场主、客观条件的发展变化，坚持每天用大量时间来熟悉和研究人、材、机械、工程的进展状况，不断分析预测各工序资源需要量与资源总量以及实际投入量之间的矛盾。应规范投入方向，采取调整措施，确保工期目标的实现。

（3）严格控制工序，掌握现场施工实际情况。

记录各工序的开始日期、工作进程和技术日期，其作用是为计划实施的检查、分析、调整、总结提供原始资料。因此，严格控制工序有三个基本要求：一是要跟踪记录；二是要如实记录；三是要借助图表形成记录文件。

2.进度拖延的事后措施

进度拖延的事后措施，最关键的是要分析引起拖延的原因。通常有以下方面的措施：

（1）对引起进度拖延的原因采取措施。

目的是消除或降低它的影响，防止它继续造成拖延或造成更大的拖延，特别是对于计划不周（错误）、管理失误等原因造成的拖延。

（2）增加资源。

投入更多的资源加速活动，或者要求增加每天的工作时间；也可以安排更多的设备或材料来加快速度。但是，增加资源的方法往往会使成本增加。

（3）采取措施保证后期的活动按计划执行。

要特别关注关键路线上的速度拖延。缩短后期工程的工期，常常会引起一些附加作用，最典型的是增加成本开支或引起质量问题。

（4）分析进度网络，找出有工期延迟的路径。

应针对该路径上工期长的活动采取积极的缩短工期的措施。工期长的活动往往存在更大的压缩空间，这对缩短整个路径的总工期是最明显的。

（5）缩小工程的范围。

包括减少工作量或删去一些工作包（或分项工程），但是这必须征得业主的同意，并且不会影响整个工程的功能，也不会大幅度降低工程的质量。

（6）改进方法和技术，提高劳动生产率。

可以采用信息管理系统提高信息的沟通效率，采用并行工程，增加对员工的技能培训及激励措施等。

（7）采用外包策略。

让更专业的公司用更快的速度、更低的成本完成一些分项工程。

第五节　施工安全管理

施工现场是施工生产因素的集中点，主要由多工种立体作业。因此，施工现场属于事故多发的作业现场。控制人的不安全行为和物的不安全状态，是施工现场安全管理的重点，也是预防与避免伤害事故，保证生产处于最佳安全状态的根本环节。

一、安全管理的基本知识

（一）安全管理的基本术语

1.安全

对于安全的定义，人们从不同侧面对安全进行了描述。归纳起来有以下几种：

（1）安全是指没有危险、不受威胁、不出事故的一种过程和状态。

（2）安全是指免除了不可接受的损害风险的状态，相关规定见《职业健康安全管理体系要求》（GB/T 28001–2011）。

（3）安全是不发生不可接受的风险的一种状态。

当风险的程度是合理的，在经济、身体和心理上是可承受的，即可认为处在安全状态。当风险达到不可接受的程度时，则形成不安全状态。不可接受的损害风险是指：超出了法律法规的要求；超出了方针、目标和企业规定的其他要求；超出了人们普遍接受程度要求等。安全与否要对照风险的接受程度来判定。随着时间、空间的变化可接受的程度也会发生变化，从而使安全状态也产生变化。因此，安全是一个相对性的概念。例如，汽车交通事故每天都会发生，也会造成一定的人员伤亡和财产损失，这就是定义中的“风险”，但相对于每天的交通总流量、总人次和总的价值来说，伤亡和损失是较小的，是社会和人们可以接受的，即从整体上说没有出现“不可接受的损害风险”，因而大家还是普遍认为现代的汽车运输是“安全”的。

2.安全生产

安全生产是指国家和企业为了预防生产过程中发生人身和设备事故、形成良好的劳动环境和工作秩序而采取的一系列措施和开展的各种活动。

3.安全管理体系

总的管理体系的一个部分，便于组织对与其业务相关的安全风险的管理。它包括为制定、实施、实现、评审和保持安全方针所需的组织结构、策划活动、职责、惯例、程序、过程和资源。

管理体系是建立方针和目标并实现这些目标的相互关联或相互作用的一组要素。一个组织的总的管理体系可包括若干个具有特定目标的组成部分，如职业健康安全管理体系、质量管理体系、环境管理体系等。职业健康安全管理体系是组织总的管理体系的一部分，或理解为组织若干管理体系中的一个，便于组织对职业健康安全风险的管理。

4.事故

事故是指造成死亡、疾病、伤害、损坏或其他损失的意外情况。

事故是造成不良结果的非预期的情况。健康安全管理体系在主观上关注的是活动、过程的非预期的结果，在客观上这些非预期的结果的性质是负面的、不良的，甚至是恶性的。对于人员来说，这种不良结果可能是死亡、疾病和伤害。我国的劳动安全部门通常将上述情况称为“伤亡事故”和“职业病”。对于物质财产来说，事故造成损毁、破坏或其他形式的价值损失。

5.事件

事件是引发事故或可能引发事故的情况，主要是指活动、过程本身的情况，其结果尚不确定。如果造成不良结果则形成事故，如果侥幸未造成事故也应引起关注。

6.危险源辨识

危险源辨识是指识别危险源的存在并确定其特性的过程。

危险源辨识就是从组织的活动中识别出可能造成人员伤害、财产损失和环境破坏的因素，并判定其可能导致的事故类别和导致事故发生的直接原因的过程。能量和物质的运用是人类社会存在的基础。每个组织在运作过程中不可避免地存在这两方面的因素，因此危险源是不可能完全排除的。危险源的存在形式多样，有的显而易见，有的则因果关系不明显。因此，需要采用一些特定的方法和手段对其进行识别，并进行严密的分析，找出因果关系。危险源辨识是安全管理最基本的活动。

（二）施工项目安全管理范围

安全管理的中心问题，是保护生产活动中人的安全与健康，保证生产顺利进行。宏观的安全管理包括：

1.劳动保护

侧重于政策、规程、条例、制度等形式的操作或管理行为，从而使劳动者的安全与身体健康得到应有的法律保障。

2.安全技术

侧重于对劳动手段和劳动对象的管理，包括预防伤亡事故的工程技术和安全技术规范、技术规定、标准、条例等，以规范物的状态，减少或消除对人和物的危害。

3.工业卫生

着重工业生产中高温、振动、噪声、毒物的管理，通过防护、医疗、保健等措施，防止劳动者的安全与健康受到有害因素的危害。

从生产管理的角度，安全管理可以概括为在进行生产管理的同时，通过采用计划、组织、技术等手段，依据并适应生产中的人、物、环境因素的运动规律，使其积极方面充分发挥，而又利于控制事故不致发生的一切管理活动。

施工现场中直接从事生产作业的人密集，机、料集中，存在多种危险因素。因此，施工现场属于事故多发的作业现场。控制人的不安全行为和物的不安全状态，是施工现场安全管理的重点，也是预防与避免伤害事故，保证生产处于最佳安全状态的根本环节。

施工现场安全管理的内容，大体可归纳为安全组织管理，场地与设备管理，行为控制和安全技术管理四个方面，分别对生产中的人、物、环境的行为与状态进行具体的管理与控制。

（三）安全管理的基本原则

为有效地将生产因素的状态控制好，在实施安全管理过程中，必须正确处理好5种关系，坚持6项管理原则。

1.正确处理5种关系

（1）安全与危险并存。

有危险才要进行安全管理。保持生产的安全状态，必须采取多种措施，以预防为主，危险因素就可以得到控制。

（2）安全与生产的统一。

安全是生产的客观要求。生产有了安全保障，才能持续稳定地进行。生产活动中事故不断，生产势必陷入混乱，甚至瘫痪状态。

（3）安全与质量的包含。

从广义上看，质量包含安全工作质量，安全概念也内含着质量，二者交互作用，互为因果。

（4）安全与速度的互保。

安全与速度成正比例关系，速度应以安全作保障。一味强调速度，置安全于不顾的做法是极其有害的，一旦酿成不幸，非但无速度可言，反而会延误时间。

（5）安全与效益的兼顾。

安全技术措施的实施，定会改善劳动条件，调动职工积极性，由此带来的经济效益足以使原来的投入得以补偿。

2.坚持安全管理6项基本原则

（1）管生产同时管安全。

安全管理是生产管理的重要组成部分，各级领导在管理生产的同时，必须负责管理安全工作。企业中各有关专职机构，都应在各自的业务范围内，对实现安全生产的要求负责。

（2）坚持安全管理的目的性。

没有明确目的的安全管理就是一种盲目行为，既劳民伤财，又不能消除危险因素的存在。只有针对性地控制人的不安全行为和物的不安全状态，消除或避免事故，才能达到保护劳动者安全与健康的目的。

（3）必须贯彻预防为主的方针。

安全管理不是事故处理，而是在生产活动中，针对生产的特点，对生产因素采取鼓励措施有效地控制不安全因素的发展与扩大，把可能发生的事故消灭在萌芽状态。

（4）坚持“四全”动态管理。

安全管理涉及生产活动的方方面面，涉及从开工到竣工交付使用的全部生产过程，涉及全部的生产时间和一切变化着的生产因素，是一切与生产有关的人员共同的工作。因此，在生产过程中，必须坚持全员、全过程、全方位、全天候的动态安全管理。

（5）安全管理重在控制。

在安全管理的4项工作内容中，对生产因素状态的控制，与安全管理目的关系更直接，作用更突出。因此，必须将生产中人的不安全行为和物的不安全状态进行控制，作为动态的安全管理的重点。

（6）在管理中发展、提高。

要不间断地摸索新的规律，总结管理、控制的办法和经验，指导新的变化后的管理，从而使安全管理不断上升到新的高度。

（四）安全事故的成因

实际生产中存在的危险源有很多种，造成安全事故的原因也有许多方面，但归纳起来人的不安全行为和物的不安全状态是导致事故的直接原因。人的不安全行为或物的不安全状态使得能量或危险物质失去控制，是能量或危险物质释放的导火线。事故是能量、危险物质和能量、危险物质失去控制两个方面因素的综合作用。

1.人的不安全行为

人的不安全行为是人表现出来的与人的个性心理特征相违背的非正常行为。人在生产活动中，曾引起或可能引起事故的行为，必然是不安全行为。

人的个性心理特征，是指个体人经常、稳定表现的能力、性格、气质等心理特点的总和，这是在人先天条件基础上，受到社会条件影响和具体实践活动，接受教育与影响而逐渐形成、发展的人的性格，是个性心理的核心。因此，性格能决定人对某种情况的态度和行为。鲁莽、草率、懒惰等性格，往往成为生产不安全行为的原因。

非理智行为在引发为事故的不安全行为中，所占的比例相当大。在生产中出现的违章、违纪现象，都是非理智行为的表现，冒险蛮干则表现得尤为突出。非理智行为的产生，多由于侥幸、逞能、逆反、凑巧等心理所支配。在安全管理过程中，控制非理性行为的任务是相当重要，也是非常严肃、非常细致的一项工作。

2.人失误

人失误指人的行为结果，偏离了规定的目标或超出可接受的界限，并产生了不良影响的行为。在生产作业中，人失误往往是不可避免的副产品。人失误有以下两种类型：

（1）随机失误。

指由人的行为、动作的随机性质引起的人失误。随机失误与人的心理、生理原因有关，往往是不可预测，也不重复出现的。

（2）系统失误。

由系统设计不足或人的不正常状态引发的人失误属于系统失误。系统失误与工作条件有关，类似的条件可能引发失误再出现或重复发生。

从事各种性质、类型生产活动的操作人员，都可能发生失误，而操作者的不安全行为，则能导致失误而发生事故。事故也是人失误直接导致的结果。造成人失误的原因是多方面的，有人的自身因素对超负荷的不适应原因，也有与外界刺激要求不一致时，出现要求与行为的偏差的原因，在这种情况下，可能出现信息处理故障和决策错误。此外，还由于对正确的方法不清楚，有意采取不恰当的行为等，出现完全错误的行为。

（3）物的不安全状态。

在生产过程中发挥作用的机械、物料、生产对象以及其他生产要素统称为物。物都具有不同形式、性质的能量，有出现意外释放能量，引发事故的可能性。由于物的能量可能释放引起事故的状态，称为物的不安全状态。从发生事故的角度，也可把物的不安全状态看作曾引起或可能引起事故的物的状态。在生产过程中，物的不安全状态极易出现。所有的物的不安全状态，都与人的不安全行为或人的操作、管理失误有关。往往在物的不安全状态背后，隐藏着人的不安全行为或人失误。物的不安全状态既反映了物的自身特性，又反映了人的素质和人的决策水平。

物的不安全状态的运动轨迹，一旦与人的不安全行为的运动轨迹交叉，就是发生事故的时间与空间。所以，物的不安全状态是事故发生的直接原因。

二、施工安全管理

（一）施工安全控制

1.安全控制的概念

安全控制是指企业通过对安全生产过程中涉及的计划、组织、监控、调节和改进等一系列致力于满足施工安全措施所进行的管理活动。不可接受的损害风险通常是指超出了法律、法规和规章的要求，超出了人们普遍接受要求的风险。安全与否是一个相对的概念，要根据风险接受程度来判断。

2.安全控制的方针与目标

（1）安全控制的方针。

安全控制的方针是“安全第一，预防为主”。安全第一是指把人身的安全放在第一位，生产必须保证人身安全，充分体现以人为本的理念。

（2）安全控制的目标。

安全控制的目标是减少和消除生产过程中的事故，保证人员健康安全，避免财产损失。安全控制目标具体包括：

①减少和消除人的不安全行为的目标。

②减少和消除设备、材料的不安全状态的目标。

③改善生产环境和保护自然环境的目标。

3.施工安全控制的特点

（1）安全控制面大。

由于建设规模大、生产工序多、工艺复杂，水利工程生产过程中不确定因素多，安全控制涉及范围广、控制面广。

（2）安全控制的动态性。

水利枢纽工程由许多单项工程所组成，使得生产建设所处的条件不同，施工作业人员进驻不同的工地，面对不同的环境，需要时间去熟悉，对工作制度和安全措施进行调整。

由于工程建设项目的分散性，现场施工分散于不同的空间部位，作业人员面对具体的生产环境，除需熟悉各种安全规章制度和安全技术措施外，还要做出自己的判断和处理，即使有经验的人员也必须适应不断变化的新问题、新情况。

（3）安全控制体系的交叉性。

工程项目的建设是一个开放系统，受自然环境和社会环境的影响，因此施工安全控制必然与工程系统、环境系统和社会系统密切联系、交叉影响，建立和运行安全控制体系要与各相关系统结合起来。

（4）安全控制的严谨性。

安全事故的出现是随机的，偶然中存在必然性，一旦发生，就会造成伤害和损失。因此，预防措施必须严谨，如有疏漏就可能发展到失控，酿成事故。

4.施工安全控制程序

（1）确定项目的安全目标。

按目标管理的方法，将安全目标在以项目经理为首的项目管理系统内进行分解，从而确定每个岗位的安全目标，实现全员安全控制。

（2）编制项目安全技术措施计划。

采取技术手段加以控制和消除生产过程中的不安全因素，是作为工程项目安全控制的指导性文件，落实预防为主的方针。

（3）项目安全技术措施计划的落实和实施。

项目安全技术措施包括建立健全安全生产责任制、设置安全生产设施，安全检查、事故处理、安全信息的沟通和交流等，使生产作业的安全状况处于可控制状态。

（4）项目安全技术措施计划的验证。

项目安全技术措施计划的验证包括安全检查、纠正不符合因素、检查安全记录、安全技术措施修改与再验证。

（5）持续改进。

根据项目安全技术措施计划的验证结果，不断对项目安全技术措施计划进行修改、补充和完善，直到工程项目全面工作完成为止。

（二）施工现场安全要求

1.排水施工

土方开挖应注重边坡和坑槽开挖的施工排水。坡面开挖时，应根据土质情况，间隔一定高度设置戗台，并在坡脚设置护脚和排水沟。石方开挖工区施工排水应合理布置，应符合以下要求：

①一般建筑物基坑（槽）的排水，采用明沟或明沟与集水井排水时，每隔30～40米设一个集水井，集水井应低于排水沟至少1米左右，井壁应做临时加固措施。

②大面积施工场区排水时，应在场区适当位置布置纵向深沟作为干沟，干沟沟底应大于基坑1～2米，使四周边沟、支沟与干沟连通将水排出。

③岸坡或基坑开挖应设置截水沟，截水沟距离坡顶安全距离不小于5米；明沟距道路边坡距离应不小于1米。

④工作面积水、渗水的排水，应设置临时集水坑，集水坑面积宜为2~3 m^2，深1～2米，并安装移动式水泵排水。

2.施工用电要求

在建工程（含脚手架）的外侧边缘与外电架空线路的边线之间应保持安全操作距离。

3.高处作业的标准与防护措施

（1）高处作业的标准。

凡超过高度基准面2米和2米以上，都有可能发生坠落的高处作业。高处作业的级别：高度在2～5米时，称为一级高处作业；高度在5~15米时，称为二级高处作业；高度在15～30米时，称为三级高处作业；高度在30米以上时，称为特级高处作业。

（2）安全防护措施。

高处作业前，应检查排架、脚手板、通道、梯子和防护设施，符合安全要求方可作业。若高处作业下方或附近有煤气、烟尘及其他有害气体，应采取排除或隔离等措施，否则不得施工。高处作业使用的脚手架平台，应铺设固定脚手板，临空边缘应设高度不低于1.2米的防护栏杆。

4.施工安全的收尾管理

项目收尾管理是指项目收尾阶段的各项工作内容，主要包括竣工收尾、竣工结算、竣工决算、同访保修、考核评价等方面的管理工作。

三、水利工程安全事故处理

（一）事故分类

《生产安全事故报告和调查处理条例》（2007年4月9日，国务院令493号）规定，根据生产安全事故造成的人员伤亡或者直接经济损失，事故分为特别重大事故、重大事故、较大事故和一般事故。

1.特别重大事故

是指造成30人以上死亡，或者100人以上重伤（包括急性工业中毒），或者1亿元以上直接经济损失的事故。

2.重大事故

是指造成10人以上30人以下死亡，或者50人以上100人以下重伤，或者5000万元以上1亿元以下直接经济损失的事故。

3.较大事故

是指造成3人以上10人以下死亡，或者10人以上50人以下重伤，或者1000万元以上5000万元以下直接经济损失的事故。

4.一般事故

是指造成3人以下死亡，或者10人以下重伤，或者1000万元以下直接经济损失的事故。

所称的“以上”包括本数，所称的“以下”不包括本数。

（二）工程安全事故的处理程序

施工生产场所发生安全事故后，负伤人员或最先发现事故的人应立即报告项目领导。项目安全技术人员根据事故的严重程度及现场情况立即上报上级业务系统，并及时填写伤亡事故表上报企业。企业发生重伤和重大伤亡事故，必须立即将事故概况（含伤亡人数、发生事故时间、地点、原因等），用最快的办法分别报告企业主管部门、行业安全管理部门和当地劳动部门、公安部门、检察院及工会。发生重大伤亡事故，各有关部门接到报告后应立即转告各自的上级管理部门。其处理程序如下：

1.迅速抢救伤员、保护事故现场

事故发生后，现场人员切不可惊慌失措，要有组织，统一指挥，迅速抢救伤员和排除险情，尽量制止事故蔓延扩大。同时，为了事故调查分析的需要，应注意保护好事故现场。如因抢救伤员和排除险情而必须移动现场构件时，还应准确做出标记，最好拍出不同角度的照片，为事故调查提供可靠的原始事故现场。

2.组织调查组

企业在接到事故报告后，主要负责人、业务部门领导和有关人员应立即赶赴现场组织抢救，并迅速组织调查组开展调查发生人员轻伤、重伤事故，由企业负责人或指定的人员组织施工生产、技术、安全、劳资、工会等有关人员组成事故调查组，进行调查。死亡事故由企业主管部门会同现场所在地的市（或区）劳动部门、公安部门、人民检察院、工会组成事故调查组，进行调查。重大死亡事故应按企业的隶属关系，由省、自治区、直辖市企业主管部门或国务院有关主管部门，公安、监察、检察部门、工会组成事故调查组，进行调查。调查组也可邀请有关专家和技术人员参加，调查组成员中与发生事故有直接利害关系的人员不得参加调查工作。

3.现场勘察

现场勘察必须及时、全面、细致、准确、客观地反映事故的原始面貌，其主要内容有：

（1）做出笔录。

包括发生事故的时间、地点、气象等；现场勘察人员的姓名、单位、职务；现场勘察起止时间、勘察过程；能量逸散所造成的破坏情况、状态、程度；设施设备损坏情况及事故发生前后的位置；事故发生前的劳动组合，现场人员的具体位置和行动；重要物证的特征、位置及检验情况等。

（2）实物拍照。

包括方位拍照：反映事故现场周围环境的位置；全面拍照：反映事故现场各部位之间的联系；中心拍照反映事故现场中心情况；细目拍照：揭示事故直接原因的痕迹物、致害物；人体拍照：反映伤亡者主要受伤和造成伤害的部位。

（3）现场绘图。

根据事故的类别和规模以及调查工作的需要应绘制出下列示意图：建筑物平面图、剖面图；事故发生时人员位置及疏散（活动）图；破坏物立体图或展开图；涉及范围图；设备或工、器具构造图等。

4.分析事故原因、确定事故性质

事故调查分析的目的，是为了通过调查研究，搞清事故原因，以便从中吸取教训，采取相应措施，防止类似事件发生，分析的步骤和要求是：

（1）通过详细的调查、查明事故发生的经过。

（2）整理和仔细阅读调查资料，按《企业职工伤亡事故分类标准》（GB6411-86）标准附录A，对受伤部位、受伤性质、起因物、致害物、伤害方法、不安全行为和不安全状态等七项内容进行分析。

（3）根据调查所确认的事实，从直接原因人手，逐渐深入到间接原因。通过对原因的分析、确定出事故的直接责任者和领导责任者，根据在事故发生中的作用，找出主要责任者。

（4）确定事故的性质。如责任事故、非责任事故或破坏性事故。

（5）根据事故发生的原因，找出防止发生类似事故的具体措施，应定人、定时间、定标准，完成措施的全部内容。

5.写出事故调查报告

事故调查组完成上述几项工作后，应立即把事故发生的经过、原因、责任分析、处理意见及本次事故的教训、估算和实际发生的损失，对本事故单位提出的改进安全生产工作的意见和建议等写成文字报告，经调查组成员会签后报有关部门审批。如组内意见不统一，应进一步弄清事实，对照政策法规反复研究，统一认识。不可强求一致，但报告中应言明情况，以便上级在必要时进行重点复查。

6.事故的审理和结案

事故的审理和结案，同企业的隶属关系及干部管理权限一致。一般情况下，县办企业和县以下企业由县审批；地、市办的企业由地、市审批；省、直辖市企业发生的重大事故，由直属主管部门提出处理意见，征得劳动部门意见，报主管委、办、厅批复。建设部对事故的审批和结案有以下几点要求：

（1）事故调查处理结论报出后，须经当地有关有审批权限的机关审批后方能结案，并要求伤亡事故处理工作在90天内结案，特殊情况也不得超过180天。

（2）对事故责任者的处理，应根据事故情节轻重、各种损失大小、责任轻重加以区分，予以严肃处理。

（3）清理资料进行专门存档。存档的主要内容有：职工伤亡事故登记表；职工重伤、死亡事故调查报告书；现场勘察资料记录、图纸、照片等；技术鉴定和实验报告；物证、人证调查材料；医疗部门对伤亡者的诊断及影印件；事故调查组的调查报告；企业或主管部门对其事故所做的结案申请报告；受理人员的检查材料；有关部门对事故的结案批复等。

第四章　水库建设管理

修建水库作为抗洪防灾和水资源开发利用的重要手段，一直是国民基础经济建设的重要组成部分。由于我国水资源分布时间、空间显著的不均匀性，水库的建设开发在我国经济建设过程中一直处于非常重要的地位。

第一节　水库建设影响及作用

近年来，我国水电开发迅速发展，在带来巨大社会效益和经济效益的同时，不科学的水库建设潜在的负面影响也逐步显露出来，如河流枯竭、泥沙淤积、生态恶化、物种减少等。随着公众环保意识的日益提高，水库对生态的影响已受到越来越多的关注。因此，通过分析水库建设对生态环境的影响，能更好地协调处理好水库建设与生态环境保护的关系，建设生态健康水库，实现人与自然的和谐共处，实现社会的可持续发展。

一、水库建设对生态环境的影响

（一）修建水库对河流形态的影响

河流自身的健康也是需要用水来维护的，否则就不成其河流，一定的“河道内用水”才能保持河槽的相对稳定。水库拦蓄影响河道行水，以至不能满足河槽相对稳定的最低要求，并且坝库下泄的河水剥蚀下游河床与河岸，使靠近坝址下游的河道偏移、河床加深、异常的淤积物聚集等会造成下游河道萎缩，降低其行洪能力，同时大坝蓄水对河流流量的调节，使河道流量的流动模式发生变化。筑坝使沿水流方向的河流非连续化，水面线由天然的连续状态变成阶梯状，使河流片段化。河流片段化的形成或加剧，使流动的河流变成了相对静止的人工湖泊，流速、水深、水温结构及水流边界条件等都发生了重大的变化。

（二）水库建设对河流水文特性的影响

水库拦断江河后，对天然河流的水文情势产生了一定的影响。这种水文变化主要表现在河流流量、河流水位、地下水水位变化等。影响最大的是多年调节型水库，影响相对较小的是日调节型水库。水库水位的变化与天然江河大不相同，这取决于不同类型的调节方式，以防洪为主要目的的水库，其水位的变化在季节上与天然河流是相反的，水位变幅较大，汛期水库处于低水位运行；在汛末蓄水，水库处于高水位运行。与天然情况相比，增加了江河枯水期流量，减少了丰水期流量，尤其对洪峰流量有明显的削减作用，提高了下游防洪标准。同时，还可以提高下游工业生产和农业灌溉的用水保证率，增加水电站的保证率。由于流域内的地表水与地下水有着密切的水力联系，河流水文条件的改变也会影响到地下水的水位、水质等。坝址上游水库蓄水使其周围地下水水位抬高，从而扩大了水库浸没范围，导致土地的盐碱化和沼泽化，同时，拦河筑坝也减少了坝库下游地区地下水的补给来源，致使地下水水位下降，大片原有地下水自流灌区失去自流条件，从而降低了下游地区的水资源利用率，对灌溉造成不利影响。

（三）水库建设对水质的影响

1.盐度的变化

大坝拦水以后会形成面积广阔的水库，与天然河道相比，大大增加了曝晒于太阳下的水面面积。在干旱地区炎热气候条件下，库水的大量蒸发会导致水体盐度的上升。此外，坝址上游土地盐渍化会影响地下水的盐度，通过地下水与河流的水力交换，又会影响河流水体的盐度。

2.温度的变化

通常，从水库深处泄出的水，夏天比河水水温低，冬天比河水水温高；而从水库顶部附近出口放出的水，全年都比河水水温高。

3.藻类的变化

大坝在截留沉积物的同时也截留了营养物质。这些营养物质使得水库水体更易发生富营养化现象。在气温较高时，藻类可能会在营养丰富的水库中过度繁殖，使水体散发出难闻的气味。

（四）水库建设对区域生态的影响

1.大坝毁坏了部分陆生植物的栖息地，使依赖于这些陆生植物生存的生物资源发生了变化。大坝还阻隔了洄游性鱼类的洄游通道，影响了物种交流，改变了水库下游河段水生动植物及其栖息环境等。水库削弱了洪峰，调节了水温，降低了下游河水的稀释作用，使得浮游生物数量大为增加，微型无脊椎动物的分布特征和数量（通常是种类减少）显著改变。由于大量鹅卵石和砂石被大坝拦截，使得河床底部的无脊椎动物如昆虫、软体动物和贝壳类动物等失去了生存环境。

2.洪泛是河流与洪泛区的天然属性，洪水在区域水资源的可持续利用和河流与洪泛区景观与功能的维系上起着重要作用。坝的建设改变了河流的洪泛特性，对洪泛区环境的不利影响主要表现在使洪泛区湿地景观减少、生物多样性减损等方面。由于修堤筑坝等水利工程控制措施改变了洪泛区湿地的水文情势和水循环方式，导致洪泛区湿地生态环境功能退化。大规模洪泛区湿地景观的丧失使湿地对河川径流的调蓄作用大大降低。伴随洪泛区湿地景观的丧失，动物栖息地环境的改变和河道通路的阻断会使鸟类和哺乳动物的数量发生变化，生物物种因其生存和生活空间的丧失而面临濒危或灭绝。

二、水库建设对生态资产的影响

（一）对河道结构的影响

拦河筑坝改变了河流时空结构，使大部分自然河流生境消失或破碎，这是水库形成后对河流生态系统的一个根本性影响。河流原有左右岸、上下游、连续体的格局被打破，河流的非连续化、径流量均一化、河流湖库化趋势使原河流的结构发生巨大的变化，从而形成了具有水库生态系统特征的新的结构和格局。河道生境发生变化后，将会对生态系统的结构和功能产生较大的影响。

（二）对泥沙输送的影响

拦河筑坝导致河道流态发生变化，水动力特性的巨变带来上下游泥沙情势及输移发生变化。在河流梯级开发中，处在上游的水库，可能面临的主要问题是泥沙淤积河道使库容迅速减小；处在下游的某些水库，可能面临的主要问题是砾石淤积使河道阻塞，影响蓄洪和泄洪，甚至影响水库功能的发挥。泥沙输移变化可能会给上游和下游的河势、河床及河口地区的稳定性带来严重影响，同时对水体生境、生物资源、生物多样性以及左右两岸的农田土地产生不利影响。

（三）对重要生物资源的影响

大坝阻断了河流连续性，阻隔了徊游性鱼类的通道，使一些重要物种的生态过程受阻。

河流流水条件、水体浑浊度和营养盐等要素的改变，导致一些适应原河流生境的物种有可能消失，食物网结构不完整，土著种类数量减少和灭绝，优势种群发生交替。

水库运行后高坝水库泄水使坝下河水气体饱和，发电弃水的低温冷水下泄使坝下水温结构改变，大坝蓄水使上下游水位涨落幅度发生变化，有可能严重影响水生生物的繁殖和生长。

（四）对生物多样性水平的影响

筑坝建库在不同空间尺度上改变了河流生境的多样性（地形、地貌、河床、河岸、气候、水文等），从而导致生物群落多样性（群落的组成、结构和功能）和生态过程多样性（生态系统组成、结构和功能）的变化。

（五）对物质生产力的影响

水库淹没了大量土地，而导致总的生物生产力大幅度降低。水库运行不仅使库区生态系统生产力发生变化，而且使流域生态系统及其水域、近岸植物、下游及河口栖息地、湿地等子系统的初级生产力发生较大变化。

在水域生产力中，水库建成后由于水面扩大，容积增加，宜渔水体扩增，水库的渔业潜力及渔业效能大幅度提高。

（六）对水环境的影响

水库建成后，由于流速减缓，水深增加，原库区河段天然流动水体的自净能力减弱，在水库蓄水初期，由于淹没后植被等有机质的分解和淹没区土壤中有营养物质的释放，库区及坝下游水质有可能会出现富营养化甚至短期恶化。在流速小且水较浅的局部库湾、与干流交界的支流回水区以及支流库尾可能出现不同程度富营养化。但就水库整个水体而言，特别是交换率较高的水库，仅由于生境的改变而导致出现富营养化的可能性较小。

高坝大库改变了水体水温结构，坝前库区水体水温呈现明显垂向分层现象，水库下层水体的水温常年维持在较稳定的低温状态。梯级高坝水库将使低温产生叠加现象。水温结构的改变，将对水生生物等产生一些不利的影响。

引水式和混合式水电开发，如果未考虑坝下河段生态流量，将会形成在一定长度河段内季节性或全年性脱水，造成河流生态需水量不足。

（七）对湿地的影响

湿地是介于陆地和水生环境之间的过渡区域。水库建设或多或少都会淹没河流生态系统中的湿地子系统，使湿地生态系统具有的调节水循环、净化环境、蓄洪排洪、涵养水源及维系生物多样性的生态功能减弱。也有的因水库建设使河流下游湿地生态用水得不到补充而使湿地功能退化。

（八）生态影响的累积效应

流域梯级开发及水库群建设，将在水土淹没、大坝阻隔、径流调节、泥沙输送、地质灾害等问题上产生叠加效应，并将在长时间大尺度范围内对河流生态系统的生境、生物资源、生物多样性及生态完整性以及水资源利用、水环境质量、河口等重要生态敏感区的生态与环境方面产生综合累积影响。

三、水库建设对陆地生态系统的影响

（一）对森林生态系统的影响

水库大多建在山区，容易淹没森林。森林可大量吸收二氧化碳并释放出氧气，蕴含丰富的生物多样性。被淹没林地的释氧、林木蓄积、涵养水分、水土保持等功能都将丧失，这些将是不可逆的影响。

（二）对草原生态系统的影响

草原的生产者为多年生草本植物，消费者为草食性昆虫、草食动物、鸟类和肉食动物。水库建设对淹没区草原生态系统生物多样性的影响是毁灭性的。

（三）对陆地野生动植物的影响

水库建设将淹没河谷低地陆地动物的觅食地和栖息地，导致河谷低地两栖动物以及兽类、禽类向高处移居或迁移，但不会使其种群发生太大变化。对山地森林和草甸植物的种质资源一般无太大影响。水体生境改变后，有利于水禽类和鸟类的生存繁衍，吸引更多的水禽类在此觅食、栖息和繁殖。

（四）对其他生态敏感区的影响

生态敏感区是指两种或两种以上不同生态系统的结合部，是生态环境条件变化最剧烈和最易出现生态问题的地区，包括重要的野生动物栖息地、植物多样性较高的特定区域、珍稀濒危和地方物种分布区、科学研究区（地质、植物、生态科学考察区）、水源净化区、文物古迹保护区、风景名胜区等。在生态敏感区拦河筑坝对生态影响的程度远高于一般非生态敏感区地区。

（五）对水土流失的影响

水库建设施工规模较大、周期较长、人数和机械较多，对施工区附近地表植被影响较大，如果防护措施不当，容易产生严重的水土流失。移民后靠安置常常进行毁林开荒、陡坡开荒，造成库区山体滑坡、崩塌甚至泥石流，对水土流失产生十分严重的影响。水库淹没浸泡后引起的崩岸、滑坡等也易造成水土流失。

（六）对地质灾害发生的影响

水库建设和运行可能会引发地震、崩岸、滑坡、泥石流、泄洪冲刷等地质灾害。在特定的地质脆弱区，这类问题会较为严重。另外有时会因工程运行不当、超标负荷、工程质量问题、人为破坏等原因，甚至可能会造成溃坝，从而给流域生态安全和人民生命财产造成巨大影响。

四、水库建设对自然一经济一社会复合生态系统的影响

（一）对农业生态系统的影响

在农业生态系统中，多种多样的生态过程、经济及社会过程把人、土地、农作物、市场、政府等结合在一起，使农业生态系统成为具有自然、社会和经济功能的复杂系统。水库会淹没大量土地，对农业生态系统产生较大的影响，但影响程度依淹没的农业生态系统的类型及面积大小而有所不同。

（二）对城市生态系统的影响

城市是生产力较高、较集中的地方，在人类积极创造下，城市生态系统已经成为人类社会经济活动和科学文化活动的中心及政治管理中心。水库建设如果需要淹没搬迁城市，所造成的生态影响将大于其他生态系统。

（三）对人类生态系统的影响

人类生态系统是以人的行为为主导，自然环境为依托、资源流动为命脉、

社会体制为经络的人工生态系统。水库建设对人类生态系统影响的一个焦点问题是移民问题。水库移民涉及众多领域，关系到人的生存权和居住权的调整，是当今世界性的难题。尽管我国采取了简单安置、开发性安置措施，使移民问题得到相对妥善的解决，但水库移民还存在一些不容忽视的问题，许多移民至今仍未摆脱贫困，生产发展和生活问题没能得到很好的解决。移民是库区自然—经济—社会复合生态系统的核心，是复合生态系统的调控者，对复合生态系统的形成、演变和发展具有决定性影响。

五、水库建设与旅游开发

（一）水电站的建设可以提供丰富的旅游产品

1.水体及其旅游价值

水体是进行各种水上娱乐活动的重要场所，一般情况而言，山区水电站水库表面狭长，呈树枝状。水库从入水口到大坝由三部分组成：河流区、过渡区、湖泊区。河流区位于水库入水口处，此区水面窄浅，河水流速最快，水力滞留时间短。河流区有许多狭窄幽深的港湾，这些地方是进行划船、游泳、沐浴、垂钓等活动的最佳场所；过渡区水面宽、水体深，水流速度进一步减缓，该区是悬浮物沉积的主要区域，浮游植物的生物量及其生长率最高，适宜进行水产养殖；湖泊区靠近水库大坝，是水库最宽、最深的区域，其宽阔的水面可以设置水上摩托艇、水上飞机、水上滑翔伞等大型水上娱乐活动项目。

2.水生生物及其旅游价值

水生生物包括各种水生动物、植物、微生物等，水生动物是旅游活动中重要的观赏对象。各种体形优美、色彩艳丽或比较奇特的鱼类会引起游客极大的观赏兴趣。同时，包括鱼类、甲壳类（如蟹、虾、蚌、螺等）、龟鳖类（如龟、鳖）、软体类（如蛙）等在内的各种水生或两栖类动物为游客提供观赏、垂钓、捕捞、采集的娱乐机会。

另外，大规模的水产捕捞、鱼类洄游活动也是游客观光的项目之一。水生（含浮叶、挺水、沉水）植物，如睡莲、荷花、金鱼藻等是我国广泛赞誉的传统观赏植物。

3.水库库岸及其旅游价值

水库库岸是进行各种户外游憩活动的重要场所。库岸包括水库流域的河漫滩、岸坡和水库四周的山地等，其旅游价值体现在如下3个方面：①丰富了景观类型，秀水为青山增添了一丝妩媚，青山则为秀水增加几分雄浑，山水结合相得益彰；②提供了旅游活动场所，库岸的河漫滩包括沙地、草地等，往往是游客进行各类休闲活动及户外游憩活动的极佳场所；③拓展了旅游活动空间，水库库岸的山地为登山、森林旅游等活动提供了场所，完成了旅游空间从水面到陆地的拓展。

4.水电站及其相关建筑物的旅游价值

水电站及其相关建筑物主要包括拦河大坝、闸门、引水设施、水轮机、发电机、电站厂房、尾水设施、泄洪设施（如溢洪道、泄洪洞、泄水孔等）、冲沙设施、变电站、开关站等，是科普教育的良好场所；水库泄水时，咆哮着直冲而下的水流似银河飞瀑，其磅礴的气势胜过奔腾的千军万马，给游客无与伦比的强烈震撼；同时，由于大量的水流倾泻而下后形成大范围的人工水雾，在阳光照射下容易形成美妙而又壮丽的彩虹景观，因而该类现代水电站建筑物往往成为重要的旅游资源。在有珍贵鱼种的情况下，还需要设置鱼道等，可以在鱼道及其附近见到“鲤鱼跃龙门”和鱼类“奋勇向前、争先恐后”的有趣景象。

5.水电站的建设还能为游客提供更为良好的气候环境

水电站建设形成的水库能够调节水库周边局部地区的气候，昼夜温差变小，极端最高气温下降，极端最低气温升高，为游客提供冬暖夏凉的气候环境，使之更适宜度假休闲。

6.水电站的科普旅游价值

除水电站及其相关建筑物是科普教育的良好场所外，形成的水库还能进行防洪、农业灌溉、水产养殖、供水等；水库蓄水后，库岸会在库水的作用下产生坍塌、滑坡等地质灾害，这些现象、设施及其功能是进行科普教育和实地科普考察的良好场所。

7.水电站的水库可以开展参与性、刺激性、惊奇性、竞技性的旅游项目，使旅游由观光型向参与型、康体保健型转变，可大力开展水体保健（如各种水疗、水中静漂）、水上游乐（如水上自行车、摩托艇带降落伞滑翔）、水上运动（如滑水、高台跳水、蹦极、皮划艇）、潜水旅游（如水下观光、水下探险）、特色水产餐饮（含特色方式的采集、捕捞和品尝）等旅游项目。

（二）水电站的建设可以为旅游业提供的其他有利条件

1.水电站的修建能节省旅游道路、通信等基础设施的建设，可以利用水电站建设建立的邮政通信网、交通道路、供水供电、基本接待设施、相关生活服务设施作为开展旅游的基础设施。同时水库的形成，可以为峡谷景区提供安全便利的水上通道，便于在游船上就可以轻松地观赏水库周边的旅游风景点，省去了陆上行走的劳累和艰辛。

2.水电站建成能还给大自然更为美丽的环境。水电站的建成，可以为当地提供便宜的电能，在某种程度上改变当地居民的生活方式。山区峡谷大都以木材作为生活燃料，使森林遭到不同程度的砍伐，景观破坏较为严重。水电站建成后提供的较为便宜的清洁能源，可以减少或消除当地居民对森林的砍伐，保护当地美丽的自然环境。通过水电站淹没区移民的搬迁，使在景区进行生产、生活的居民减少，同样会对景区的景观保护、植被恢复起到积极的作用。

3.水电站的建设，会拉动当地的经济发展，居民收入增加，对休闲、旅游的要求增加，对当地的旅游也起到一定的促进作用。同时物质生活也能得到改善，环境保护意识也会大为提高，对景区的保护意识也会增加。

4.水电站的建设，可以为旅游景区的运行提供清洁便宜的生产和生活用电。

5.水电站建设后形成的水库，可以调节整个电站所在流域景区的水流量，使流量均匀，保证洪水期旅游的安全和枯水期正常的旅游运行用水。

（三）水电站、水库建设对旅游资源的不利影响

1.水电站建筑物基础的开挖可能会破坏一些地表生态环境和旅游景观，也会产生一定量的弃废渣，造成水土流失，同时会产生一定的废气、废水，污染景区环境，给美丽的旅游景观带来瑕疵。

2.如果电站采用引水式或混合式开发，不采取必要的措施，会造成水电站大坝下游的一段河道水量减少，甚至出现断流。

3.水库的形成会诱发水库库岸滑坡、坍塌，影响库岸景观，甚至造成灾害。

4.水电站大坝建成蓄水，会隔断有洄游习性鱼类的回路，水库淹没会使生长在水库周边的珍贵植物消失。

5.在水电站规划中，如果不考虑景点的位置和分布情况，会造成一些景点的消失，或减小峡谷等一些景观的壮观性，影响观赏效果。

第二节　水库建设项目成本控制

随着我国经济发展进入新常态，各行各业的竞争也随之愈演愈烈，水库建设项目的管理部门也在思考如何在竞争中取得优势，控制管理成本。水库项目是关系到国计民生的一项重要工程，所以加强对水库项目管理的成本控制，保障各项工作的顺利开展，通过项目成本管理以避免资金流短缺、减少不必要的开支，无论是对我们的国家还是对老百姓都是有好处的。

基于成本管理的重要性以及现今水库成本管理存在诸多问题，如何实施水库建设项目管理成本控制，降低管理成本，实现服务效益最大化，稳步推进水库项目发展是摆在当前的一个长期的重要课题。

一、相关理论叙述

（一）成本控制基础理论

1.成本

成本是指企业在从事生产经营活动（如材料的采购、工程的建设、劳务的供应）过程中，所用掉的生产资料的价值和工人的劳动创造的剩余价值，也可以解释为企业在生产经营中耗费的货币与资金的总和。

建筑施工企业项目作为成本核算的对象在施工过程中，所消耗的生产资料转移价值和劳动者所创造的货币形式。建设施工项目成本的特殊性在于主体为建设施工企业。换句话说，它是项目施工过程中费用的总和，其中包括易损件、设备、材料和施工机械、摊销费用或租赁费用，包括工资、支付给工人施工过程中的总成本的所有奖金的总和，建设和其他费用的总和。

2.成本控制

成本控制理论的发展经历了三个阶段，第一个是从20世纪50年代，第二个阶段是从20世纪50年代到60年代末，第三个阶段是1970年以后。

然后，在第三阶段中，人们的注意力已不再是该产品的成本，而是导致运行成本的发生阶段。为了企业实现他们的业务目标，我们必须站在整体角度，利用准确的眼光对企业活动链进行战略分析。除此之外，公司已开始注重管理控制和新产品开发的全过程。在此期间，成本控制主要是产品生命周期成本，基于活动的成本核算，成本控制策略。

3.作业成本管理

作业成本是在计算方法的基础上，根据产品成本的结构、成本的管理生产过程而形成的成本管理。作业对象的成本用作业成本法来计量，是所有工作开展的活动反映、动态示踪。成本计算方法是工程作业成本管理的更进一步扩张，施工作业的成本管理，目标是提升客户的价值，实现施工单位的竞争优势，利用广播所提供的信息，整个过程中的系统动态活性，瞻望性，对成本控制的方法全面的分析作业以及作业链的完善。工程作业成本法在施工项目领域研究的不多，尽管在先进制造企业中产生了巨大影响，同时在商业、金融业、卫生和医疗事业等领域也都有成功的案例。

4.战略成本管理

1981年，“战略成本管理”的概念被英国的研究者Simmon第一次提出，同时对其进行了基本理论上的探讨。Michael Porter在《竞争优势》和《竞争战略》两部书中对战略成本进行了专门探讨，强调了建立成本优势的重要性。在1998年，Coopor在专业杂志上发表了为期一年的连载，详细介绍了其倡导的战略成本管理，并把其极力推崇的作业成本法推向战略应用。Coopor在其理论中指出，要通过全面运用作业成本法，用准确的成本资料，向企业展示更广阔的企业成本竞争地位的图景，使企业各级管理者及员工把自身工作与企业的战略地位想联系，以实现在降低成本的同时提高施工企业的竞争力。蒋云霞在《价值链分析在战略成本管理中的应用》中分析提出，战略的成本管理就是基于提高施工企业的竞争突出点从而进行的一项管理。它是说会计管理人员站在自己所能够管理的高度，在用户、竞争对手与用户的构成、成本的结构与分析构成，这三者形成了“战略三角”。同时也对内部的信息进行战略性的评估，对战略管理者提供信息方面的服务。葛新奇在《成本管理新模式》中指出成本战略管理是商品和成本管理方面的结合，并基于新的竞争环境，它的实质就是针对成本管理，成本的结构和成本管理行为的战略施工成本管理，管理和服务，从而降低企业的竞争成本，使得企业获得更大的竞争优势。

（二）成本控制的特点与原则

1.成本控制的特点

（1）事先能动性。

在一般情况下，水库建设项目施工的规模是比较大的。只有事后通过记录收集和计算的成本，以确定该项目的成本较低的控制。水库建设项目是主动和自主的项目成本控制，需要充分的规划和预算。因此，出发点是水库建设工程造价管理的成本预测，目标成本，计划开发成本，在此基础上，控制成本，以便实施过程中实现我们的目的。

（2）综合的系统。

建筑公司目前在施工项目成本的管理中不是一个单独的模块，我们认识到，水库建设工程造价管理是一项系统性的工作，不仅是财政部门单方面内部的工作，也涉及很多项目的部门和项目，所有部门都应为围绕项目进行工作的有效落实。工程造价管理，项目管理和建设期的施工工艺，质量的管理，技术上的管理，人力资源的管理，分包紧密结合起来的管理，资金管理，安全管理，最终构成了一个施工项目的成本管理体系。每个建设施工项目管理的功能，每个管理人员参与了建设施工工程的预算管理，他们直接或间接地参与到工作中来，计算项目成本。建设工程只有在被管理对象的功能和所有管理的内容一起纳入成本管理的轨道后，才能最终实现项目最有效的成本控制的目的。

（3）动态跟踪性。

水库建设工程造价管理不仅要预先提出最新的计划方案，还要在项目的施工中实时跟踪，同时必须按照方案的要求与实际施工情况做出一定的调整。从建设项目的客观条件下去审视，主要是由于在各种情况的施工过程中，譬如市场变化的原材料供应与需求可能会随时发生变化，像是设计上的改变或是劳动力成本上升等，这些因素都将会造成建设的实际成本成为施工项目成本中一种无形变化中的项目目标，如果想要符合最初成本的预算并控制在内，就必须要及时跟踪施工现场所发生的一切可能性。

（4）低复制性。

由于建设项目的特点就是简单、方便，因此每个项目各有不同，其会根据生产与建设工地的施工进程随之产生流动性的变化形式。在建设施工企业中每个项目都有着不同的阶段，譬如开始设计阶段或是工程造价阶段，还有就是施工图纸阶段或是施工开始组织时对不同单件在建筑施工现场使用阶段等。由此一来，就会造成施工项目成本管理规范很难实现，因此只有根据市场的变化与详尽的生产建筑工地施工方案，才能够形成较为具体且完整的成本规划与管理。

2.成本控制的原则

（1）明确责任、全员参加。

最重要的系统的水库建设工程造价管理要明确施工项目的全权负责人。并且要将这些影响因素一一进行分析，施工项目人员的开支和成本管理的支出最后也要作为成本控制的最终指标，要制定完善的成本控制目标，这些指标的完成是为了明确各级成本目标和责任，每个岗位的工作的实现，它必须是分解指标。此外，需要确定相应的负责人监督，每一个具体项目的全权负责人应该有明确的工作内容，都必须建立成本管理体系，使企业项目所有员工能充分参与到接触到项目。

（2）实事求是、及时跟进的原则。

水库的建设施工项目成本的管理应该达到精准性、有效性、及时性的要求，在项目的成本管理过程中，要真切反映出各项项目成本的真实开销，否则就失去了成本管理的真实目的，如果统计没有达到其真实性，成本核算就反映不出正确的生产现状，其结果就是造成了虚盈或者虚亏的现象；还需要提供及时、准确的成本信息，要不断反馈，工程项目管理建设的成本管理部门中能够提供决策的主管部门，会对项目经理列举出科学的依据。若信息严重滞后，就起不了作用以，也不能及时采取纠正行动。

（3）跟踪过程、把控系统的原则。

施工过程中的每个环节消耗的资源形成了水库建设项目的成本。因此，项目成本的控制方法就是采用控制过程的方法，分析每一个成本发生的具体原因，这样才能始终处于控制。项目成本与每个与其他进程相关联的处理的形成，用来降低项目控制成本的办法，其导致和其过程相关的多余的项目成本增加。管理施工项目的成本控制管理，必须要按照系统控制与系统的分析以及发出目标过程为标准，以此过程中整体利益或是小团体的普遍利益不受到损害为出发的原则。

（4）牵引目标、跟进全面原则。

水库建设项目成本管理的第一个工作是制定成本的管理计划和目标，用其来有效地进行分解，控制限制了这个项目的成本管理和控制过程；在这样的基础上，结合了各种人力和物力资源的项目；做到人尽其才、物尽其用，最后我们用以进行推进成本管理，确保我们初始的目标得以实现。

（三）水库建设项目成本控制对象和内容

1.成本控制对象

（1）过程成本。

首先，在项目招投标阶段，主要充分考虑工程概况、招标文件、工程量清单等前提条件，管理内容是编制投标文件，编制工程的目标成本，从而在编制时要对项目成本准确预测；

其次，在施工准备阶段，在从自审记录、分流记录等数据中，执行详细的施工组织设计和施工图纸准备的同时，施工方案中内容管理也要做好充分的准备，主要是指精确的成本估算和事前控制好工程造价；

再次，在施工过程阶段，要实现成本的实施中控制，主要管理内容是对现实工程实际所发生的成本进行控制，管理的重点是与实际发生的成本进行核对，发现偏差，根据准备阶段编制的施工图预算、劳动定额、材料消耗的定额和其他费用的定额等，及时纠偏；

最后，是竣工交付、保修阶段，在这个阶段，主要控制关键点就是在竣工验收实施过程阶段所产生的各种费用，再加上保修期间所产生的保修费用。

（2）分部分项工程成本。

基本单位是项目成本核算项目的一部分，做一个更准确的就业成本控制，这将是项目成本的一部分，作为控制对象是有效的。

（3）成本的构成。

为更好地控制项目施工的成本，必须将由人工费、材料费、机械费、其他费用组成作为所要控制的对象。施工的项目工程每个阶段的控制成本的目标值是根据其成本控制范畴，最后再去编制人工的费用、材料费、机械费等等一些消耗量、单价以及总价。

（4）项目经济合同。

通过合同明确双方的权利和义务，经济合同将项目施工过程中业主和所有参建各方联系起来，明确了成本要素的投入。必须将预算收入项目以及金额控制在成本的预算范围内，只有这样才会完全确保总体的成本期望在最终控制在预算指标内。

2.成本控制内容

（1）招投标成本控制。

首先，招投标成本控制阶段，在企业项目投标报价过程中，要阅读和理解项目招标文件，要明确自己的施工管理成本，而且要对竞争对手的情况做出精确的估测，并且了解市场价格波动风险在合理的预期范围之内，在充分考虑了上述因素后，再对项目目标进行成本预测，明确项目最终目标，及项目预期的利润率。

其次，施工准备成本控制阶段，经济的合理性，技术的领先性，施工企业策划方案是否科学，制备可供阅读所有的施工图纸，以及相关设计文件和相关的准备工作。

（2）施工过程成本控制。

首先，明确成本控制的主要目标，建立企业项目成本控制的模型，成本的过程控制是施工阶段成本控制的主要内容。

相关部门和人员组织对已完成项目验收，在保证质量的前提下，项目成本控制的主要措施有加强限领料和设计变更的控制，材料实际消耗、机械台班数量实际消耗必须逐个检查，部分项目开展文明施工；根据该项目在每个部分实际发生的制备与施工预算账单数据准备的阶段，以此来比较即刻计算项目成本与实际成本之间的差异，并进行分析造成成本差异的原因，之后再提出改进方法与改进措施；根据每月相关收集与归档发生的信息与成本，还有现场统计重要性的施工过程与计算的差异月度计划成本，然后对每月实际费用成本进行分析得出造成成本差异的原因，并提出修改成本的方法与措施；对于责任状成本效益月度的考核评估，是根据每个部门在前期建设中每个月花费的实际成本估算，然后将每个月实际成本与拟定目标成本做比较，在进行检测的同时让责任部门进行分析造成成本差异的原因，再适当纠正方法与整改措施；月度经济调查合同的合规性，对违法建设提供了制止措施并提出索赔，直到合同终止，避免了合作经营业绩不佳施工造成的一切经济损失。

其次，控制施工期间直接工程费，材料的费用、人工的费用和机械的使用费组成直接工程费用，其中，其真正的材料成本大约占比为60%至70%，按照“量价分离”的原则，成本控制是可控的。至于材料用量的控制，在保证符合图纸设计规格、规范标准、质量标准，控制材料消耗的量的前提下，控制材料消耗定额管理是加强成本控制的手段；材料价格的控制，主管部门的材料价格控制可常常妨碍施工企业材料的采购，以及招标部门的执行机构，因为材料价格是出厂价格、运输价格的总和，材料价格的控制，其主要措施是使用竞价机制，牢牢把握住市场材料的价格消息，所以招标过程中要控制材料、设备、工程物资的采购价格；人工用工量的控制，按照项目经理签订的预算施工计划，明确人工施工、安全生产、文明施工和零星就业等辅助人工工程的总预算，控制成本；人工单价的控制：通过招标的手段选定劳务分包队伍，与之签署分包合同，在签署之前确定价格。台班机械费，包括台班的单价和数量，可以从下面几个方面控制机械费，在安排建设和生产的过程中应该是合理规划，协调计划，特别是制定和实施设备租赁方案，以避免设备闲置造成损失；合理调度专员，避免不必要的费用，节省开支；避免因维修保养不及时造成机械设备的停用，设定专人专岗，并且加强现场设备的维修以及保养工作；提高机械台班的效率，仔细制定机械设备操作人员和部门人员的协调与合作。

（3）竣工阶段的成本控制。

首先，完成阶段的成本控制，主要的内容是控制施工的时间长度与工程进度，如果工程完成的时间延后，往往会忽视了一个情况，就是施工管理人员或项目管理人员是否将机械与设备已经撤离建筑工地，若是出现了这种情况，那么就会增加工程成本。

其次，随着时间的推移工程结束进入结算阶段，工程结算过程是直接关系到该项目是否是有利可图的，因此要注重工程的结算，降低资金成本。

（四）水库建设项目成本控制程序

水库建设施工项目成本的发生和其形成是动态化的一个过程，所以导致了水库建设施工项目成本的控制也是一个动态的过程。水库建设施工项目成本控制进程中的管理方式能否符合要求，主要体现在施工过程中对项目建设成本使用的主要内容与基本原则，最关键的还是工程造价是否在可预期的范围之内，在这整个过程中，其一必须要有流程控制的标准化，其二必须要按照程序的标准化进行。

二、水库建设成本控制中出现的问题

（一）成本浪费严重

从当前情况分析，施工企业在工程造价管理中有许多不足的地方，下面是一些问题，来源于施工企业当前项目管理的成本控制实际分析和总结：

施工企业，源于传统的成本管理体系，在水库建设管理中，成本控制意识太过传统，还有就是项目成本控制人员的责任感不强，认为该项目只是一个单独环节的建设，并不是所有部门都参与，这个错误的意识，导致了建设成本大大增高。

（二）各部门缺乏合作意识

按照建设单位的目标，基础建设项目的一般企业，是用较为合理的成本控制方法达到目标成本的控制要求的。但各个部门和人员被动执行控制成本的任务，没有主动控制成本的认识，大多数员工控制成本的意识不强。同时在项目经费方面，施工企业成本控制的意识极其薄弱，管理方面也存在漏洞。

施工企业的人员只是片面认为成本控制是财务人员的工作，而没有认识到水库施工项目的成本控制是全员的控制管理。

（三）施工质量低下

由于长期以来的实践认识。施工成本大幅增多的原因是很多企业过分追求质量而忽视了控制成本，企业的经济效益受到很大损害。这也就是说，如何控制好质量和成本之间的关系是施工企业在项目施工过程中要解决的关键问题。

在这个阶段，需要具备科学的、合理的制度，对于质量和成本的控制管理，最好是要找到一个盈亏平衡点。

（四）项目变动成本高昂

目前，在比较严重的问题中存在的是一个建筑施工企业项目成本的控制管理，同时也是对成本管理中缺乏的变化。成本包括固定成本和变动成本，折旧的固定资产就是固定成本，包括管理人员的工资、利息、管理费等，是每年要固定发生的。变动之后的成本有原材料、人工费及机械费等。整个工程造价的70%～85%左右为变动成本，在整个成本控制中有非常重要的位置。而目前在水库建设中存在的组织措施不到位，造成了大量的非生产性成本增加，人员的停工、材料的严重浪费及材料供应出现断档、过剩等种种变动成本的增加，使得整个工程超出预算范围。

（五）施工期间缺乏信息技术的应用

目前，成本控制的效果没达到预期，原因是施工项目的每项成本费用缺乏有效的信息技术运用，以及缺乏科学的方法来进行成本控制。在当前流行的网络科技和计算机应用的问题上，其只是将计算机作为硬件载体，应用在日常的数据统计、会计实务、相关报告上面，应用级别很低，而不能对现有网络科技、物联网等应用加以实现，使得实时信息不能进行有效共享和传递，使工程项目施工的工作效率大为降低。

三、水库建设成本控制改进措施

（一）完善成本管理体系

相对于水库建设企业来说，要有一套与施工项目概况相适应的管理体制，关键是从根本上合理有效地控制好施工企业水库建设的成本，只有当两个条件相适应才能正确实现有效的成本管理。施工企业在前期建立用于建筑项目成本的管理过程的一个完整的、高效的组织，是具有划时代意义的。有效的成本管理系统不需要有太多复杂的规则和法规，它是一个完整且高效的体系。必须向所有参与的员工明确严格按照成本管理体系建设这一信息；同时也在努力开发每个行业规范，加强部门之间的协作努力，清晰所有部门和员工的责任。遵循《成本控制流程》《合同审批流程》《招标流程》《变更控制流程》等。

（二）重视质量成本控制和管理

质量和成本管理之间的辩证关系是存在于统一建设项目管理。为达到最好的质量和成本的有效控制，要求施工企业要通过科学的建设规划，使用高科技手段来提高控制成本，而不是选择廉价的劣质材料，从而去促成降低成本的目的。基于建筑业企业的考虑，通过合理方法科学管理整个工程质量，去考虑如何降低成本、质量和成本之间的平衡的存在。建筑施工企业应结合具体国情，要注意以平衡点来确定成本限制消费，坚决控制成本；既定成本计划和选择适当方法实现最大化项目的科学素质一定要同步进行。控制成本，实现科学目标。

水库建设单位管理部门的领导者和组织者应指导项目建设，以建设项目成本控制管理为目标肩负起企业的组织、指导、监督和评价的领导责任；还负责企业管理建设项目的成本控制体系制度的管理，落实各项政策的执行以及相关原则的实施。与此同时，也要对整个施工项目成本控制的目标以及战略规划决定的发展负责。因而，要想确保施工项目成本控制的正常进行，企业管理部门对于整个项目的成本控制，应该担负着巨大的责任，必须加强领导的管理。正常情况下，一般施工企业实行项目经理责任制，由项目经理全权负责施工项目，一些企业管理人才，为建设项目的实施并没有严格加以控制，项目经理的监管松懈，造成了管理系统的缺失，执行不力，造成了施工项目成本超支，使得在成本控制的过程中，造成更大的影响。对此，水库建设单位管理层必须要做好监管工作。各职能部门和项目管理人员组成水库成本控制中心，负责控制总体成本管理工作。该成本管控中心的职责有：控制所需的项目资源和投资；企业成本管理系统的发展；制定项目成本控制管理的相关规定；控制项目投标决策、项目成本计划和平衡项目的成本；确定项目所有人员的负责成本；建设项目完结之后进行核验。

（三）合理规划施工组织设计

水库建设项目的施工组织设计是一个综合性的重要文件，在这当中涉及的编制对象或是引导技术，还有经济与协调以及控制，都存在于建筑项目施工活动的全部过程中。在建筑设计中重点部分是安排建设的部署与施工方案的选择，同时还要保证任务与建设的组织分工明确，当然编制施工的准备工作也是这一计划中的重点内容。在这些重点当中最优先考虑的是建设方案的选择。之前一期工程的建设一般都是在经济上存在的优势与消费不足的情况下，给出了几种不同施工期间的使用方案。在施工过程中，施工质量与工程造价会受到施工方案是否科学、合理的直接影响。因此，在施工方案中能够控制选项在很多大程度上有利于施工成本的控制。这就要求施工的企业不仅要在专家手中对施工招标文件的组织设计进行审查，从另一个方面还要注意在施工过程中应当具有施工方案的专题审查，要利用价值工程项目技术与多方案进行比较，最终不仅能使初期投资得以减少，同时还能够创造出更多的经济效益。

四、关于水库建设成本控制的建议

（一）建立科学有效的成本管理制度

第一，建立一个完整、高效的成本管理体系。一套有效的成本管理系统不需要有太多复杂的规则和法规。必须使所有参与的员工严格按照成本管理体系建设成为管理活动的领导者，强化学习施工规定的合约制度并严格执行，使部门工作有理有据；积极推行合同文本标准化，使合同更加严谨，有效提高工作效率；加强部门文件工作规范化，规范文档管理、规范评标报告管理、规范内部文件等。

第二，实现成本管理理念的创新。成本管理不光是建设单位或者施工单位中某一个部门的任务，而是每一个参与其中的部门和人员的共同任务，每一个员工在水库建设的过程中都应该有一个成本管理的理念。方案的选取有问题，大家就共同探讨选取最优的方案；设计的深化程度不够，就重新规划设计。争取在施工的前期把成本预算做到精确、详细。

（二）加强物资集中采购

首先要明确采购部门的职责，成立物资集中采购领导小组。负责组织、协调、检查、指导、监督工程公司及所属单位物资集中采购工作：参与供应商选择、评价工作：负责选定公司物资合格供应商，公布《公司物资合格供应商名册》，组织开展供应商评价工作；负责上报公司物资集中采购计划；负责考核公司所属单位物资集中采购工作；负责收集、整理、报送公司范围内物资集中采购信息。

物资集中采购领导小组负责公司内物资集中采购的领导和决策，公司物资科负责日常管理工作。项目部按《公司物资集中采购目录》编制物资集中采购需用总计划、物资集中采购计划。同时，公司成立物资集中采购分中心，与物资科合署办公，业务受总公司物资集中采购中心领导，根据集团物资集中采购中心授权或分工，组织相应物资的集中采购工作。负责制定、完善工程公司物资集中采购管理细则等规章制度。

其次，各采购部门明确物资采购范围。集团公司物资集中采购范围为：集中采购的钢材及制品（含钢结构、钢板桩）、水泥；粉煤灰、外加剂、防水材料、土工合成材料、锚具、锚杆、电线电缆、沥青、桥梁支座等可集中批量采购的物资；工具、电料、小型机具、劳保用品等其他物资。工程公司的物资集中采购范围为：集团公司发布的《物资集中采购目录》中未列入的物资及经集团物资集中采购中心授权采购的物资。物资集中采购要逐步过渡到使用电子商务平台。物资集中采购结果在电子商务平台进行公示。公示无异议后，由采购主体或受委托的项目部签订采购合同。

最后，采购合同主体、集中采购组织单位的确定及分工，按集团公司动态发布的《物资集中采购目录》执行。建设单位对物资采购另有规定的，项目部须将建设单位有关文件上报工程公司物资科备案。各采购合同主体应恪守信用，严格履行合同，按合同约定结算、支付货款。工程公司负责监控、协调所属合同主体单位物资集中采购资金支付情况。

（三）加强材料质量管理

首先，必须要从源头控制材料质量，实现材料的可追溯性。要在各分部设立材料存储场，分别负责材料装卸、收发作业和向工地运送业务。钢材、支座、水泥等物资分别由汽车直接运输到材料供应地点、料场交货。对于施工关键部位重要材料要合理适量储备，确保供应。超高、超长、超宽等超限笨重物资运送，将与路政、公安、运输部门和供应商进行积极协商，采用专用车辆机具、制定详细装卸、运输方案。危险品运送，如易燃、易爆、有毒、有害等特种物资，将和供应商进行积极协商，会同有关部门办理相关手续，采用专用车辆机具、制定详细装卸、运输方案和行走线路，确保安全。

其次，到场物资按照有关技术标准和合同规定进行外观检查和数量验收，索取质量证明书等相关资料。所有进场物资全部取样检测，经现场监理工程师和技术试验部门检验合格后方可投入使用。严格按照IS09001标准要求，对水泥、钢材必须严格控制指标，不准不合格的物资进入工地；建立不合格品控制制度，对于不满足工程建设要求的物资坚决及时清理出场。严格检验程序，强化源头管理检验、进库复检和工地抽检，确保不合格品不进入现场。

再次，依据订货合同技术指标及质量要求校验“三证”，严格按照有关规定进行检验和试验，形成《物资质量使用跟踪记录》。当供方交货时，由材料员对产品的名称、规格、外观、包装、数量、交货时间和应提供的质量记录及附件等进行严格的验证后，以试验通知单的形式通知试验室进行取样检验，试验室将试验结果通知单交相关部门，并由物资人员对该材料做标志和记录。

最后，落实物资保管“十防”措施，易燃易爆、有毒有害的危险品单独设立库房；进入工地的任何材料未经物资部门同意不得运出工地或挪作他用。

（四）加强劳务成本控制

首先，对完工的劳务队要及时进行结算，并严格执行审批制度，合同内容发生变化时，要有补充合同。对劳务队要实施全额计价，劳务单价中不含主材的，劳务计价的同时，也要进行理论材料的计价，要实行总价控制。如果劳务队使用的材料超出合理的材料损耗范围，要分析原因，追究责任，若是劳务队原因，要扣除劳务队的计价款。在劳务队上场前，必须要签订合同，与内部架子队、拌和站均要签订合同或责任状。每个构造物都要明确数量、单价和暂定总价，形成独立的工程量清单。

其次，建立劳务队计价拨款台账。每个队伍验工计价多少、应扣质保金多少、应付多少、代付人工费、材料费、机械费、其他代付二、三项料费、水电费等都要统计，最后计算出还要付多少；对劳务队合同交底，就是向项目部成员（尤其是向施工、物资、设备、财务人员）交底，使其掌握每个劳务队的承包范围，项目和劳务队的责任与义务，劳务队单价中包含什么费用，项目部应该承担什么费用；物资、设备的供应方式等。

最后，若是纯劳务的，也要统计出其使用的主要材料费，列入代付的范畴，综合一起考虑是否超付款。对劳务承包合同以外的、劳务队的零星用工、机械台班/台时，尽量以实物量形式进行计量。不可避免要发生的，必须记清楚时间、地点、人员数量（含各工种）、工作种类、工作量、工作时长、使用的机械设备要记录机械型号（如斗容量）、车牌号码，每天每月都要进行统计、仔细分析，看有无重复。

（五）加强责任成本督查

第一，大临工程，大临工程有无施工方案，是否有审批，有无施工日志，测量记录，工程量的计算，有无责任预算；分包合同执行情况，有无合同，是否存在后签合同先上场，有无明确的工程数量和单价，决算进展情况；道路及场地租赁费情况，租量的多少，金额数量，使用时长；处理费用实际情况，有无处理费用，处理方式，处理数量，有无审批；设备机械租赁情况，租用机械明细，完成的工程量，油料的消耗情况，有无审批，支付的租金使用情况；计日工使用情况，单价是否提前约定，数量是否每次发生有补充合同，经手责任人，发生的具体地点；主要物资材料消耗情况、与设计用量相比节约超支的情况；返工费用情况，有无返工情况发生，发生的具体节点，成本的具体金额。

第二，本体工程，监督拌和站及碎石站内自有职工及外聘人员的情况；工资、奖金及各种津贴发放情况，电费实际开支情况，配件消耗情况，设备折旧计提情况，机械设备租赁开支情况，单机完成工程量、油料消耗及支付租赁费情况，砼原材料消耗实际量与设计量的节超对比，指挥车辆的油料开支情况，单方搅拌运输成本。架子队内每个队的施工内容和责任预算情况，管理人员工资、奖金及津贴情况，其他管理费开支情况，自有设备和租赁费用的检查内容同拌和站，配件及修理费用的开支情况，完成工程量的单价与同类分包工程对比情况，计日工的使用情况。单价是否约定，数量是否每次发生有补充合同，具体经手负责人，发生具体节点，返工情况（写明原因及成本），周转材料使用情况。

第三，分包，分包队的具体数量，签合同分包队的数量确认，是否存在未签合同就上场的，不在劳务平台的队伍数量；每个队伍的劳务合同执行情况，是否使用合同范本，有无决算；每个月的拨款与验工计价比较情况，有无验工计价而拨款情况，有无超拨款情况；与设计相比，材料消耗分析情况，超耗料款计价时有无扣回；周转材料使用情况；中途有无清退队伍情况，情况如何；有无安全质量事故，成本如何；有无超合同计量，内容、数量、单价如何；工资发放情况（管理人员和现场工人各有多少），各类人员人均月工资金额；每个劳务队的二、三项料消耗情况；机械设备使用费情况。

第四，管理费，在水库的建设过程中，执行的《资金使用审批权限》规定情况；职工、临时工情况；项目部设置了何种部门，部门的人员配置情况，总提人员数量；工资、奖金及津贴发放情况，人均工资预算；指挥车辆情况，指挥用车具体数量，每辆车在项目部期间的行驶里程、油耗、折旧、路桥费、修理费、保险费的具体金额。若有租赁车辆情况，需说明具体租金金额，计算出指挥车辆日均费用开支金额；经营费用情况，列支金额，计算年均开支额，与集团公司规定对照是否超标准列销方式，处理途径，有无审批；差旅费情况，开支金额，与预算比较节超情况；业务招待费情况，开支金额，计算日均开支金额；办公费等其他管理费用情况。

第三节　水库建设移民管理

中华人民共和国成立以来，党和政府高度重视水利水电事业的发展，进行了大规模的水利工程建设，兴建水利工程给社会和国家经济带来了巨大效益的同时，水库的兴建不可避免地要给库区带来某些不利影响，如造成淹没和浸没、库岸发生再造、环境恶化等，因此需要对周边居民进行移民搬迁安置，而水库移民搬迁安置成功与否直接决定着水库工程的成败，水库移民安置规划建设管理更是水库移民搬迁安置的重中之重。

一、相关概念概述

（一）移民

移民，作为名词，是指人或者人的集合（人群），即迁移人口的集合。作为动词，移民通常是指人的迁移活动。《辞海》中对“移民”一词的释义是：迁往国外某一地区永久居定的人；较大数量、有组织的人口迁移。

移民是重要的人口地理现象和社会现象。通过人口不断迁徙，促使人口在地理空间上合理流动和分布，扩大人类的生存空间，促使生产地理空间的扩大，促使人类文明的传播和人种、民族的融合，促进社会、经济和文化的快速发展。因此，移民是人口在不同地区或者同一地区地点之间的迁移和社会经济系统重建活动的总称。

（二）水库移民安置

水库移民安置分为农村移民安置与城镇移民安置，本书主要针对农村水库移民安置规划建设管理研究。农村移民安置规划是帮助农村移民重建家园、恢复和发展生产，保证移民安居乐业的一种安置方式。农村移民安置规划是水库淹没处理设计的重要组成部分，是移民安置规划的重点。

（三）规划建设管理

安置区规划建设管理是指在国家建设行政主管部门、县级地方人民政府建设行政主管部门的宏观指导下，由当地人民政府组织编制规划建设报告，并依据《城市规划法》《城镇规划建设管理办法》和《村镇规划建设管理条例》批准的小区规划，对该小区规划区范围内土地的使用和各项建设活动的安排实施控制、引导、监督及违规查处的行政管理活动，是可持续发展过程中的一个重要组成部分。

二、中国水库工程建设征地移民管理

1.建设征地移民工作经历的3个阶段

第1阶段：1950—1957年，水库建设征地移民人数约30万，各级政府对移民工作比较重视，由于在土地改革后政府部门掌握着部分公有田地和荒地，移民补偿和安置工作均较容易开展，遗留问题较少。

第2阶段：1958—1977年，水库建设征地移民人数超过491万，移民工作被忽视，特别是“文革”期间，移民机构被撤销或合并，移民安置由民政、水利等部门负责，移民未得到适当补偿或以极低的标准和简单的方式进行安置，移民生产生活水平长期难以恢复。

第3阶段：1978年以后，水利水电工程建设发展迅速，水库移民人数大量增加。各级政府重视，成立了相应的机构，国家出台了《大中型水利水电工程建设征地补偿和移民安置条例》，实施开发性移民安置方针，移民安置有据可依。但部分水库工程征地移民补偿费低，遗留问题仍较多。

2.目前承担水库工程移民管理的国家机构

（1）国务院三峡工程建设委员会办公室。负责三峡工程建设征地移民工作，工作依据是《长江三峡工程建设移民条例》及国家其他有关法规，实行“中央统一领导，分省（直辖市）负责，以县为基础”的管理体制，对三峡移民安置实行全程监督管理。

（2）水利部。负责其管辖下的水利工程征地移民工作，工作依据是《大中型水利水电工程建设征地补偿和移民安置条例》及国家其他有关法规。工作重点是前期移民规划审查；建设期负责协调监督，但职能较弱；后期扶持得到了足够重视。

（3）国家发展与改革委员会。负责大型水利水电工程的审批工作。对水电工程征地移民工作，依据国家有关法规，实行“中央领导、政府负责、业主参与、综合监理”的管理体制。工作重点是前期移民规划审查，后续管理工作基本缺失。

（4）国务院南水北调工程建设委员会办公室。负责南水北调工程移民工作，依据国家有关法规，主要实行“国务院南水北调工程建设委员会领导、省级人民政府负责、县为基础、项目法人参与”的管理体制。对南水北调移民安置实行全程监督管理。

三、水库移民安置规划建设管理现状分析

1.移民安置规划建设任务

移民安置规划建设总体目标是使移民安置后的生活水平达到或超过原有水平，并实现移民区与非移民区经济的同步增长，促使建设征地区社会经济和生态环境走向良性循环；同时根据国家实行的移民后期扶持政策拟定相应的后期扶持措施，使移民的长远生计有保障。

移民搬迁安置项目处理的主要任务是依据国家有关政策规定，结合移民安置规划、集镇迁建规划，对一建一设征地影响和移民安置新增的专业项目提出处理方式、确定规模和标准并开展勘测设计。

2.安置规划建设内容和要求

（1）由于水库移民搬迁安置工作，不仅仅涉及移民个人的生产生活，还影响到社会、经济、人文等各方面的因素，作为一项含有高强度经济技术的政策性工作，必须时刻从国家、地区、集体以及个人的角度出发进行规划，全面统筹

安排。

（2）根据当地经济发展的现状和要求，充分考虑移民安置地的自然环境以及资源条件，人性化的综合规划设计移民村庄的各项建设。

（3）处理好近期建设与远期发展的关系，使移民搬迁安置管理工作规范有序，移民安置区建设达到设计标准，从而能够起到搬迁安置后提高移民生产生活水平，促进社会发展的目的。

（4）合理、节约用地，要充分考虑各项建设所能够带来的效益。

（5）有利生产，方便生活，在安置区规划以及建设的同时，要考虑其中公共设施带给移民的效益，统筹兼顾，促进安置区目前以及以后的发展。

（6）保护和改善生态环境，防治污染和其他公害，加强绿化、环境卫生建设。

（7）技术经济合理，在满足功能的前提下，减少工程投资和运营成本，力求技术上经济合理。

（8）满足交通组织，合理布置管线，合理进行绿化布置及环境保护。

（9）考虑可持续性发展，本着近期为主，远期合理发展的原则。

3.移民安置模式

（1）就地后靠，分散安置。这种方式能让长期居住于此的人民，特别是少数民族人民容易接受，能让他们在短时间内安定下来，投入生产，降低心理上的动荡，同时，对于邻里之间的关系也有着一定的积极作用。

（2）相对集中安置。由于移民搬迁安置前居民点不统一，因此，可以进行相对集中的安置。

（3）扶持企业安置。根据当时的社会背景，以及现实的各种情况，因地制宜，支持兴办一批企业，既增加了当地的就业，提高了当地人民的收入，而且还稳定了人心，促进了社会的和谐。

（4）务工经商安置。在移民安置人群中，有些移民经济来源主要依靠经商，对于这类人群，可以采取集中安置或后靠安置的方式，这种安置方式一定程度上能带来商业机会。

（5）劳务输出安置。库区的建设，必然会征收大量移民的耕种土地，在这种情况下，就会产生出剩余劳动力，劳动力的闲置，不仅会使移民失去收入来源，生活带来影响，而且也不利于安置区管理，因此，可以由政府组织部分劳动力外输，以此缓解就业压力。

（6）移民外迁安置。在政府相关优惠政策下，对移民安置方式以外迁处理，安置点选择在经济较为发达的地区，这样，不仅增加了移民就业的渠道，而且有利于居民与外界城市的联系。

4.安置规划建设管理的不足

（1）移民安置经费不足，从而导致移民安置补偿标准偏低。由于计算移民房屋补偿时，是按照淹没面积来计算的，基本上都是给予移民很少一部分补偿费用，并且没有考虑到移民安置建房后房屋存在的差价，以及没有考虑移民失去土地后，没有经济来源，从而导致移民在搬迁后，相对搬迁安置前生活更困难，进而在新的家园中没有归属感。

（2）搬迁安置处理方式基本依靠行政手段。农村水库移民属于非自愿性移民，对于非自愿性移民基本都是依赖政府进行搬迁安置，然而在搬迁安置前期较为重视，但是在安置区建设完后期的管理以及扶持力度不够，移民再就业培训工作没有落实，导致移民搬迁安置后，无法进行正常的生产、生活。

（3）移民安置区建设不完善。在移民安置区建设方式中，有联户自建以及政府统一修建安置区，两种方式的建设中都存在选址不合理、基础设施建设不完善以及人文关怀不够等方面的缺陷，从而导致在水库移民搬迁安置工作结束后不久，出现了移民返迁、重迁的现象。

（4）不够重视移民搬迁安置工作。由于移民安置工作及安置区规划建设的好坏不具备统一的标准，负责移民安置规划建设工作的相关部门对移民搬迁安置工作认知度不够，责任心的缺乏以及经验不足，导致移民搬迁安置工作做得不到位，出现了移民资金补偿发放不到位、安置区选址、规划建设、配套设施建设、景观绿化、人文环境等建设方面的缺陷。

（5）安置区建设中，由于用地相对紧张，导致大部分建筑间距不达标，缺少配套设施，小区绿化建设不够，很多安置区内绿化只有宅间绿化，没有做集中绿地，居民聚集场所及建筑小品基本没有，缺少停车位的设计，大部分车辆基本都是停放在道路边上，采取沿街停放的方式，在建筑造型以及建筑色彩方面，也比较单一，缺少自己的独特风格，形成千篇一律的景象。

（6）水库移民搬迁安置工作结束后，移民面对着一个再就业的问题，从失去土地后，移民就需要学习一种谋生技能，移民的再就业培训工作在很多库区建设后没有得到落实，很多移民安置后，由于缺少谋生技能，只能外出打工，安置区内则有很多留守儿童、妇女、老人。

四、水库移民安置规划建设管理的思考和建议

1.建立新的移民管理体制

（1）制定《水利水电工程建设征地移民法》，使水库工程建设征地移民有法可依，依法移民。

（2）建立国家统一的移民管理机构，改变目前条块分割、部门分割的局面，做到政令统一、标准统一，并进一步明确政府和部门职责。

（3）确立水库移民安置的责任主体，改变目前地方政府包揽移民安置工作的做法，将移民安置由政府行为还原为市场行为，明确项目法人对移民安置的责任，将移民安置与项目收益挂钩，让移民分享项目建设成果。

（4）建立市场化移民补偿机制，通过评估和协商，按市场价格对移民损失进行合理补偿。

（5）明确保障移民合法权益的措施，让移民真正参与到移民安置重建工作中去，培育移民主人翁意识，建立移民抱怨和申诉渠道。

（6）建立社会监督评估体系，运用第三方力量，监督移民安置和移民补偿的公正、公平。

2.科学的安置管理模式

充分考虑发展性安置与补偿性安置，满足居民生活安置补偿，并且要建设现代化的安置小区，同时又要考虑到移民今后的经济发展四位一体的安置模式。即力求形成“让移民的生产生活水平通过搬迁安置得到发展与改善，并在搬迁安置区实现可持续发展”的一种适合现代社会发展的机制。

3.合理的安置区规划建筑布局

（1）移民搬迁安置后，在新的居住区域内发展，其收入、经济发展、生活水平不应低于原有水平。

（2）与之前居住区相比，安置后的自然环境条件应更好或相近。

（3）在搬迁安置后，对于居住区的规划建设方面，应该更多地考虑居民原有的生活习性及传统文化的保留。

4.完善的公共服务设施建设

（1）实用多样的绿化场地设计。

（2）具有特色的小品建筑设计。

小区小品建筑一般分为以下3类：

①如喷泉、花坛、假山叠石、水池、花架等以景观性为主的小品建筑。

②垃圾箱、电话亭、座椅、路灯、游乐设施等以功能性为主的设计。

③围栏、入口标注、挡墙、台阶等以分隔性的分隔空间为主的设计。

5.营造符合当地民俗的人文环境

安置区的规划建设中应充分考虑搬迁安置前的民俗文化，并塑造民俗文化气息，从居住区的教育、绿化、公共设施、餐饮、娱乐、建筑小品等方面进行氛围营造，使人们生活在一种高雅的文化氛围之中，从而达到陶冶情操的目的。

6.有效的后期扶持措施

（1）统筹兼顾、整体推进。把移民后期扶持与区域经济总体发展规划、新阶段扶贫开发有机结合起来，科学规划，整合力量，分步实施；

（2）突出重点，大力解决移民基本生产生活条件；

（3）加强管理，建立长期稳定的移民扶持机制；

（4）加强领导，完善机制，确保移民后期扶持工作顺利推进。

第四节　水库建设施工管理

从古至今，水库建设的施工管理问题一直都是施工建设中的重要问题，而目前水库建设一直都是我国的基础建设，在蓄水、发电、防洪等各个方面都体现了重要的意义，所以增强水库的施工管理水平，才能够有效地发挥基础建设的作用，促进我国的经济建设，所以为了有效防止在水库建设施工过程中出现管理不善和质量不过关等问题，需要对水库建设的施工进行严格的管理。

一、当前水库建设的施工管理问题

（一）缺乏科学的勘察技术

水库建设工程，影响到国家、社会和人民，在建设施工之前，都会对建设项目进行勘察设计，最后提供可行性报告，但在实际中，部分水库建设提供的可行性报告缺乏科学性、完善性。比如在对水库建设的周边环境因素、经济等各方面考虑缺乏科学性、合理性，由于这些工程在建设前勘察技术的不严谨，从而导致了水库建设施工中存在隐患问题。

（二）缺乏监督管理

良好的施工管理水平是保证水库安全建设的重要条件，它不仅可以保证水库建设的安全，还可以提升水库使用的功能和效益。目前在水库施工管理工作中存在严重的管理不到位现象，水库建设的监督管理工作缺乏系统、科学的监督方案，中小型的水库管理监督工作还不完善，缺乏相应的管理经验和重视度，对于需要维修的部分水库，掌握的情况也比较少，这些都是因为施工管理工作中缺乏良好的监督管理系统，导致水库建设的施工出现管理问题。

（三）体制不完善

水库建设工程是一项重要的庞大的工程建设，是需要融合多个部门的配合，所以需要建立一套完善的管理体制，需要加大各个部门之间的衔接力度和配合能力，一起实现水库建设工程的协调可持续发展；同时加强对水库建设过程中隐患问题的关注体制，以及出现问题进行及时维修的维修体制；建立完善的体制，保证水库建设的质量，同时对于隐患问题和抢修工作建立完善的体制。

二、优化水库建设的施工管理策略

（一）提升施工管理人员的质量

针对水库建设中存在的问题，提升水库建设的质量是相关人员的首要工作。要提升水库建设的质量，就需要提升施工管理人员的队伍建设质量，保证所有水库建设的管理人员、技术人员、施工人员的技术和质量，保证施工人员的能力能够与水库建设的工程相适应。所以这就需要在水库建设工程中，对施工管理人员和施工单位进行严格审核，同时在施工过程中加强监理单位的作用，对施工的机械设备、人力资源进行实际核实。要求每个工作人员必须严格按照施工标准工序进行实际工作，确保每一个工序、每一个部分工程的质量，从而确保水库建设工程的安全性。另外对于水库的日常管理工作也要加大重视，提升施工人员的质量，成立专门的技术人员对水库进行管理、维护、维修工作，确保在水库施工管理工作中出现问题能够及时发现、妥善解决，增强水库建设的施工管理工作水平。

（二）提升对建筑材料质量的控制

在水库施工建设中严格把关建筑材料的质量问题，水库建设工程的好坏，与建筑材料的质量密切相关。一旦使用材料不合格或者使用不合理，就会导致整个水库工程建设的不合格和后期使用存在隐患。所以这就要求在水库建设过程中，对于建筑材料的采购要进行周密的分析、计划，保证采购人员的专业素养。同时在建筑材料使用前再次进行详细检查，确保采购的建筑材料在质量、数量和规格等方面保持一致，确保建筑材料的质量合格，从源头上解决水库质量管理的问题，提升水库建立的效益功能。

（三）保证水库的稳固性

在水库建设过程中，要认真做好施工测量技术，确保测量结果的精确性，提升水库坝体的稳定性，提升水库的蓄水能力。严密地计算水库的蓄水量，对于水库的坝体建设也要根据相关的水利施工标准进行最精确的计算，结合各个部门对后期的情况进行保守预算，重视溢洪道的建设管理，确保在真正遇到洪水的时候，水库能够有效地发挥自身的作用。

（四）注重提升水库建设的多元化发展

在水库建设的施工管理工作中，有着多样化的特点，根据不同的水库建设环境和条件，水库施工管理工作的具体实施情况也都是不同的，具体的施工管理工作的侧重点都是不同的。所以水库施工管理单位也需要根据具体地区的具体情况进行管理工作，提升水库的综合作用，发展多元化经济。一些中小型水库的日常维护可以不仅仅依靠用水费用进行维护，还可以利用施工管理过程中特有的优势来实现经济效益，比如在小型水库周围建设工业供水项目，在一些有条件的水库中也可以进行水力发电，为居民提供电力。在水库施工管理中，可以充分发挥水库的优势，有效进行水产品养殖，发展农村的畜牧业等，充分发挥水库施工管理部门的作用，有效提升国家经济的发展。

水库建设的施工管理工作目前还有诸多的问题，这些问题都影响了水利工程建设的发展，所以要注重借鉴前期水库建立过程中的问题，提取、累积相关施工管理经验，同时对于国内外先进的水库建设案例进行研究、借鉴，整体提升我国的水库建设施工管理，更大地发挥水库的优势，推动经济建设。只有重视并且解决水库建设施工管理工作中存在的实际问题，真正发挥水库建设的作用，才能够有效地加快我国经济增长，解决人民的问题，提高人民的生活质量。

第五节　水库建设风险管理

工程风险管理在20世纪80年代中后期才被引入到我国，并逐渐应用于对我国经济和社会发展具有重要影响的一些大型项目的建设、运行过程中，取得了明显的社会、经济效益。但国内大部分企业仍缺乏对风险管理的认识，也没有建立专门的风险管理机构。随着我国建筑市场对外开放程度的逐步加大，投资主体逐渐呈现多元化、工程项目及管理呈现大型化和复杂化的趋势，因此工程风险管理就显得尤为重要，并且如何有效地防范和控制风险已成为工程项目能否顺利进行的决定性因素。

一、风险管理发展概述

（一）国外风险管理的发展

风险管理思想作为系统的科学方法应用于工程实践，产生于德国。第一次世界大战之后，严重的通货膨胀使得德国经济衰竭，并由此提出了包括风险管理在内的相关企业经营管理问题。在20世纪30年代末，由于受到1929—1933年的全球性经济危机的影响，美国国内约有40%左右的银行和企业濒临破产，经济发展倒退了约20年，为了应对企业经营上的危机，许多大中型企业都开始在内部设立保险管理部门，负责安排和实施企业的各种保险项目。

随着企业保险在美国国内的兴起，企业风险管理开始不断地专业化。到20世纪50年代，风险管理在美国逐渐发展成为一门学科，并产生“风险管理”一词。1970年以后风险管理运动逐渐在全球风行。

近几十年来，随着风险管理的进一步发展，建立全国性及地区性的风险管理协会在美国、英国、法国、德国、日本等国家先后兴起。1983年风险和保险管理协会年会在美国召开，世界各国风险管理方向的专家和学者云集纽约，并共同讨论和通过了“101条风险管理准则”，该风险管理准则的通过标志着世界风险管理的发展进入了一个新的发展阶段。

为了进一步推进风险管理的发展，欧洲11个国家成立了“欧洲风险研究会”，到1986年，该研究会将风险研究扩大到国际交流范围。同年10月，国际风险管理研究学术讨论会在新加坡召开，标志着世界风险管理已经由环大西洋地区向亚太地区发展。

到了20世纪90年代，随着国际上资产证券化的兴起，风险管理研究也被引入到证券领域中。

（二）国内风险管理的发展

在20世纪80年代中后期，工程风险管理理论才被介绍到我国，并逐步应用于大型工程项目的建设管理之中。

进入20世纪90年代，随着我国经济的快速发展，人们的风险意识逐渐提高，重视风险管理的社会氛围也逐渐形成。尤其是改革开放之后，大量外资的涌入促进了我国投资主体多元化格局的形成，这种多元化的投资主体既为我国带来了工程风险管理的理念，也带来了先进的风险管理技术和方法。与此同时，国内的企业也开始认识到工程风险管理的重要性，工程保险和工程担保制度也逐步开始在建设领域内推行。

2002年1月，原建设部发出了“整顿和规范建筑市场各方主体的行为”的号召，建筑市场的规范化和公平竞争环境的形成，为施工企业加强以风险管理为核心的建设工程管理提供了良好的环境。

目前，我国已在对经济和社会发展具有重要影响的许多大型项目，如京九铁路、 三峡工程、黄河小浪底工程中已开展了风险管理应用研究，并且取得了明显的效果。但国内绝大部分企业仍缺乏风险管理的概念，更没有成立比较专门的风险管理机构。因此，作为一门专业学科，风险管理研究在中国目前仍处于起步阶段。

二、水库管理风险分析

（一）风险识别

根据长期对水利工程项目风险管理的经验，大型工程建设项目风险涉及政治、经济、自然、技术及管理等多个方面，单纯采用一种方式识别风险因素并不合适，而必须根据工程特点采用多种风险因素识别方法，才能对建设、运行过程中可能产生的风险因素进行全面识别。

根据不同的分类方法，可以将水库工程的风险因素进行不同的分类，以便更好地进行风险分析及控制。根据工程建设及运行阶段，水库工程的风险可分为建设阶段风险和运行阶段风险；依据风险的来源，可以将水库工程的风险分为自然风险因素和人为风险因素，如图4-1所示。

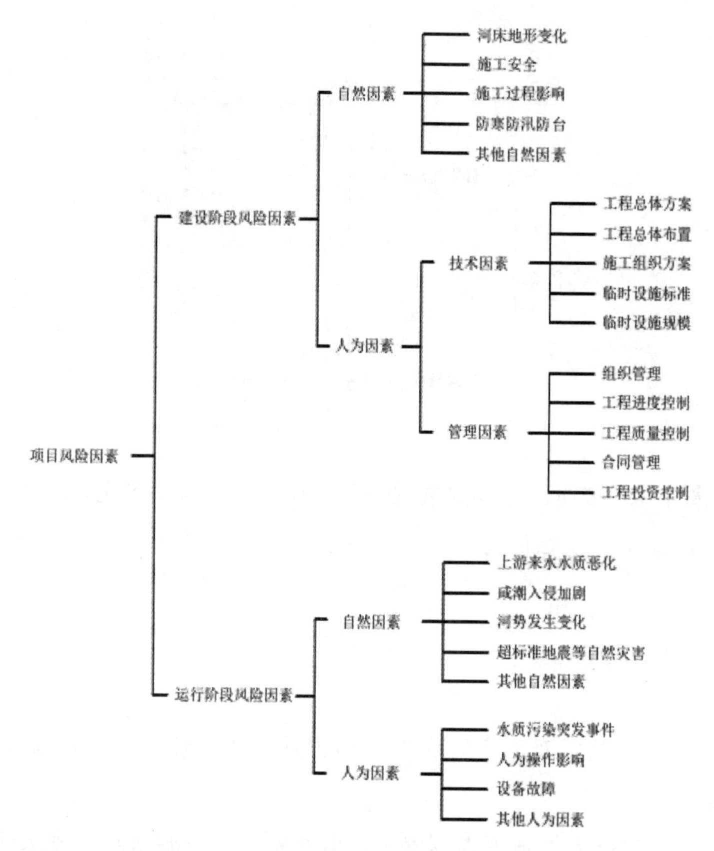

图4–1 按阶段和风险来源分类的风险因素分解示意图

根据风险的内外情况，可以将风险分为项目外部风险和项目内部风险，如图4–2所示。

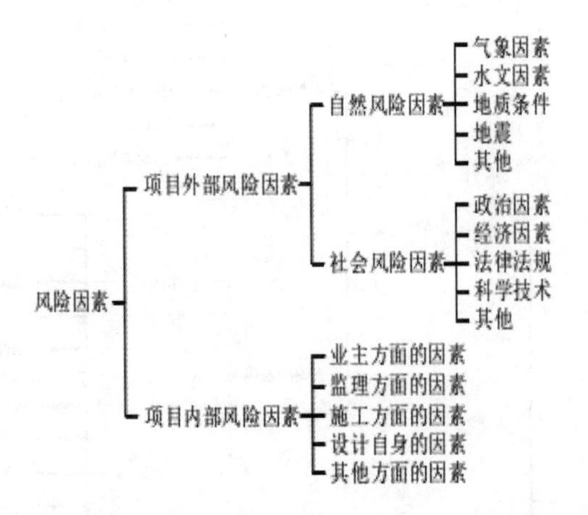

图4-2 按项目内外部情况分类的施工期风险因素分解示意图

（二）风险分析与评估

1.建设期风险分析

（1）自然风险因素。

①施工安全。

水库大堤以及保滩护底等大部分施工均是水下作业，所以施工过程非常复杂，风险较大。

A.工程规模巨大，施工内容繁多，取水泵闸、下游水闸、输水建筑物及老海塘加高加固项目等。建设工期紧、难度大，交叉作业多，技术要求高，因此施工过程存在管理与技术风险。

B.本工程库区面积巨大，围堤堤线长，堤基起伏变化大，水流影响大，流态复杂，施工过程中，堤头、滩地冲刷的风险大。

C.本工程石料用量大，供应集中，目前市场供应紧张，能否按设计要求供应，是保证工程成功实施的关键。

D.工程所需吹填砂料数量巨大，供应集中，保证按计划供应满足质量、数量要求的砂料，是保证工程顺利实施和控制工程投资的关键。

②河床滩面。

水库工程区域水动力条件极其复杂、敏感，工程区域滩面为粉砂土层，极易因水流作用而掀扬和运移，在施工过程中有可能由于工程各段施工进度的控制不到位，或者由于施工保护措施及保护部位的不到位，造成河床滩面局部冲刷和大堤附近滩面冲深形成冲沟，进而影响施工进度和工程投资的增加。

③防寒防汛防台。

虽然在工程设计中对施工过程设计了相关的防台、防汛等应对措施，但万一遇到超设计标准的极端情况，将不可避免地对已施工的围堤等建筑物造成破坏，进而大幅增加水库工程修复或局部重建的工程投资。因此，在设计防护措施的基础上，尚需考虑防寒防台以及度汛等措施，对水库工程防台度汛组织管理进一步加强，从而减少或者避免水库工程建设因寒流、台风、洪水等灾害而给工程施工带来的不利影响。

（2）人为风险因素。

①技术风险。

A.工程总体方案及工程总体布置。

对于水库工程总体方案以及总体布置，在工程设计的预可行性研究、工程可行性研究以及工程初步设计阶段设计方联合相关科研单位经过大量的计算分析，通过数学模型、物理模型等多种手段进行比选论证，并经过多次专家委员会的咨询、审查，可有效降低。

B.临时设施标准确定及临时设施规模。

临时设施标准及规模、度汛结构方案等其他技术因素，在设计单位综合考虑该水域水文地质等自然条件以及工程投资控制，并严格按照设计规范进行设计，通过资深专家组的咨询和审查后，一般不会发生重大事故，可有效降低。

②管理风险。

A.组织管理。

工程组织管理方面的风险伴随着整个建设过程，各个阶段、各个局部工程建设都存在着诸多的管理风险。对于规模巨大的工程，首先是项目管理组织系统的风险。一方面，由于本工程涉及专业众多，相应的管理人员必须具备或者了解相关专业知识，才能进行合理有效的管理；另一方面，建立的管理系统其管理模式必须适应本工程的性质及特点，否则的话就可能出现组织不当、管理混乱，从而导致复杂的事情没人管，简单容易的事情却重复管理，出了问题没人处理，设计单位、施工单位、监理单位不能有效地开展各项工作，所以项目组织管理风险也是本工程建设关键风险因素之一。

B.工程进度控制。

水库工程进度控制主要包括两个方面，一是工程设计进度控制，二是工程施工进度控制。设计阶段由于工程规模巨大，各项技术复杂，设计难度较大，需进行深入研究课题较多，且各课题研究存在诸多不确定性因素，进而导致工程设计进度也存在不确定性。

C.工程质量控制。

工程质量主要涉及工程设计方案、施工技术以及设备与选材等方面，其中设计方案要在河势的变化分析、工程区域地形等的基础上，保证大堤以及取水口等的安全稳定；施工技术主要是对工程各个部分，根据工程实际特点选用较为成熟、先进的施工技术，确保在施工过程中不会因为施工技术而影响工程质量，比如龙口合龙技术等；设备及选材主要是在设计阶段考虑工程的运行年限、工程的重要性等，对设备及材料进行比选；同时，在施工过程中要选择信誉较优的监理单位，对施工过程进行严格监督，避免因偷工减料、不严格按照设计方案施工而造成的工程质量低下。

2.运行阶段风险分析。

（1）水质污染突发事件。

水质污染突发事件是一种危害严重的突发性污染的环境风险事件，其产生的缘由主要包括：船舶燃油泄漏、化学品事故、沿岸工厂污染物泄漏事故、码头装卸泄漏事故、咸潮入侵以及生物污染等因素。

（2）人为操作影响。

若船舶人为在该区域抛锚，将可能对结构造成巨大破坏，直接影响到河床滩面的稳定，进而影响到大堤的安全。在设计中应考虑采用设置较为明显的警示标志，防止船舶抛锚等人为因素等对工程安全影响的应对措施，并加强巡视，发现问题及时采用补排等必要应对措施，使人为操作影响风险基本可以得到有效控制。

（3）设备故障。

在水库运行阶段，设备故障主要表现为上下游取、输水泵闸以及集中供水系统出现故障或者破坏，进而对水库取、输水以及供水安全等构成威胁。

三、水库工程风险的应对

（一）风险应对措施

1.建设期主要风险应对

（1）河床地形变化影响对策。

针对周边河床地形变化给水库工程建设带来的风险，建议在工程建设过程中进一步加强水文测验和地形测量，以便进行必要的工程调整以适应河床的变化。

（2）施工安全及对策措施。

①针对因工程建设工期紧、难度大、交叉作业多、技术要求高等因素而可能产生的管理与技术方面的风险，其对策措施为：合理分标，保证工程按计划进行；选择信誉好、经验足、技术水平高的、勇于创新的设计单位，确保提供优秀的设计；通过公开招标选择信誉好、经验足、力量强的承包商；要建立高效迅速的信息收集与反馈制度，实行动态管理，根据现场情况和条件的变化及时采取措施确保各项工作满足总体建设计划要求；要建立强有力的组织、指挥、协调、决策机构和保证体系。

②针对本工程主副龙口合龙风险的对策措施为：深入调查，吸取经验，抓住关键，开拓新思路，研究合龙新工艺。经龙口布置方案综合比选，推荐主副龙口方案。主副龙口方案要重点研究护底、块石备料、合龙堤身保护措施。

③针对本工程施工过程中堤头、滩地冲刷风险的对策措施为：采用数模、物模对整个施工过程进行全程、动态的跟踪模拟计算和试验，及时采取有效工程措施，确保工程安全。施工中对护底每条接缝要进行检查、探摸，保证护底施工质量；整个施工期间，要天天巡视，发现护底破坏或出现冲刷时及时补救、加固。

④针对工程大量石料需求的供应风险对策措施为：深入调查石料开采、供应情况，从石料开采、运输、供应等全过程落实，必要时选择合适的料场由建设方按工程施工要求扩大开采规模，作为工程的主供料场，确保石料供应。

⑤针对工程吹填砂料量大、供应集中风险对策措施为：严格按照料场勘测要求，查明砂料场的分布、质量、储量；进行料场开采规划，严禁乱采乱挖；选择合适的料场开采设备和工艺。

⑥针对工程水深、流急区域施工风险对策措施为：除常规采用专业施工船舶进行水下铺排、充泥管袋等施工外，深入研究深水筑堤新工艺、新方法，如采用经济、快速、高效的取砂区预充砂袋，开底驳运输、直接抛填技术、铺袋专用船等新技术。

⑦针对施工过程中防寒、防台以及度汛风险对策措施为：在采取积极的防寒、防台、度汛措施之外，严格按照设计要求，满足防寒、防台形象要求，并高度重视防寒、防台、度汛应急措施和预案。研究采用组合土工布袋，即对易受水流冲刷部位采用复合高强土工布袋，内部未露出部位采用常规布袋。

（3）防寒防汛防台。

①工程防寒潮、防风浪措施。

A.工程必须按控制性进度完成各项工作内容，尽快加快外棱体管袋吹填进度，同时内棱体及堤心闭气土也要及时跟上；

B.为防大风浪，可在外棱体临海侧潮位变动区的土工布上涂沥青作为临时防冲措施；

C.尽早进行镇脚及坡面结构施工；

D.外棱体管袋吹填完，固结后，应尽快覆盖土工布；

E.减少输泥管对冲填袋的磨损，近岸部分输泥管必须采用下沉式。

②工程度汛措施。

A.工程度汛措施主要考虑在施工进度安排上避免龙口度汛，即汛期不形成龙口，以大的纳潮口门形式进行度汛。并根据施工顺序所改变的水流情况，考虑堤头保护及超前护底保护。

B.在龙口合龙以后，需加强雨天施工措施，加强大堤堤身沉降观测；加强现场巡视，注意天气预报，及时掌握气象动态；准备足够的防汛材料，对防汛队伍进行演练，并处于警戒状态；成立防汛指挥部，防汛主要负责人在一线指挥，其他人员也随时待命。

2.运行阶段主要风险应对

（1）河势、滩势变化对策。

一是在水库建成后，根据周边河势、滩势变化情况以及变化趋势，进行保滩研究，并提出近期、中期以及远期保滩规划，不同时期根据周边河势、滩势变化特点并结合远期保滩目标制定出相应的保滩方案。二是呼吁相关水利部门、航道部门尽快实施稳定河势的相关控制工程措施，从整体上来把握长江口河势演变情况，为水库保滩工程创造一个相对稳定的大环境。

（2）水质污染突发事件。

①加大船舶航运的管理力度。

船检和发证部门应强制淘汰老旧船，加大执法力度，打击“三无”船舶的专项行动和对超载船舶的治理整顿应常抓不懈，对不符合签证条件的船舶不予以签证；加强船舶的预防事故和防污设备的管理、检查、维护和操作，所有船舶必须设有相应的防污设备和器材；规范船员职业证书制度，通过开展业务、岗位培训、法律法规宣传、教育与考核等方式，提高船员的综合业务能力，具备正确使用防污器材和控制污染事故的基本能力，降低船舶事故发生的概率。

②强化固定风险源的监督和管理。

开展对水库有潜在影响的市政污水排放口，大中小型化工、石油、机械、冶金等生产和使用有毒有害、易燃易爆化学品的企业的环境安全大检查，发现问题及时整改和严肃处理。促进和推动这些企业建立和完善相关风险管理应急处理机制，如成立指挥机构，建立技术、设备、物资和人员等的保障系统，落实重大事件的监测、预警和处理制度，以形成有效的应急救援机制。一旦发生突发性污染事件，可立即确定污染物质种类、排放浓度及排放总量等信息，并在较短的时间内立即对污染事故进行控制和治理，最大限度地保障水源地安全。

③建立水库水质自动监测系统。

在水库取水口附近水域进行自动、全面、系统的水质监测，并加强实时的动态监测与跟踪，以防范水污染突发性风险事件对水库水质产生不利影响，并在水污染突发性风险事件发生时能第一时间做出快速反应。

④在水库管理系统中安排专职值班人员，负责对水库进行24小时不间断警戒，并根据需要对值班人员配备有效的通信设备，使得一旦发生突发性船舶事件后，可以及时获得环保、水政、海事等主管部门的应急援助。

（二）风险监测

1.已识别的风险对工程的影响程度，需要通过风险监测做出最新的评价

随着水库工程的实施，各风险是不断发展变化的，各阶段对工程的影响程

度也不相同，相关对策措施也应做相应的调整。比如，随着施工期的结束，施工期的关键风险可能逐渐消除，而运行期风险逐渐变为项目的关键风险，或者之前较小的风险可能经过逐渐发展变化，进而成为关键风险。因此，应对工程风险进行持续的监测。

2.建设初期对水库工程风险的判断是否准确，需要通过风险监测做出及时的评价

在工程实施初期，风险管理者对水库工程相关风险信息了解得非常局限，很难做出全面准确的评价；而随着工程的逐步实施，工程建设环境和工程实施方面凸现的信息越来越多，对于各种潜在风险的认识也更加深入。因此，通过风险监视可以收集最新数据，更新或调整原来的风险应对计划，以便进一步采取更合理、更具体的应对措施。

3.对于已采取的风险应对措施，需通过风险监控对其合理性做出客观的评价

通过对工程风险的监测，若发现已经采取的应对措施是合理的，达到了其设计的风险控制效果，则应继续做好后续监测工作；若在工程建设运行过程中发现已采取的措施有误，则应尽早采取合理可行方案进行纠正，以降低可能带来的不利影响；若在工程建设运行过程中发现应对措施本身没有问题，但其效果不佳，此时，要寻找原因，但在拟出可行、有效的方案之前不宜过早地改变原决策，而应在充分论证的基础上做出适当的调整，以便争取收到理想的控制效果。如果出现了新的可供选择的应对策略，或者风险因素和风险事件发生变化，则要求进一步对风险状态进行评估，并制定新的风险应对策略。

4.是否存在残余风险及未识别的新风险，需要通过风险监控做出全面的评价

采取风险应对措施后，往往会有残余风险或出现新风险，对这些风险需要在监测阶段进行识别、评价，并考虑其应对措施。

第二部分

水利工程质量评定

随着中国水利工程建设市场的建立和完善，工程质量的监督和控制越来越具有重要的经济意义和深刻的社会意义。代表政府行为的强制性质量监督与建设监理、企业内部质量控制有机的结合组成了中国现行的质量管理体系，对促进中国水利工程质量水平的稳定和提高，起到了积极的作用。

水利工程项目的质量关系到人民群众的生命财产安全，事关国计民生，并与社会稳定、国家安全紧密相关。水利工程项目的质量主要包括工作质量和工程实体质量，加强对各责任主体的行为和工程项目实体进行监督管理，以便更好地实现工程项目的投资目标、质量目标以及工期目标。然而水利工程质量评定也是至关重要的，质量评定就是将质量检验结果与国家和行业技术标准、设计图纸以及合同约定的质量标准所进行的比较活动。对工程质量监督而言，主要是检查审核施工单位的自检，监理单位的抽查、复核及核查工程质量情况的过程。

如何做好水利工程的检测和水利水电工程的质量评定，本部分将分为两个章节来进行阐述。首先介绍水利工程施工质量检验要求的相关内容，以及水利水电工程在结构实体、外观质量、单元工程质量上的检测分别做出相关内容分析；然后，介绍水利工程的影响因素和特征有哪些，并针对水利水电工程施工的评价方法与验收评定，以及质量监督与工程验收分别进行了阐述。

第五章　水利工程质量检测

产品质量具有重要的经济意义和深刻的社会意义，它渗透到人类社会的各个领域，因此，受到普遍的重视和广泛的关注。产品的质量问题是一个国家经济、技术和管理基础的综合反映，在宏观上对国民经济的发展，在微观上对企业的生存都是至关重要的。

建筑工程也是一种产品，但它的质量的意义要比一般工业产品深刻得多，水利水电工程更是如此。水利水电工程地处江、河、湖、库水域，其水文、地质条件复杂，工程位置险要。无论是防洪除涝，还是蓄水发电，都关系到国计民生，关系到城乡人民生命财产的安全。水利工程不但专业性较强，质量要求也高。质量好，则富国强民，造福后代；质量劣，则伤天害理，祸国殃民。所以说“百年大计，质量第一”。质量是水利工程的生命，全水利行业、全社会都应为搞好水利工程质量贡献力量。

第一节　施工质量检验要求

中国水利工程在近些年来的发展速度正在逐渐加快，水利工程的发展对中国未来的发展有着重要的影响意义，只有将中国水利工程的施工水平进行提高，中国的水利工程才有进一步的发展可能。水利工程是中国较为重视的发展工程之一，它对中国合理利用水资源有着重要的影响，只有将中国水利工程质量提高，中国在对水资源合理利用的环节中才能有更突出的表现。水利工程的发展不仅对中国水资源调控与利用有着积极的作用，还对中国经济水平的进一步提高影响重大。

一、中国水利工程施工质量检测的发展概况

（一）中国水利工程施工质量检测的发展背景

中国水利工程的发展过程较长，水利工程在中国古代及近代都有着较为突出的表现。水利工程对中国的发展及民生问题的解决都有着重要的影响意义。中国古代的水利工程有很多代表工程，运河的开发就是古代中国为使内地与沿海地区相互联系与沟通而采取的措施，运河这一水利工程使得中国内地与沿海之间的交通更为便利，交通的便利又进一步使得国家经济贸易进行更好地交流，这对中国古代经济水平的发展起到重要的推动性作用。中国水利工程在古代就有着较为进步的发展，但是传统的水利工程中仍然存在着一些有待于进一步解决的问题，这些问题在中国发展过程中困扰着中国水利工程的进步。在中国水利工程中，施工质量检测是存在较多问题的一项环节，所以在发展中国水利工程的同时，对施工质量的检测工作进行较多的重视，努力使施工质量检测工作进行一定的完善，

使这项工作能够顺利进行，这对中国水利工程的进一步发展起到重要的作用。

（二）中国水利工程施工质量检测的发展现状

现阶段中国水利工程相关部门正在对中国施工质量检测工作进行必要的分析，找出存在于该项工作中的问题。在进行细致的分析后，发现目前中国水利工程中施工质量检测工作中主要存在的问题是，相关部门对质量检测不够重视、施工质量检测管理制度不够完善和施工质量检测人员的工作素质得不到相应要求。这三项问题的存在严重地制约了中国水利工程的进一步发展，所以想要中国水利工程在未来的发展中更具优势就要首先解决这三项主要问题。中国相关部门对水利工程的发展有着较为重视的态度，但是在具体的工作内容上却缺少重视，施工质量检测是在水利工程中占有重要地位的工作内容，现阶段对这项工作的重视力度仍需加强。施工质量检测工作需要有一定的制度来执行，只有根据制度中所规定的内容进行管理，才具有管理的意义，所以现阶段中国水利工程的施工质量检测管理制度需要进一步完善。检测人员是进行施工质量检测的重要执行人员，所以其工作素质以及工作能力对检测工作的高效准确执行有着重要的影响，现阶段中国相关检测人员的工作素质仍有欠缺，整体的工作能力有待进一步加强。

（三）对中国水利工程质量检测重点讨论的必要性

中国水利工程对中国发展的影响意义重大，水利工程在中国的发展历程中一直占有着重要的位置。水利工程的建设还为中国国民生活提供更多的便利，在提供便利的同时促进了中国的经济水平发展，使中国经济水平在现有的基础上进一步的提高，这对中国未来综合国力的提高也具有积极作用。水利工程中的重要环节就是施工质量检测，这项工作关系到水利工程能否在规定的时期内正常顺利完工，也保证了水利工程的最终质量。提高中国水利工程施工质量检测水平就是对中国水利工程的水平进行更好地带动，将中国水利工程的发展带到新的高度。

二、影响水利工程质量的主要因素

（一）施工人员因素

在开展水利工程检测的过程中，人员是影响工程建设质量的重要因素。很多施工单位在中标之后，需要依据相应的标准选择项目经理，项目经理根据实际建设的需要设立项目部，这样才能够保证在建设的过程中达到更好的效果，由此可见施工人员是影响工程建设质量的重要因素，因此在开展工作的过程中应当充分考虑到施工人员的因素，这样才能在工作中达到更好的效果。

（二）施工材料因素

在开展水利工程施工和建设的过程中，施工材料对于水利工程施工的质量有着直接影响。施工材料是构建水利工程的具体有形物，施工材料的质量直接影响到水利工程的施工质量，同时也制约着水利工程使用的整体寿命。在开展工程建设的过程中只有严格按照施工图纸和要求进行使用材料的采买，才能够在建设的过程中达到更好的效果。

（三）施工技术因素

目前，在开展水利工程施工的过程中施工技术会直接影响到工程建设的整体质量，中国的水利工程施工建设技术和发达国家相比有着较大差距。很多施工企业的领导者对于技术的开发和研究工程并不重视，相应的投入较少，因此在开展建设的过程中往往不能够达到很好的效果。

三、施工质量检验规定

（一）基本规定

水利水电工程种类繁多、内容丰富，其工程质量的优劣，不仅影响工程效益的发挥，而且直接影响人民生命财产安全、国家经济和社会的发展。水利水电工程涉及专业众多，只有施工质量检验与评定过程严格，才能达到标准规范的要求。

1.承担工程检测业务的检测单位应具有水行政主管部门颁发的资质证书。其设备和人员的配备应与所承担的任务相适应，有健全的管理制度。

2.工程施工质量检验中所使用的计量器具、试验仪器仪表及设备，应定期进行检定，并具备有效的检定证书。国家规定需强制检定的计量器具应经县级以上计量行政部门认定的计量检定机构或其授权设置的计量检定机构进行检定。

3.检测人员应熟悉检测业务，了解被检测对象的性质和所用仪器设备的性能，经考核合格后，持证上岗。参与中间产品及混凝土（砂浆）试件质量资料复核的人员应具有工程师以上工程系列技术职称，并从事过相关试验工作。

4.工程质量检验项目和数量应符合《水利水电工程施工质量评定表》的

规定。

5.工程质量检验数据应真实可靠，检验记录及签证应完整齐全。

6.工程项目中如遇《水利水电工程施工质量评定表》中尚未涉及项目的质量评定标准，其质量标准及评定表格，由项目法人组织监理、设计、施工单位按水利部有关规定进行编制和报批。

7.工程中永久性房屋、专用公路、专用铁路等项目的施工质量检验与评定可按相应行业标准执行。

8.项目法人、监理、设计、施工和工程质量监督等单位根据工程建设需要，可委托具有相应资质等级的水利水电工程质量检测单位进行工程质量检测。施工单位自检性质的委托检测项目及数量，按《水利水电工程施工质量评定表》及施工合同执行。对已建工程质量有重大分歧时，应由项目法人委托第三方具有相应资质等级的质量检测单位进行检测，检测数量视需要确定，检测费用由责任方承担。

9.对涉及工程结构安全的试块、试件及有关材料应实行见证取样。见证取样资料由施工单位制备，记录应真实齐全，参与见证取样人员应在相关文件上签字。

10.工程中出现检查不合格的项目时，应按以下规定进行处理：

（1）原材料中间产品，一次抽样检验不合格时应及时对同一取样批次另取两倍数量进行检验，如仍不合格则该批次原材料或中间产品应为不合格，不得使用。

（2）单元（工序）工程质量不合格时，应按合同要求进行处理或返工重做，并经重新检验且合格后方可进行后续工程施工。

（3）混凝土（砂浆）试件取样检验不合格时，应委托具有相应资质等级的质量检测单位对相应工程部位进行检验。如仍不合格，由项目法人组织有关单位进行研究，并提出处理意见。

（4）工程完工后的质量抽检不合格或其他检验不合格的工程，应按有关规定进行处理，合格后才能进行验收或后续工程施工。

11.堤防工程竣工验收前，项目法人应委托具有相应资质等级的质量检测单位进行抽样检测，工程质量抽检项目和数量由工程质量监督机构确定。

12.水利水电工程质量检验与评定工作是参建各方（其中主要是施工单位、监理单位和项目法人）的职责，工程质量监督机构承担监督职责。

13.根据工程项目划分的要求，分别对单元工程施工、分部工程施工、单位工程施工的工程质量评定按下列要求进行：

（1）单元工程施工质量评定，应在实体质量检验合格的基础上，由施工单位自行进行，并由终检人员签字后报监理单位复核，由监理签证认可。

（2）分部工程施工质量评定，由施工单位质量检验（简称质检）部门自评等级，质检负责人签字盖公章后，报监理单位复核，由总监理工程师审查签字盖公章，报质量监督机构核定。

（3）单位工程施工质量评定，由施工单位质检部门自评等级，质检负责人、项目经理审查签字、盖公章后，报监理单位复核，由总监理工程师签字、盖公章，报质量监督机构核定。

（4）监理单位在复核单位工程施工质量时，除应检查工程现场外，还应对施工原始记录、质量检验记录等资料进行查验，必要时可进行实体质量抽检。工程施工质量评定表中应明确记载监理单位对工程施工质量的评定及复核意见。单位工程施工质量检验资料核查要填写核查表并签字盖章。

（5）单位工程完工后，由项目建设单位组织监理、设计、施工、管理运行等单位组成外观质量评定组，进行外观质量等级复核。参加人员应具有工程师及其以上的技术职称，评定组人员不少于5人且为单数。

（6）重要隐蔽工程，应在施工单位自评、监理单位复核合格后，由监理单位组织项目管理、设计、施工等单位进行联合验收签证。

（二）加强水利工程质量检测管理的必要性和重要性

在水利工程建设中，质量检测工作占有重要位置，担负着重要职责，借助于测试手段对材料、构件及单元工程，按规范标准与要求进行检测，并做出合格与否的判断；通过对原材料、半成品、单元工程检验和竣工检验活动严把质量关，具有预防把关和鉴别的双重职能。水利工程质量检测是水利工程质量管理的基本要素，是提高水利工程质量水平必不可少的条件，是保证工程质量的重要手段，在质量形成中具有重要的地位。因此，在水利工程建设过程中，要加强对水利工程质量检测的管理。

（三）水利工程质量检测的内涵及主要内容

水利工程质量检测，是指水利工程质量检测单位依据国家有关法律、法规和标准，对水利工程实体以及用于水利工程的原材料、中间产品、金属结构和机电设备等进行的检查、测量、试验或者度量，并将结果与有关标准、要求进行比较，以确定工程质量是否合格所进行的活动。经过一系列的检测活动，对不符合质量要求的情况做出处理，对符合质量要求的情况做出安排。主要包括以下内容：对相关的原材料、半成品及工程实体进行质量检验，提供正确的检测数据，做出评价结论，并参与工程质量事件的分析处理；对工程所用结构、材料、工艺、设备进行检测，确定其是否满足了保证工程质量要求；通过科学检测，判断工程质量是否符合技术规范和设计要求，并提出改进意见。

（四）施工质量检验的基本要求

根据《水利水电工程施工质量检验与评定规程》（SL176—2007）施工质量检验的基本要求如下：

1.承担工程检测业务的检测机构应具有水行政主管部门颁发的资质证书。

2.工程施工质量检验中使用的计量器具、试验仪器仪表及设备应定期进行检定，并具备有效的检定证书。国家规定需强制检定的计量器具应经县级以上计量行政部门认定的计量检定机构或其授权设置的计量检定机构进行检定。

3.检测人员应熟悉检测业务，了解被检测对象性质和所用仪器设备性能，经考核合格后，持证上岗。参与中间产品及混凝土（砂浆）试件质量资料复核的人员应具有工程师以上工程系列技术职称，并从事过相关试验工作。

4.工程质量检验项目和数量应符合《单元工程评定标准》规定。工程质量检验方法，应符合《单元工程评定标准》和国家及行业现行技术标准的有关规定。

5.工程项目中如遇《单元工程评定标准》中尚未涉及的项目质量评定标准时，其质量标准及评定表格，由项目法人组织监理、设计及施工单位按水利部有关规定进行编制和报批。

6.工程中永久性房屋、专用公路、专用铁路等项目的施工质量检验与评定可按相应行业标准执行。

7.项目法人、监理、设计、施工和工程质量监督等单位根据工程建设需要，可委托具有相应资质等级的水利工程质量检测机构进行工程质量检测。施工单位自检性质的委托检测项目及数量，按《单元工程评定标准》及施工合同约定执行。对已建工程质量有重大分歧时，由项目法人委托第三方具有相应资质等级的质量检测机构进行检测，检测数量视需要确定，检测费用由责任方承担。

8.对涉及工程结构安全的试块、试件及有关材料，应实行见证取样。见证取样资料由施工单位制备，记录应真实齐全，参与见证取样人员应在相关文件上签字。

9.工程中出现检验不合格的项目时，按以下规定进行处理。

（1）原材料、中间产品一次抽样检验不合格时，应及时对同一取样批次另取两倍数量进行检验，如仍不合格，则该批次原材料或中间产品应当定为不合格，不得使用。

（2）单元（工序）工程质量不合格时，应按合同要求进行处理或返工重做，并经重新检验且合格后方可进行后续工程施工。

（3）混凝土（砂浆）试件抽样检验不合格时，应委托具有相应资质等级的质量检测机构对相应工程部位进行检验。如仍不合格，由项目法人组织有关单位进行研究，并提出处理意见。

（4）工程完工后的质量抽检不合格，或其他检验不合格的工程，应按有关规定进行处理，合格后才能进行验收或后续工程施工。

（五）新规程对施工过程中参建单位的质量检验职责的主要规定

1.施工单位应当依据工程设计要求、施工技术标准和合同约定，结合《单元工程评定标准》的规定确定检验项目及数量并进行自检，自检过程应当有书面记录，同时结合自检情况如实填写《水利水电工程施工质量评定表》。

2.监理单位应根据《单元工程评定标准》和抽样检测结果复核工程质量。其平行检测和跟踪检测的数量按《监理规范》或合同约定执行。

3.项目法人应对施工单位自检和监理单位抽检过程进行督促检查，对报工程质量监督机构核备、核定的工程质量等级进行认定。

4.工程质量监督机构应对项目法人、监理、勘测、设计、施工单位以及工程其他参建单位的质量行为和工程实物质量进行监督检查。检查结果应当按有关规定及时公布，并书面通知有关单位。

5.临时工程质量检验及评定标准，由项目法人组织监理、设计及施工等单位根据工程特点，参照《单元工程评定标准》和其他相关标准确定，并报相应的工程质量监督机构核备。

6.质量检验包括施工准备检查，原材料与中间产品质量检验，水工金属结构、启闭机及机电产品质量检查，单元（工序）工程质量检验，质量事故检查和质量缺陷备案，工程外观质量检验等。

7.质量缺陷备案表由监理单位组织填写，内容应真实、全面、完整。各工程参建单位代表应在质量缺陷备案表上签字，若有不同意见应明确记载。质量缺陷备案表应及时报工程质量监督机构备案。质量缺陷备案资料按竣工验收的标准制备。工程竣工验收时，项目法人应向竣工验收委员会汇报并提交历次质量缺陷备案资料。

第二节 水利工程结构实体检测

一、钢筋混凝土结构强度检测

（一）钢筋混凝土结构的检测方法

近年来，随着我国工程建设质量管理的加强，混凝土检测技术的作用日益明显，从而也促进了该项技术的迅猛发展。钢筋混凝土是一种多组分的混合材料，对于混凝土而言，传统的混凝土质量检测方法是以按规定取样制作的试件试验为基础的，但由于试件的制作条件、养护环境及受力状态与结构物中原位混凝土有明显差异，其试验结果难以反映原位混凝土的质量状态。因此，无损检测技术是获得结构物中原位混凝土真实质量的最佳途径。混凝土无损检测技术是指在不破坏混凝土结构构件条件下，在混凝土结构构件原位上对混凝土结构构件的混凝土强度和缺陷进行直接定量检测的技术。应当指出，从当前的无损检测技术水平与实际应用情况出发，为达到同一检测目的，可以选用多种具有不同检测原理的检测方法，例如结构构件混凝土强度的无损检测，可以利用回弹法、超声回弹综合法、超声脉冲法、拔出法、钻芯法、射钉法等。这样为无损检测工作者提供了多种可能并可依据条件与趋利避害原则加以选用。一般工程优先采用回弹法，对大型工程如采用回弹法检测仍达不到设计要求或对回弹法检测有怀疑时，应采用超声回弹综合法检测。对构件混凝土内部不密实区、空洞等缺陷的位置和范围的检测，可采用带有波形显示功能的超声波检测仪，测量超声脉冲波在混凝土中的传播速度、首波幅度和接收信号主频率等声学参数，并根据这些参数及其相对变化，判定混凝土中的缺陷情况。对板厚的检测，可采用雷达波法、冲击回波法、冲击共振法、超声脉冲回波法等检测方法，但每种方法都有一定的局限性。检测时，必须根据混凝土的结构、测试环境选择适当的测试方法、振源、传感器等，才能得到与实际情况相符的测试结果。对梁、板类构件钢筋的保护层厚度应分别进行评定，按合格点率来判定是否合格。过大的尺寸偏差可能影响结构的受力性能、使用功能，也可能影响设备在基础上的安装、使用。构件尺寸检测按楼层、结构缝或施工段划分检验批。

（二）常用的混凝土强度检测方法

常用的混凝土强度现场检测方法有回弹法、超声波法、超声回弹综合法、钻芯法、拔出法等。

1.回弹法

回弹法是以在混凝土结构或构件上测得的回弹值和碳化深度来评定混凝土结构或构件强度的一种方法，它不会对结构或构件的力学性质和承载能力产生不利影响，在工程上已得到广泛应用。

2.超声波法

超声波法检测混凝土常用的频率为20~250 kHz，它既可用于检测混凝土强度，也可用于检测混凝土缺陷。

3.超声回弹综合法

如将以上两种方法结合，互相取长补短，通过试验建立超声波波速—回弹值—混凝土强度之间的相关关系，用双参数来评定混凝土的强度，即为超声回弹综合法。该法是一种较为成熟、可靠的混凝土强度检测方法。

4.钻芯法

钻芯法是利用专用钻机和人造金刚石空心薄壁钻头，在结构混凝土上钻取芯样以检测混凝土强度和缺陷的一种检测方法。它可用于检测混凝土的强度，结构混凝土受冻、火灾损伤的深度，混凝土接缝及分层处的质量状况，混凝土裂缝的深度、离析、孔洞等缺陷。

5.拔出法

拔出法是将安装在混凝土体内的锚固件拔出，测定其极限抗拔力，然后根据预先建立的混凝土极限拔出力与其抗压强度之间的相关关系来测定混凝土强度的一种半破损（局部破损）检测方法。拔出法可分为预埋拔出法及后装拔出法两种，预埋拔出法是指预先将锚固件埋入混凝土内拔出法，后装拔出法是指在已硬化的混凝土上钻孔，然后在其上安装锚固件拔出法。前者主要适用于成批、连续生产的混凝土结构构件的强度检测，后者可用于新、旧混凝土各种构件的强度检测。拔出法一般不宜直接用于遭受冻害、化学腐蚀、火灾等损伤混凝土的检测。

（三）混凝土强度检测常使用的规范、标准及检测数量

1.回弹法检测混凝土强度

利用回弹仪（一种直射锤击式仪器）检测普通混凝土结构构件抗压强度的方法简称回弹法。它是应用最广的无损检测方法，混凝土试块的抗压强度与无损检测的参数（回弹值）之间建立起来的关系曲线称为测强曲线，它是无损检测推定混凝土强度的基础。

2.超声回弹综合法检测混凝土强度

综合法检测是利用两种或两种以上检测方法及指标推定混凝土强度的方法。超声回弹综合法是指用超声仪和回弹仪，在同一混凝土结构或构件的测区上，测得混凝土声速平均值和回弹测点平均值，并以此综合推定混凝土强度。

3.钻芯法检测混凝土强度

钻芯法是利用专用混凝土钻芯机，直接从所需检测的结构或构件上钻取混凝土芯样，按有关规范加工处理后，进行抗压试验，根据芯样的抗压强度推定结构混凝土立方体抗压强度的一种局部破损的检测方法，因直观、可靠、准确而广泛运用于现场混凝土质量检测中。

（四）钢筋保护层厚度检测

标准依据：《混凝土结构工程施工质量验收规范》《混凝土中钢筋检测技术规程》。

取样数量：1.由监理、施工单位等各方根据构件的重要性共同选定；2.梁、板构件应抽取构件数量的2%且不少于5个，悬挑梁、板构件则不宜少于同类构件数量的50%。

检测部位及方法如下：

1.选定的梁类构件应全部检测受力钢筋的保护层厚度（主要是跨中下部正弯矩、梁端上部负弯矩部位）。

2.选定的板类构件应抽取不少于6根纵向受力钢筋的保护层厚度。

3.检测方法可采用非破损或局部破损的方法，也可采用非破损方法结合局部破损校准方法。

二、砌体结构强度检测

砌体结构强度检测方法大致可分为三类。第一类为直接测定砌体强度的方法，包括切割法、原位轴压法和扁顶法。以切割法最为准确，但砂浆强度很低时，不易切割出完整无损的试件；原位轴压法与扁顶法均受周边砌体的影响，虽经修正，但准确度略差，扁顶法更受变形条件限制。第二类为测定砂浆强度的方法，此类方法根据其测定强度的不同分为两小类。其一为直接测定通缝抗剪强度的方法，包括原位单剪法、原位单砖双剪法和推出法；其二为间接测定砂浆抗压强度的方法，包括筒压法、砂浆片剪切法、回弹法、砂浆片点荷法、射钉法等。第三类为测定砖的抗压强度且评定其强度等级的方法，包括现场取样测定法、回弹法。两种方法均为现场取样，前者完全按砌墙砖试验方法进行试验，结果准确；后者检测则甚为麻烦，且结果准确性较前者差。

（一）砌体结构现场检测方法概述

在砌体工程现场原位检测技术研究应用之前，从墙体上切割下砌体试件，运到试验室进行试验，是唯一的检测砌体力学性能的方法。从20世纪60年代开始，我国的一些科研单位对轻型回弹仪以及在砌体中的应用技术进行了试验研究。随着建设规模的不断扩大，新型墙体材料不断涌现，为规范建筑市场的需要，1990年1月颁布实施了《砌体基本力学性能试验方法》。从20世纪80年代末到90年代初，我国砌体工程强度现场检测技术研究开发也特别活跃。在这一时期主要的现场原位检测技术研究成果有：冲击法、扁顶法、轴压法、单砖双剪法、取芯法、顶推法、推出法、砂浆片剪切法、砌体通缝单剪法、筒压法、点荷法、拉拔法、应力波法、射钉法等十多种方法。其中，回弹法、轴压法、冲击法、推出法、筒压法编制出了地方规程。2000年7月颁布的《砌体力学性能现场检测技术标准》纳入了10种检测方法。近几年，又颁布了贯入法测定砂浆强度、回弹法测定烧结砖强度的检测方法。这些方法能测试砌体的抗压强度，抗剪强度，砌体的工作应力，弹性模量，砌筑砂浆强度，砌筑砖强度。检测的指标应用于砌体工程施工质量的检测、鉴定，房屋的加层、改造以及古建筑砌体工作应力、强度和弹性模量的测定。

（二）切割法

切割法是在墙体上切割出外形尺寸与标准砌体抗压试件尺寸相当的砌体，通过压力试验机进行抗压强度试验，并将试验抗压强度换算为标准砌体抗压强度的方法。

适用范围：本方法适用于测试块体材料为砖或中小型砌块的砌体抗压强度；同时其砂浆强度大于1MPa的砌体检测，当砂浆强度低于1MPa时，不易取出完整的试件或切割扰动对砌体强度的影响较大。

（三）原位轴压法

原位轴压法是在墙体上开凿两条水平槽孔，安放原位压力机，测试槽间砌体的抗压强度，并将抗压强度换算为标准砌体抗压强度的方法。

适用范围：本方法适用于测试240 mm厚普通砖墙体的砌体抗压。

（四）扁顶法

扁顶液压顶法（简称扁顶法）是在砖墙的水平灰缝安放扁式液压千斤顶（简称扁顶），测得墙受压工作应力、砌体弹性模量和砌体抗压强度的方法。

适用范围：本方法适用于测试240 mm或370 mm厚砖墙的受压工作应力、砌体弹性模量相砌体抗压强度。

（五）回弹法

回弹法是使用砂浆回弹仪检测砂浆表面硬度，根据回弹值和碳化深度评定砌筑砂浆抗压强度的方法。

适用范围：本方法适用于评定烧结普通砖砌体中砌筑砂浆的抗压强度，不适用于高温、上期浸水、冰冻、化学侵蚀、火灾等情况下的砂浆抗压强度。

三、预制构件检测

预制构件是指预制混凝土构件。常用的预制构件主要有薄腹梁、桁架、梁、柱、预应力空心板和墙板等。

预制构件作为产品，进入装配式结构的施工现场时，应按检验批检查其合格证，以保证其外观质量、尺寸偏差和结构性能符合要求。

一般情况下，预制构件厂生产的中小型预制构件应按规定划分检验批，并按规定抽样数量进行结构性能试验，以检验其承载力、挠度和裂缝控制性能（抗裂或裂缝宽度）。

对于设计成熟、生产数量较少的大型构件，可以不做破坏性承载力检验，甚至可以不做结构性能检验，可仅做挠度、抗裂或裂缝宽度检验，但应采取加强材料和制作质量检验的措施代替结构性能检验，以保证预制构件的质量。

标准依据：《混凝土结构工程施工质量验收规范》《混凝土结构设计规范》《混凝土结构试验方法标准》。

检测数量：对于成批生产的构件，按同一工艺正常生产的不超过1000件且不超过3个月的同类型产品为一批。当连续检验10批且每批的结构性能均符合《混凝土结构工程施工质量验收规范》规定的要求时，对同一工艺正常生产的构件，可改力不超过2000件且不超过3个月同类型产品为一批，在每批中应随机抽取一个构件作为试件进行检验。

检测规则：预制构件应按标准图或设计要求的试验参数及检验指标进行结构性能检验并遵守以下规则：

第一，钢筋混凝土构件和允许出现裂缝的预应力混凝土构件进行承载力、挠度和裂缝宽度检验；

第二，要求不允许出现裂缝的预应力混凝土构件进行承载力、挠度和裂缝宽度检验；

第三，预应力混凝土构件中的非预应力杆件按钢筋混凝土构件的要求进行检验。检测内容及检测指标：

现有规范规定，评定混凝土预制构件质量时应检测三个内容共19项指标。

但规范对19项指标没有做出主次之分，因而给产品质量等级的评定和划分带来了一定的困难。我们认为19项检测指标应相对划分为主要指标和一般指标。

1.混凝土强度指标。这是评定构件的混凝土设计标号的依据，也是决定构件结构性能指标的主要因素之一，因而属于主要指标。

2.外观质量和几何尺寸指标。构件的外观质量有蜂窝、麻面、露筋、裂缝、缺角、掉边、钢丝滑移等7项指标，其中蜂窝、裂缝及钢丝滑移应属于主要指标。

几何尺寸指标中的侧面高度、侧向弯曲和保护层厚度应属于主要指标，因为它们直接影响构件的力学性能，也直接影响构件和建筑物的使用寿命。

3.结构性能指标共4项。对于钢筋混凝土构件有强度、刚度和裂缝宽度；对于预应力混凝土构件一般有强度、刚度和抗裂度，均应属于主要指标。

（一）水利工程混凝土结构施工材料检测的基本要求

预制构件是水利工程混凝土结构施工重要的物质基础，对预制构件质量的把关，直接关系到混凝土结构的安全性、适用性和耐久性，而这些性能指标，正好是预制构件检测时需要满足的基本要求。

1.安全性要求。出于对水利工程本身特殊地理环境的考虑，工程混凝土结构所应用的预制构件，安全性标准要求更高，而预制构件的安全性特征，表现为预制构件必须达到规定的强度标准，并具备抗压、抗剪、抗变形、耐腐蚀等能力，譬如堤坝工程基础的混凝土结构，需要承受堤坝的承载力施工要求，因此预制构件强度必须达到一定的安全性水平。

2.适用性要求。应用于水利工程混凝土结构的预制构件，结合工程混凝土结构的使用性能，在防水、防腐蚀、抗压、抗剪等方面均有一定的性能要求，因此预制构件的检测，应该通过判断构件是否适用于指定的混凝土结构施工工序，以便充分发挥构件本身的性能，并同步实现混凝土结构的预期功能。

3.耐久性要求。水利工程混凝土结构长期暴露在大气环境当中，而且需要适应长期的防洪和抗震要求，因此选用构件时，必须通过检测，了解材料的耐久性能力，以便满足混凝土结构应对各种环境灾害的需求，譬如混凝土腐蚀问题。

（二）水利工程混凝土结构预制构件检测的建议措施

为满足水利工程混凝土结构预制构件在安全性、适用性、耐久性等方面的检测要求，在检测混凝土结构施工材料时，应该秉着科学合理的材料检测标准，并采用合适的检测手段，以此保证所采用构件的质量。

1.检测标准

水利工程混凝土结构施工所采用的构件，在进场之后，要根据规范要求，检查材料的质量证明文件、合格证书、技术说明文件等，以及通过试验，检验构件的性能是否符合规范要求，譬如抽样检查，检查构件质量等级是否与合同附属说明一致，尤其是使用新材料的构件，需要严格按照材料使用计划，严格甄选材料的数量，以及采用因地制宜的检测手段，围绕混凝土结构本身的质量规范标准，杜绝使用质量不过关的材料。除此之外，混凝土预制构件的检测，还要重点针对具有等级要求的构件，以满足最低的质量等级标准。

2.检测技术

根据水利工程混凝土结构强度测试时的测试物理性、试验速度要求、构件损伤程度等，对施工构件的检测，通常可分为半破损法和无破损法两种。

（1）半破损法检测。半破损法检测要求不构成对混凝土结构构件承载力的任何影响，直接通过局部结构的破坏性试验，掌握构件试验值与结构强度之间的关系，并通过强度测试值换算等手段，推断出构件强度的标准值，常见的试验方法包括钻芯法、拔出法、射击法三种。在此将以钻芯法作为例子展开研讨，钻芯法需要借助取芯机、切割机等设备，在待试验的混凝土预制构件上，钻取出混凝土的圆柱形芯样，然后通过抗压强度试验，掌握混凝土结构所使用构件的质量状态，譬如受冻状态、裂缝深度、接缝、离析和孔洞等。钻芯取样要减少对混凝土结构的影响，即在取样后，保证混凝土预制构件仍然具备足够的安全度，而为了避免芯样被破坏，取芯位置的混凝土强度，至少为10Mpa。钻芯时可视情况应用压重固定钻机、顶杆支撑钻机、胀锚螺栓固定钻等，借助钢筋位置探测器，定位好混凝土结构的钢筋位置，以免取芯时破坏预制构件中的主筋，另外保持钻头与结构构件的表面垂直度，以及控制好底盘螺丝平衡度、钻头旋转方向、冷却水顺畅、水温合适、水量适中等。

（2）无破损法检测。无破损法检测，借助不会对混凝土结构产生任何影响的测试手段，掌握混凝土结构的全部物理量，并根据物理量，推断出混凝土结构构件的强度测试值，常见的方法有回弹法、超声脉冲法、超声回弹法、射线法几种。在此以超声波检测方法为例进行探讨，超声波检测方法原理是借助超声波的声速、衰减系数等传播参数，综合超声波发射、接收、信号转换处理等检测技术，建立起与混凝土构件联系。超声波在混凝土构件中传播，产生的高频机械振动，会让结构内部的各个微区出现纵波和横波应力，即拉压和剪切应变，这样就能够准确描述出混凝土构件内部材料强度的理想参数。关于超声波检测法的现场应用，一方面要求掌握混凝土构件的材料施工情况，尽可能将测点设置于存在质量缺陷和内应力较大的位置，尽量选择于接近模板面的位置，另一方面是在待测位置均匀画出网格，将每个测点对网格交点，但要同步修正检测的误差，才能够准确检测出混凝土构件材料的强度等级、钢筋数量等。

第三节　水利水电工程外观质量检测

一、工程质量检测基本规定

工程质量检测包括实体质量检测和外观质量检测。

外观质量检测是依据国家法律、法规、标准，对工程外部尺寸、表面平整度、轮廓线、立面垂直度、大角方正等进行的量测。

大型水利工程、省重点工程、省管工程以及大中型水库除险加固工程，项目法人应委托具有水利工程检测甲级资质的检测单位进行检测；其他水利工程项目，项目法人应委托具有水利工程检测乙级以上资质的检测单位进行检测。

检测单位的检测范围不得超越资质认定计量认证通过的参数。检测单位在检测完成后应严格按照《水利工程质量检测管理规定》（水利部令第36号）和合同及有关标准及时、准确地向委托方提交质量检测报告，并对质量检测报告负责。任何单位和个人不得明示或者暗示检测单位出具虚假质量检测报告，不得篡改或者伪造质量检测报告。

单位工程完工后，项目法人应及时委托具有相应资质等级的检测单位到工程现场，根据有关规范规程、批准的工程设计文件、工程项目划分和工程外观质量评定标准，编制工程质量检测方案。质量检测方案应包括工程概况、检测依据、检测方法、检测内容、检测仪器设备、检测部位、检测数量等，检测数量和部位应有代表性与可追溯性。项目法人应将工程质量、检测方案报质量监督机构批准后执行。

单位工程未完成，涉及工程蓄水、过水验收时，个别工程部位将被淹没，项目法人应提前组织有关人员按规定进行淹没范围的工程外观质量检测工作，并拍摄有关影像资料，作为单位工程外观质量评定的依据。项目法人应在外观质量评定前5个工作日，将检测报告报质量监督机构备案。

外观质量抽检，应成立由1名评定组成员负责、参建单位工程技术人员参加的现场检测小组，现场对检测报告中的检测项目进行复测。质量监督人员列席外观质量评定时，应重点监督现场检测工作。

抽测数量应在全面检查的基础上不少于25%，且所抽测的各检测项目抽测总数不少于10个点；现场检测小组应做好现场检测记录工作，并标明抽检的部位、高程或桩号；现场检测小组参加人员均应在现场检测记录表上签字。

二、水利水电工程外观质量检验评定标准

（一）水利水电枢纽工程建筑物外观质量检测标准

1.检测的组织

单位工程完工后在投入使用之前（主要是指在竣工验收前要投入使用的导流输水洞及其附属建筑物工程，不及时检测在投入使用后将影响今后进行外观检测的单位工程），由工程所在地的地州市监督站通知省中心站，由省质监中心站1人、工程所在地的地州市监督站1人、设计单位1人、监理1～2人、项目法人单位1～2人、施工单位1～2人组成水利水电枢纽工程建筑物外观质量检测评定小组。对各项目的具体检测部位，依照施工图纸确定。省中心站因故不能及时前去参加检测的工程，委托地州监督站按程序要求检测并获得检测数据。

2.标准的组成

水利枢纽工程外观质量检测评定标准由水工建筑物外观和房屋建筑安装工程观感质量评定标准共同组成。缺项部分参照国家标准房屋建筑安装工程单位工

程观感质量评定标准执行。对首次外观检测达不到标准的工程，由设计单位提出处理意见，项目法人（监理）监督施工单位进行处理，经处理后按合格确定外观质量等级。

堤防工程检测项目及检测评定标准按水利部《堤防工程施工质量评定与验收规程》（试行 SL239–1999）执行。

3.工程水工建筑物外观质量评定标准如下

（1）外部尺寸：①闸墩平面尺寸，允许偏差 ± 5 cm，检测截面尺寸。②坝顶宽度尺寸，允许偏差 ± 5 cm，从大坝与岸坡明显交界点开始等间距划分检测，总检测点数不少于2点。③过流断面宽度，允许偏差 ± 5 cm。

（2）轮廓线：坝顶、溢洪道、干渠首部枢纽，允许偏差内、凹凸不超过3处，最大值 ± 1 cm。

（3）表面平整度：①上、下游坝面：混凝土（或预制块），± 1.5 cm/2 m（上游），± 1 cm/2 m（下游）；料石，± 2 cm/2 m；干砌石，± 5 cm/2 m；②坝顶：刚性材料，± 1 cm/2 m；柔性材料，± 3 cm/2 m；③流道：高速水流区（或溢流面），± 0.5 cm/2 m；低速水流区，± 1 cm/2 m。

（4）立面垂直度：闸坝，允许偏差4/1000设计高（垂线、钢卷尺、坝体、流道边墙）。

（5）大角方正：允许偏差 ± 6 mm。

（6）曲面与平面连接平顺、扭面与平面连接平顺：现场检查，一级：圆滑过渡，曲线流畅；二级：平顺联结，曲线基本流畅；三级：联结不够平顺，有明显折线；四级：联结不平顺，折线突出。

（7）马道与排水沟：①宽度：允许偏差 ± 3 cm；②排水：无倒坡、排水通畅，直段平直，弯段联结平顺。

（8）梯步：长允许偏差 ± 3 cm；宽允许偏差 ± 2 cm；高允许偏差 ± 2 cm。

（9）栏杆：①平面顺直：允许偏差在15m之内只可有1cm；②截面尺寸：允许偏差 ± 0.5 cm，③垂直度：允许偏差 ± 0.5 cm。

（10）扶梯：允许偏差长 ± 3 cm，宽、高 ± 2 cm。

（11）闸坝灯饰：①灯柱间距：允许偏差 ± 10 cm；②垂直度：± 0.5 cm/2 m。

（12）混凝土表面缺陷：一级：表面无蜂窝、麻面、挂帘、裙边、局部凹凸及表裂缝等；二级：缺陷总面积≤3%；三级：缺陷总面积3%~5%；四级：缺陷总面积超过总面积5%。

（13）表面钢筋割除：一级：全部割除，无明显凸出部分；二级：全部割除、少部分明显凸出表面；三级：割除面积达到95%，且未割除部分不影响建筑功能与安全；四级：割除面积＜95%。

（14）砌体勾缝：①宽度、平整度：宽度均匀，允许偏差±1 cm，平整度15 m内凹凸不超过±2 cm；②砌体竖、横缝平直：横缝15m内凹凸不超过±1.5 cm。

（15）浆砌卵石露头情况：一级：露头均匀排列整齐，灰浆饱满光滑、大面平整；二级：露头基本均匀，排列整齐灰浆饱满，密实大面平整；三级：露头基本均匀，排列基本整齐、灰浆饱满密实；四级：未达到三级标准者。

（16）变形缝：一级：缝宽均匀、平顺、止水材料完整、填充材料饱满、外形美观；二级：缝宽基本均匀、填充材料饱满、止水材料完整；三级：止水材料完整、填充材料基本饱满；四级：未达到三级标准者。

（17）启闭平台梁、柱、排架：①梁、柱、排架截面尺寸：允许偏差±0.5 cm；②垂直度：使用2 m靠尺检测时，允许偏差1/2000柱高，且不超过20 mm；③平整度：允许偏差±0.8 cm；④混凝土表面：无明显缺陷。

（18）建筑物表面：一级：建筑物表面无附着物，已全部清除，表面清洁；二级：建筑物表面无垃圾，附着物已清除，但局部清除不彻底；三级：表面附着物已清除80%，无垃圾；四级：达不到三级标准者。

（19）升压变电工程围栏，现场检查。

（20）水工金属结构外表：一级：焊缝均匀、两侧飞渣清除干净、临时支撑割除干净且打磨平整、油漆均匀、色泽一致、无脱皮起皱现象；二级：焊缝均匀，表面清除干净，油漆基本均匀；三级：表面清除基本干净、油漆防腐完整、颜色基本一致；四级：未达到三级标准者。

（21）电站盘柜、设备：一级：排列整齐色泽一致，表面清洁；二级：排列整齐，色泽基本一致、表面基本整洁；三级：排列基本整齐，色泽基本一致、表面基本清洁；四级：未达到三级标准者。

（22）电缆线路铺设：一级：电缆沟整齐平顺，排水良好，覆盖平整。桥架排列整齐，油漆色泽一致，完好无损，安装位置符合设计要求，电缆摆放平顺；二级：电缆沟平顺，排水良好，覆盖完整，电缆桥架排列整齐，油漆色泽协调，电缆摆放平顺；三级：电缆沟基本平顺，电缆线桥架排列基本整齐；四级：未达到三级以上标准者。

（23）电站油、气、水、管路：一级：安装整齐平直，固定良好、无渗透现象、色泽准确均匀；二级：安装基本平直牢固，无渗漏，色泽准确，基本均匀；三级：安装基本平顺，牢固、色泽准确。

（24）厂（库）区道路及排水沟：一级：表面平整，宽度均匀、连接平顺，坡度符合设计要求；二级：表面无明显凹凸，线形平顺；三级：线形连接基本平顺，路面无破损；四级：未达到三级标准者。

（25）厂（库）区绿化：一级：草皮铺设（种植）均匀，全部成活，无空白；二级：草皮铺设（种植）均匀，成活面积90%以上，无空白；三级：草皮铺设（种植）基本均匀，成活面积70%以上，有少量空白；四级：达不到三级标准者。

（二）外观质量评定

1.外观分部的检查（测）项目的质量标准

（1）外观分部的检测项目使用仪器设备测量并有测点记录的：

测点合格率≥85%，属一级者为优良，评定为优良；

测点合格率＜85%，但≥70%，属二级者为合格，评定为合格；

测点合格率＜70%，属三级者为不合格，评定为不合格。

（测点合格率=测点合格点数/总测点数）

（2）外观分部的检测项目用观察（目测、触摸）方法检测的：

属一级者为优良；属二级者为合格；属三级者为不合格。

2.外观分部评定质量标准

所检查（测）的项目全部合格，该专项评定合格；其中优良检查（测）的项目的优良率为70%以上，该专项评定优良。

3.外观单位评定质量标准

外观分部全部合格，该外观单位评定合格；其中优良外观分部的优良率为70%以上，该外观单位评定优良。

（三）外观质量评定表填表基本规定

1.外观质量评定表及其备查资料的制备由工程施工单位负责。其规格宜用A4（210 mm×297 mm），外观分部评定表一式三份，施工、监理、建设单位各一份，外观单位评定表上一式四份，施工、监理单位各一份，建设单位两份（其中一份报质量监督站，一份核备）。

2.外观质量评定表的内容及数据填写可用电脑机打，但签名必须使用蓝色或黑色墨水钢笔填写，不得使用圆珠笔、铅笔填写；盖章必须是鲜章。

3.外观分部对应的单元工程或分部工程完工后，应及时评定其质量等级，并遵守随机取样原则现场检测结果，记录检测资料，及时做好外观分部评定工作，如实填写外观分部评定表。

4.合格率、优良率用百分数表示，小数点后保留一位。如果恰为整数，则小数点后以0表示。例如：86.0%。

5.检查（测）记录或备查资料名称。文字记录应真实、准确、简练。数字记录应准确、可靠。记录及资料必须有相关人员的签名（手签）日期。

6.外观分部评定表中列出的某些项目，如实际工程无该项内容的施工，则该项不参加验收评定，应在相应检验栏内用斜线“/”表示。

7.表头填写。

（1）外观单位、外观分部名称，按施工工程外观质量验收评定项目划分确定的名称填写。

（2）施工（评定）日期：年—填写4位数，月—填写实际月份（1月～12月），日—填写实际日期（1日～31日）。

8.表尾填写。

（1）表尾所有签字人员，必须由本人按照身份证上的姓名签字，不得使用化名，也不得由其他人代为签名。签名时应手签写填表日期。

（2）施工、监理单位的鲜章可使用单位在现场任命的项目部的印章。

三、水利水电工程外观质量评定

（一）外观质量评定的组织

1.外观质量评定由项目法人组织，外观质量评定组由项目法人、监理、设计、施工及工程运行管理等单位持有外观质量评定证书的人员和从省外观质量评定专家库中抽取的专家共同组成。从省外观质量评定专家库中抽取的专家不少于3人；若某参建单位中无符合条件的人员，则该单位不作为外观质量评定组成员；评定组总人数一般不应少于5人，大型工程不宜少于7人（如该单位工程由2个或以上施工单位完成，则施工单位各派1人参加；若该单位工程由分包单位施工，则总包单位、分包单位各派1人参加）。

2.外观质量评定，项目法人应提前5个工作日通知质量监督机构，质量监督机构应派人员列席外观质量评定会议。

3.质量监督机构派员列席外观质量评定会议时，应按省、流域机构规定及有关要求，对外观质量评定组参建各方人员资格、是否从省外观质量评定专家库中抽取专家以及评定的程序、内容等进行监督，同时抽查工程质量检测资料。

4.外观质量评定程序如下：

（1）项目法人按要求组建外观质量评定组，宣读评定组成员名单；评定组推举1名成员为组长，负责安排（领导）评定工作。

（2）项目法人向外观质量评定组介绍单位工程建设有关情况。

（3）外观质量评定组成员熟悉外观质量评定标准及有关设计图纸、文件。

（4）外观质量评定组现场检查和检测，对检查项目进行现场打分，对抽检数据做好记录。

（5）统计外观质量评定得分。

（6）讨论并通过外观质量评定结论。

（二）检查项目评定

1.评定组成员按照外观质量评定标准对检查项目进行全面检查，枢纽工程、堤防工程、引水（渠道）工程按等级填写检查项目外观质量现场评定表，不得离开现场后凭印象评定，评定组成员在各自的检查项目外观质量现场评定表上签名后，交给组长进行汇总。

2.各检查项目外观质量等级的评定得分计算如下：

（1）根据外观质量评定组成员评定的检查项目质量等级，计算评定组成员各检查项目评定得分（评定组成员各检查项目评定得分=各项标准分×评定组成员评定等级）；

（2）将评定组成员各检查项目评定得分进行统计汇总，并计算各检查项目平均分；

（3）计算各检查项目评定的得分率（各检查项目得分率=各项平均分÷各项标准分）；

（4）根据各检查项目评定的得分率确定各检查项目的评定级别；

（5）评定组成员在统计汇总表上签名；

（6）按照各检查项目的评定级别将对应的得分填写在外观质量评定表中。

（三）检测项目评定

1.各检测项目外观质量评定等级分为四级，各级标准得分见表5–1。

表5–1 检测项目外观质量评定等级与标准得分

评定等级	检测项目测点合格率（%）	各项评定得分
一级	100	该项标准分
二级	90.0~99.9	该项标准分×90%
三级	70.0~89.9	该项标准分×70%
四级	<70.0	0

2.检测项目合格率的确定，采取检测报告结论与现场抽检的检测结果相比较，且遵循“就低不就高”的原则。

（1）当所抽检的检测项目的合格率大于或等于检测报告中该项目合格率时，采用检测单位出具的检测报告中的合格率。

（2）当所抽检的检测项目的合格率小于检测报告中该检测项目合格率时，采用现场抽检项目的合格率。

3.按照“检测项目外观质量等级与标准得分”确定检测项目等级，将对应的得分填写在外观质量评定表中。

（四）统计外观质量评定得分

1.外观质量评定组对已填好的外观质量评定表进行统计，计算出“实得分”“应得分”。

2.计算外观质量得分率。外观质量得分率=（实得分÷应得分）×100%，外观质量得分率小数点后保留一位。

3.当一个单位工程中包含枢纽、堤防、引水（渠道）、其他等多种类型的分部工程时，且各类型工程的外观质量得分率均不低于70%，取各工程类型的外观质量得分率的权重值作为该单位工程的外观质量得分率。

外观质量得分率=$(a \times m/i + b \times n/i + c \times l/i + d \times k/i) \times 100\%$

$i = m + n + l + k$

式中：a为枢纽工程外观质量得分率；b为堤防工程外观质量得分率；c为引水（渠道）工程外观质量得分率；d为房屋建筑外观质量得分率；m为枢纽工程分部工程个数；n为堤防工程分部工程个数；l为引水（渠道）工程分部工程个数；k为房屋建筑分部工程个数；i为单位工程分部工程总数。

4.当单位工程只作为评价项目时，其所属分部工程的外观质量得分率均应达到70%及其以上才能够进行评价验收。

5.外观质量评定组成员签名。外观质量得分率计算完成后，外观质量评定组成员对评定情况进行审核，确认无误后在评定表内签名。

（五）外观质量评定工作报告与结论

1.外观质量评定工作组应根据评定情况形成外观质量评定工作报告，作为外观质量评定成果。

2.外观质量评定工作报告应包括以下内容：单位工程建设内容，外观质量评定程序（评定组人员组成），检查项目外观质量现场评定表，检测项目现场检测记录表，外观质量现场评定汇总表，外观质量评定表，外观质量评定结果。

3.单位工程外观质量评定结束后，项目法人应在单位工程评定验收前将外观质量评定工作报告报质量监督机构。质量监督机构应对外观质量评定工作报告进行审查，并核定外观质量评定结论。

4.质量监督机构在核定外观质量评定结论时，应重点核查以下内容：项目法人是否按规定程序开展外观质量评定工作，外观质量评定组的组建是否满足要求，是否按批准的检测方案进行了检测，外观质量评定得分率的统计计算方法及结论是否正确。

5.当质量监督机构核定意见与项目法人一致时，可在核定栏内填写："同意外观质量评定结论"；质量监督机构对外观质量评定有异议时，应责成项目法人组织外观质量评定组成员进一步研究，并将研究结果报质量监督机构核定；当双方对质量结论仍然有分歧意见时，应报上一级质量监督机构协调解决。

第四节　水利水电工程单元工程质量检测

一、水工建筑物单元工程质量检验

（一）岩石边坡开挖单元工程质量检验

1.岩石边坡开挖单元工程质量标准和检验方法见表5–2。

表5–2 岩石边坡开挖单元工程质量标准和检验方法

<table>
<tr><td>项次</td><td colspan="2">检查项目</td><td>质量标准</td><td>检验方法</td></tr>
<tr><td>1</td><td colspan="2">保护层开挖</td><td>浅孔、密孔、少药量、火炮爆破</td><td>现场检查，用水准仪测量</td></tr>
<tr><td>2</td><td colspan="2">平均坡度</td><td>小于或等于设计坡度</td><td>现场检查，用水准仪测量</td></tr>
<tr><td>3</td><td colspan="2">开挖坡面</td><td>稳定、无松动岩块</td><td>现场检查，目测</td></tr>
<tr><td>项次</td><td colspan="2">检测项目</td><td>允许偏差（cm）</td><td>检验方法</td></tr>
<tr><td></td><td colspan="2">坡脚标高</td><td>+20~–10</td><td>用水准仪测量</td></tr>
<tr><td></td><td rowspan="2">坡面局</td><td>斜长小于等于15 m</td><td>+30~–20</td><td>用水准仪测量</td></tr>
<tr><td></td><td>斜长大于15 m</td><td>+50~–30</td><td>用水准仪测量</td></tr>
</table>

2.检验数量：总检测面积500 m²及其以内，不少于20个测点；500 m²以上不少于30个测点，局部突出或凹陷部位（面积在0.5 m²以上者）应增设检测点。

（二）软基和岸坡开挖单元工程质量检验

1.软基和岸坡开挖单元工程质量标准和检验方法见表5-3。

表5-3 软基和岸坡开挖单元工程质量标准和检验方法

项次	检查项目			质量标准	检验方法
1	地基清理和处理			无树根、草皮、乱石、坟墓，水井泉眼已处理，地质符合设计	现场检查，目测
2	取样检验			符合设计要求	按设计要求取样试验
3	岸坡清理和处理			无树根、草皮、乱石，有害裂隙及洞穴已处理	现场检查，目测
4	岩石岸坡清理坡度			符合设计要求	现场检测用坡度尺或测量
5	黏土、湿陷性黄土清理坡度			符合设计要求	现场检测或水准仪测量
6	截水槽地基处理			泉眼、渗水已处理，岩石冲洗洁净，无积水	现场检查，目测
7	截水槽（墙）基岩面坡度			符合设计要求	现场检查，目测
项次	检测项目			允许偏差（cm）	检验方法
1	无结构要求，无配筋	坑（槽）长或宽	5 m以内	+20 ~ −10	用尺测量
2			5~10 m	+30 ~ −20	用尺测量
3			10~15 m	+40 ~ −30	用尺测量
4			15 m以上	+50 ~ −30	用尺测量
5		坑（槽）底部标高		+20 ~ −10	水准仪测量
6		垂直或斜面平整度		20	用2 m直尺测量
7	有结构要求，有配筋预埋件	基坑（槽）长或宽		+20 ~0	用尺测量
8				+30 ~ 0	用尺测量
9				+40 ~ 0	用尺测量
10				+40 ~ 0	用尺测量
11		坑（槽）底部标高		+20 ~ 0	水准仪测量
12		垂直或剑面平整度		15	用2 m直尺测量

2.检测数量：检查项目项次2、4、5、7按50 ~ 100 m正方形检查网进行取样，局部可加密至15 ~ 25 m。总检测数量：总检测面积在200 m²以内，不少于20个；200 m²以上不少于30个。

（三）混凝土单元工程质量检验

1.基础面或混凝土施工缝处理工序质量检验

（1）基础面或混凝土施工缝处理工序质量标准和检验方法。

①检查项目：基础岩面、建基面、地表水和地下水、岩面清洗、混凝土施工缝、表面处理、混凝土表面清洗、软基面、垫层铺填、基础面清理。

②质量标准：无松动岩块，妥善引排或封堵，清洗洁净，无积水，无积渣杂物，无乳皮成毛面，预留保护层已挖除，地质符合设计要求，无乱石，杂物，坑洞分层回填夯实，符合设计要求。

③检验方法：现场检查，目测、现场取样检查和目测、用测量仪器检查，

编写地质编录。

（2）检验数量：各项全面检查。

2.混凝土模板工序质量检验

（1）混凝土模板工序质量标准和检验方法。

①项次检查：稳定性、刚度和强度、模板表面。

②质量标准：支撑牢固，稳定，符合设计要求、光洁，无污物，接缝严密。

③检测项目：横板平整度、相邻两板面高差、局部不平、板面缝隙、结构物边线与设计边线、结构物水平断面内部尺寸、承重模板标高、预留孔、洞尺寸及位置。

④允许偏差（mm）：钢模：2，木模：3，隐蔽内面：5；钢模：2，木模：5，隐蔽内面：10；钢模：1，木模：2，隙蔽内面：2；外露表面：10，隐蔽内面：15；±20；±5；±10。

⑤检验方法：现场检查，目测、用2 m直尺检测、用水准仪测量、用钢尺测量。

（2）检验数量：按水平线（或垂直线）布置检测点，总检测点数量模板面积在100 m^2以内，不少于20个；100 m^2以上不少于30个。

（四）混凝土预制构件安装单元工程质量检验

1.主控项目

①检验项目：外观检查、尺寸偏差。

②质量标准：无缺陷；预制构件不应有影响结构性能和安装、使用功能的尺寸偏差。

2.一般项目

①检验项目：预制构件标志；构件上的预埋件、插筋和预留孔洞的规格、位置和数量。

②质量标准：应在明显部位标明生产单位、构件型号、生产日期和质量验收标志；应符合标准图或设计的要求。

3.混凝土预制件吊装工序施工质量验收评定见表5–4.

表5–4 预制件吊装工序施工质量验收评定表

项次		检验项目			质量标准
主控项目	1	构件型号和安装位置			符合设计要求
	2	构件吊装时的混凝土强度			符合设计要求。设计无规定时，不应低于设计强度标准值的70%；预应力构件孔道灌浆的强度，应达到设计要求
一般项目	1	柱	中心线和轴线位移		允许偏差±5 mm
	2		垂直度	柱高10 m以下	允许偏差10 mm
	3			柱高10 m及其以上	允许偏差20 mm
	4		牛腿上表面、柱顶标高		允许偏差-8～0 mm
	5	梁或吊车梁	中心线和轴线位移		允许偏差±5 mm
	6		梁顶面标高		允许偏差-5～0 mm
	7	屋面	下弦中心线和轴线位移		允许偏差±5 mm
	8		垂直度	桁架、拱形屋架	允许偏差1/250屋架高
	9			薄膜梁	允许偏差5 mm
	10		相邻两板下表面平整	抹灰	允许偏差5 mm
	11			不抹灰	允许偏差3 mm
	12	井筒板（埋入建筑物）		中心线和轴线位移	允许偏差±20 mm
	13			相邻两构件的表面平整	允许偏差10 mm
	14	建筑物外表面模板		相邻两板面高差	允许偏差3 mm（局部5 mm）
				外边线与结构物边线	允许偏差±10 mm

（2）检测数量：要求逐项检查，总检测点数不少于30个。

（五）岩石地基固结灌浆单元工程质量检验

1.岩石地基固结灌浆单元工程质量标准和检验方法见表5–5。

表5–5 岩石地基固结灌浆单元工程质量标准和检验方法

项次	检查项目		质量标准	检验方法
1	钻孔	孔序	应符合设计要求	现场检查
2		孔位	应符合设计要求	用尺测量
3		孔深	不得小于设计孔深	现场旁站抽检
4	灌浆	灌浆分段和段长	应符合设计要求	现场检查
5		钻孔冲洗	应符合设计要求	现场目测
6		灌前进行压水试验的孔数和压水试验	孔数不少于总孔数的5%，压水试验应符合设计要求	现场检查
7		灌浆压力	应符合设计要求	现场检查记录和旁站
8		浆液变换和结束标准	应符合设计要求	现场检查记录和旁站
9		有无中断及其影响质量程度	应无中断或虽有中断，但经检查分析尚不影响灌浆质量	现场检查记录
10		抬动变形	抬动值不应超过设计规定	现场检查
11		封孔	应符合设计要求	现场检查
12		灌浆记录	齐全、清晰、准确	现场检查

2.检测方法与数量要求：

（1）压水试验。检查孔数不少于灌浆总孔数的5%，压水试验在灌浆结束3~7 d后进行。

（2）测量岩体波速或静弹性模量，分别在灌浆结束14 d、28 d后进行，岩体波速或静弹性模量应符合设计规定。

（六）水工隧洞回填灌浆单元工程质量检验

1.水工隧洞回填灌浆单元工程质量标准和检验方法见表5-6。

表5-6 水工隧洞回填灌浆单元工程质量标准和检验方法

项次	检查项目		质量标准	检验方法
1	钻孔	孔序	应符合设计要求	现场检查
2		孔位	应符合设计要求	用钢尺测量
3		孔径	≥38 mm	用钢尺量，现场检查
4		孔深	进入岩石10 cm	现场测量
5	灌浆	浆液变换和结束标准	应符合规范或设计要求	现场检查记录
6		灌浆压力	应符合设计要求	现场检查
7		抬动变形	应不超过设计规定值	用仪器现场检查
8		封孔	应符合设计要求	现场检查
9		灌浆记录	齐全、清晰、准确	现场检查

2.检测方法与数量要求：各项逐项检查，在主要检查项目全部符合质量标准前提下，一般检查项目符合质量标准。水工隧洞回填灌浆质量检查在该部位灌浆结束7 d后进行，检查孔应布置在脱空较大串浆孔集中以及灌浆情况异常的部位，其数量为灌浆孔数的5%。检查方法可采用钻孔注浆法，向孔内注入水灰比2：1的浆液，在规定压力下，初始10 min内注入量不超过10 L为合格。

二、金属结构及启闭安装工程单元工程质量检验

（一）压力钢管埋管管口中心、里程、圆度、纵缝、环缝对口错位质量检验

检测的项目、方法和位置如下：

1.始装节管口里程：用水准仪、激光指向仪或钢板尺、垂球测量，始装节在上、下游管口测量，其余管节管口中心只测一端管口。

2.始装节管口中心位置同上。

3.与蜗壳、伸缩节、蝴蝶阀、球阀、岔管连接的管节及弯管起点的管口中心及其他部位管节中心：用水准仪、钢板尺、激光指向仪、垂球来检测，位置同上。

4.其他部位管节的管口中心：用钢尺、钢板尺、垂球或激光指向仪测量，在

始装节上、下游管口测量，其余管节管口中心只测一端管口。

5.钢管圆度：用钢尺测量，位置是在两端管口至少测两对直径、圆度为相互垂直的两直径差。

6.纵缝对口错位：焊缝全长用钢板尺或焊接检验规检验测量。

7.环缝对口错位：用焊接检验规、钢板尺检验。

（二）压力钢管埋管内壁防腐蚀表面处理、涂料涂装、灌浆孔堵焊质量检验

检验方法：防腐蚀表面处理、涂料涂装检验同钢管制作检验方法。

全部灌浆孔按《水电水利工程压力钢管制造安装及验收规范》（DL/T5017–2007）检验，具体检测方法如下：

1.埋管内壁防腐蚀表面处理，内管壁用压缩空气喷砂或喷丸除锈，彻底清除铁锈、氧化皮、焊渣、油污、灰尘、水分等。

2.漆膜厚度采用测原仪检测。

质量标准：埋管内壁防腐蚀表面处理，使其露出灰白色金属光泽，并符合《水电水利工程压力钢管制造安装及验收规范》（DL/T5017–2007）要求。

（三）压力钢管明管安装单元工程质量检验

1.管口中心、里程、支座中心等采用钢板尺、钢尺、垂球、水准仪、激光指向仪测量，在始装节上、下游管口测量。

2.圆度、纵缝、环缝对口错位：圆度采用钢尺测量，在两端管口至少测两对直径、圆度为相互垂直的两直径差，焊缝错位沿焊缝全长用钢板尺或焊接检验规测量。

3.焊缝外观质量检验。

（1）裂纹夹渣、咬边，用肉眼检查，必要时用5倍放大镜检查，位置沿焊缝长度。

（2）焊缝余高 Δh，用钢板尺或焊接检验规检测。

（3）角焊缝尺寸和焊缝宽度：用钢板尺或焊接检验规检测。

（4）表面气孔：用肉眼检查，必要时用5倍放大镜检查。

4.一、二类焊缝按内、外壁表面清除及焊补，用X射线和超声波探伤。

5.防腐蚀表面处理：用肉眼检查，必要时用5倍放大镜检查。

（四）平面闸门底槛门楣安装质量检验

检验方法：用垂球、钢尺、水平仪测量。

质量标准（允许偏差）如下：

1.底槛。

（1）对门槽的中心线，±5 mm。

（2）对孔口中心线，±5 mm。

（3）高程，±5 mm。

（4）工作表面平面度，2 mm。

（5）工作表面一端对另一端的高差，当L≥10000 mm时，为3 mm；当L<10000 mm时，为2 mm。

（6）工作表面组合处的错位，1 mm。

（7）工作表面扭曲f，工作范围内表面宽度B<100 mm时，为1 mm；B=100~200 mm时，为1.5 mm；B>200 mm时，为2 mm。

2.门槛。

（1）对门槽中心线，+2~1 mm。

（2）门槽中心对底槛面的距离，±3 mm。

（3）工作表面平整度，2 mm。

（4）工作表面扭曲f，工作范围内表面宽度B<100 mm时，为1 mm；B=100~200 mm时，为1.5 mm。

（五）平面闸门主轨、侧轨安装质量检验

检验方法：用水平仪、垂线、钢尺测量。

质量标准（允许偏差）如下：

1.主轨。

（1）对门槽中心线，工作范围内，加工+2~−1 mm，不加工+3~−1 mm；工作范围外，加工+3~−1 mm，不加工+5~−2 mm。

（2）对孔口中心线，工作范围内，加工+3 mm，不加工+3 mm；工作范围外，加工+4 mm，不加工+4 mm。

（3）工作表面组合处的错位，工作范围内，加工0.5 mm，不加工1 mm；工作范围外，加工1 mm，不加工2 mm。

（4）工作表面扭曲f，工作范围内表面宽度B<100 mm时，加工0.5 mm，不加工1 mm；B=100~200 mm时，加工1 mm，不加工2 mm。工作范围外允许增加值，加工2 mm，不加工2 mm。

2.侧轨。

（1）对门槽中心线，工作范围内+5 mm，工作范围外+5 mm。

（2）工作表面组合处的错位，工作范围内1mm，工作范围外2 mm。

（3）工作表面扭曲，工作范围内表面宽度B<100 mm时，为2 mm；B=100~200 mm时，为2.5 mm；B>200 mm时，为3 mm。

工作范围外允许增加值为2 mm。

三、水轮发电机组安装工程单元工程质量检验

（一）立式反击式水轮机安装工程

1.填表说明

填表时必须遵守“填表基本规定”，并符合本部分说明及以下要求：

（1）单元工程划分：以每台水轮机的尾水管里衬安装为一个单元工程。

（2）单元工程量：填写本单元尾水管里衬安装量（t）。

（3）各项目检验方法及数量如表5–7：

表5–7 检验方法及数量

检验项目	检验方法	检验数量
肘管、锥管上管口中心及方位	挂钢琴线用钢板尺	对称位置不少于8个点
焊缝	PT/MT	全部
锥管管口直径	挂钢琴线用钢卷尺	按圆周对称不少于8个点
内壁焊缝错牙	钢板尺	全部
上管口高程	水准仪、钢板尺	对称位置不少8个点
肘管断面尺寸	挂钢琴线用钢卷尺	检查进出口断面
下管口	目测	全部

2.单元工程施工质量验收评定应包括下列资料：

（1）施工单位应提供安装前的设备检验记录，机坑清扫测量记录，安装质量项目（主控项目和一般项目）的检验记录以及焊缝质量检查记录等，并由相关责任人签认的资料。

（2）监理单位对单元工程安装质量的平行检验资料；监理工程师签署质量复核意见的单元工程安装质量验收评定表及质量检查表。

3.允许偏差按转轮直径划分，填表时，在相应直径栏中加“√”号标明。

4.设计值按设计图填写，并将设计值用括号“（ ）”标出。检测值填写实际测量值。

5.单元工程安装质量检验项目质量标准合格等级标准：

（1）主控项目检测点应100%符合合格标准；

（2）一般项目检测点应90%及以上符合合格标准，其余虽有微小偏差，但不影响使用。优良等级标准：在合格标准基础上，主控项目和一般项目的所有检测点应90%及以上符合优良标准。

6.单元工程安装质量评定分为合格和优良两个等级，其标准如下：

合格等级标准：

（1）检验项目应符合本标准3.2.5条1款的要求；

（2）主要部件的调试及操作试验应符合本标准和相关专业标准的规定；

（3）各项报验资料应符合本标准的要求。

优良等级标准：在合格等级标准基础上，有70%及以上的检验项目应达到优良标准，其中主控项目应全部达到优良标准。

（二）立式反击式水轮机转轮装配单元工程质量检验

1.转轮静平衡，分瓣转轮应在磨圆后做静平衡试验，试验时应带引水板，配重块应焊在引水板下面的上冠顶面上，焊接应牢固。

2.转轮各部圆度及同轴度检验：以主轴为中心进行检查，测各半径与平均半径之差。

3.分瓣转轮止漏环测圆时，检测点不应少于32点。

4.《水轮发电机组安装技术规范》（CB 8564-88）第2.0.6条：设备组合面应光洁无毛刺，合缝间隙用0. 05mm塞尺检查，不能通过，允许有局部间隙，用0.10 mm塞尺检查，深度不应超过组合面宽度的1/3，总长不应超过周长的20%，组合螺栓及销钉周围不应有间隙，组合缝处的安装面错牙一般不超过0.10 mm。

5.转轮静平衡试验应符合下列要求：

（1）静平衡工具应与转轮同心，支持座水平偏差每米不应大于0. 02 mm。

（2）调静平衡工具的灵敏度应符合表5-8的要求。

表5-8 球面中心到转轮重心距离

转轮质量（kg）	最大距离（mm）	最小距离（mm）
≤5000	40	20
5000~10000	50	30
10000~50000	60	40
50000~100000	80	50
100000~200000	100	70

（3）残留不平衡力矩，应符合设计要求。

6.转桨式水轮机转轮耐压和动作试验应尽量在转轮正放时进行，并应符合下列要求：

（1）试验用油的油质合格，油温不低于+5 ℃。

（2）一般为0.5 MPa。

（3）在最大试验压力下，保持16 h。

（4）在试验过程中，每小时操作桨叶全行程开关2~3次。

（5）各组合缝不应有渗漏现象，每个桨叶密封装置在加与未加试验压力情况下的漏油量，不应超过表5-9的规定，且不大于出厂试验时的漏油量。

表5-9 每个桨叶密封装置漏油量

转轮直径D（mm）	≤3000	3000~6000	6000~8000	>8000
每小时每个桨叶密封装置允许漏油量（mL/h）	5	7	10	12

（6）转轮接力器动作应平稳，开启和关闭的最低油压一般不超过工作压力的15%。

（7）绘制转轮接力器行程与桨叶转角的关系曲线。

（三）立式反击式水轮机水导轴承及主轴密封安装单元工程质量检验

立式反击式水轮机水导轴承及主轴密封安装单元工程质量标准（允许偏差）及检验方法见表5-10。

表5-10 立式反击式水轮机水导轴承及主轴密封安装单元工程质量标准（允许偏差）及检验方法

项次	检查项目		允许偏差（mm）	检验方法
1	轴瓦检查及研制		符合GB8564-88第3.6.1条要求，接触点1~2点/cm²	外观检查及着色法检查
2	△轴瓦间隙	分块瓦	± 0.02	用塞尺检查
		筒式瓦	分配间隙的+20%~-20%	
		橡胶瓦	实测平均总间隙的10%以下	

续表

3	△轴承油槽渗漏试验	符合CB8564–88第2.0.11条要求	外观检查
4	△轴承冷却器耐压试验	符合GB8564–88第2.0.10条要求	水压试验检查
5	轴承油位	± 10	用钢卷尺测量
6	检修密封充气试验	充气0.05 MPa无漏气	充气在水中检查
7	检修密封径向间隙	+20%~–20%设计间隙值	用塞尺检查
8	△平板密封间隙	+20%~–20%实际平均间隙值	用塞尺检查

表5–10说明：《水轮发电机组安装技术规范》（GB 8564–88）第3.6.1条轴瓦应符合下列要求：

1.橡胶轴瓦表面应平整，无裂纹及脱壳等缺陷，巴氏合金瓦应无密集气孔、裂纹、硬点及脱壳等缺陷，瓦面粗糙应优于80%的要求。

2.橡胶瓦和筒式瓦应与轴试装，总间隙应符合设计要求。每端最大总间隙与最小总间隙之差及同一方位的上下端总间隙之差，均不应大于实测平均总间隙的10%。

3.筒式瓦符合（1）（2）两点要求时，不再进行研刮，分块轴瓦除设计要求不研刮外，一般应研刮。

4.轴瓦研刮后，瓦面接触应均匀。每平方厘米面积上至少有一个接触点，每块瓦的局部不接触面积每处不应大于5%，其总和不应超过轴瓦总面积的15%。

5.轴瓦的抗重垫块与轴瓦背面垫块、抗重螺母与螺母支座之间应接触严密。设备容器进行煤油渗漏试验时，至少保持4h，且应无渗漏现象；阀门进行煤油渗漏试验时，至少保持5min，且应无渗漏现象，试验压力为1.5倍额定工作压力，但最低压力不得小于0.4 MPa（4 kgf/cm²），保持10min，无渗漏及裂纹等异常现象。

设备及其连接件进行严密性耐压试验时，试验压力为1.25倍实用额定工作压力，保持30min，无渗漏现象。

单个冷却器应按设计要求的试验压力进行耐压试验，设计无规定时，试验压力一般为工作压力的2倍，但不低于0.4 MPa（4kgf/cm²），保持60min，无渗漏现象。

检修密封间隙，检测时应等分8点测量。

平板密封间隙，检测时应等分8点测量。

第六章　水利工程质量评定

为进一步提升工程的质量、降低安全事故风险，企业在项目施工建设过程中要充分考虑到工程进度、成本造价对质量造成的影响，合理利用各种可用资源提升工程建设质量，探讨出最科学合理的质量评价方法，为加快工程进度、减少工程造价、延长工程使用寿命等方面打下坚实的基础。水利水电工程质量评定不仅是项目管理的重中之重，也是工程建设的核心内容。

水利水电工程质量评价人员应以客观真实地反映当前我国水利水电工程质量管理现状、提高管理决策的有效性与合理性为主要目标，遵循水利工程质量评定的相关原则展开工程质量评价工作。通过建立自动化评价系统、加强人工巡查力度、切实落实好资料信息竣工验收审核工作的方法，提高工程质量评价的真实有效性，为水利水电工程的进一步发展奠定基础。

第一节　水利工程质量主要影响因素及其特性

从工程建设项目形成的全过程来看，从设想、选择、评估、决策、设计、施工到竣工验收、投入使用等各个阶段是一个有序的发展过程，这个有序的过程反映了工程项目建设的一般规律，人们总结为建设程序。它是工程项目建设的法则。这个法则是人们在认识客观规律的基础上制定出来的，是建设项目科学决策和顺利实施的重要保证。它科学地总结了工程项目建设的实践经验，正确地反映了人们对建筑物使用功能要求由简单到复杂、由小到大、由洞穴到摩天大厦不断提高的发展过程。在这个漫长的发展过程中，人们认识到工程建设是一项复杂的浩繁的工作，规模大、内容多、涉及面广、协作性强，必须按计划、按步骤、有顺序、有组织地进行，才可能获得成功。所以建设程序成了建设工作必须遵循的规则，并以国家法规的形式予以确立。

建设程序是指一个建设项目从酝酿提出到该项目建成或投入生产使用的全过程，各阶段建设活动的先后顺序和相互关系的法则。这个法则是人们在认识包括自然规律和经济规律的基础上制定出来的，是建设项目科学决策和顺利进行的重要保证。按照建设项目发展的内在联系和发展过程，建设程序分若干阶段、环节，这些发展阶段和过程都有严格的先后次序，不能任意颠倒。

对于质量监督人员来说，首先是熟悉和掌握建设程序，督促建设各方按建设程序办事，是质量监督的工作内容之一。

水利工程建设程序一般分为：项目建议书、可行性研究报告、初步设计、施工准备（包括招标设计）、建设实施、生产准备、竣工验收、评价等阶段。由于建设程序的各个阶段都对工程质量发生着影响和作用，要实现建设项目的质量监控，就必须严格按建设程序对每个阶段的质量目标进行监控，这是保证整个工程项目质量的必要条件。

一、工程质量的影响因素

影响工程质量的原因很多，一般归纳为偶然性原因和异常性原因两类。

（一）偶然性原因

偶然性原因是对工程质量经常起作用的原因。如取自同一合格批的混凝土，尽管每组（个）试块的强度值在一定范围内有微小差异，但不易控制和掌握，只能从整体上用方差、离散系数和保证率等综合性指标来判断整体的质量状况。偶然性原因一般是不可避免的，是不易识别和预防的（也可能采取一定技术措施加以预防，但在经济上显然不合理），所以在工程质量控制工作中，一般都不考虑偶然性原因对工程质量的波动影响。偶然性原因在质量标准中是通过规定保证率、离散系数、方差、允许偏差的范围来体现的。

（二）异常性原因

异常性原因是那些人为可以避免的，凭借一定的手段或经验完全可以发现与消除的原因。如调查不充分、论证不彻底，导致项目选择失误；参数选择或计算错误，导致方案选择失误；材料、设备不合格，施工方法不合理，违反技术操作规程等都可能造成工程质量事故等，都是影响工程质量的异常性原因。异常性原因对工程质量影响比较大，对工程质量的稳定起着明显的作用，因此，在工程建设中，必须正确认识它，充分分析它，设法消除它，使工程质量各项指标都控制在规定的范围内。异常性原因在工程质量上的表现是其结果导致某些质量指标偏离规定的标准。

影响工程建设质量的异常性原因很多，概括起来有人（Man）、机（Machine）、料（Material）、法（Method）、环（Environment）等五大因素，简称4MIE。

1.“人”的因素

任何工程建设都离不开人的活动，即使是先进的自动化设备，也需要人的操作和管理。这里的“人”不仅是操作者，也包括组织者和指挥者。由于工作质量是工程质量的一个组成部分，而工作质量则取决于与工程建设有关的所有部门和人员。每个工作岗位和每个工作人员的工作都直接或间接地影响着工程项目的质量。人们的知识结构、工作经验、质量意识以及技术能力、技术水平的发挥程度，思想情绪和心理状态，执行操作规程的认真程度，对技术要求、质量标准的理解、掌握程度，身体状况、疲劳程度与工作积极性等都对工程质量有不同程度的影响。为此，必须采取切实可行的措施提高人的素质，以确保工程建设质量。日本的企业管理很成功，其中很重要的一个方面就是日本企业把人的管理作为企业管理中最重要的战略因素，他们提倡用人的质量来保证工作质量，用工作质量来保证工程质量。

2.“机”的因素

“机”是投入工程建设的机械设备，在工程施工阶段就是施工机械，它是形成工程实物质量的重要手段。随着科学技术和生产的不断发展，工程建设规模愈来愈大，施工机械已成为工程建设中不可缺少的设备，用来完成大量的土石料开采、运输、填筑和碾压，混凝土拌和、运输和浇筑等工作，代替了繁重的体力劳动，加快了施工进度。同时，施工机械设备的装备水平，在一定程度上也体现了对工程施工质量的控制水平，如土石方工程中的碾压设备、混凝土浇筑工程中的拌和系统计量的现代化程度等，都直接影响着工程质量。所以在施工机械设备型号和性能参数选择时，应根据工程的特点、施工条件，并考虑施工的适用性、技术的先进性、操作的方便性、使用的安全性、保证施工质量的可靠性和经济上的合理性，同时要加强对设备的维护、保养和管理，以保持设备的稳定性、精度和效率，从而保证工程质量。

3.“料”的因素

“料”是投入工程建设的材料、配件和生产用的设备等，是构成工程的实体。所以，工程建设中的材料、配件和生产用设备的质量直接影响着工程实体的质量。因此，必须从组织上、制度上及试验方法和试验手段上采取必要的措施，对建筑材料（包括筑堤的土料）在选购前一定要进行试验，确保其质量达到有关规定的要求；对采购的原材料不仅要有出厂合格证，还要按规定进行必要的试验或检验；生产用的配件、设备是使工程项目获得生产能力的保证，不仅其质量要符合有关规定，而且其型号、参数等的选择也要满足有关规定的要求，以便为最终形成工程实物质量打下良好的基础。

4.“法”的因素

“法”就是施工方法、施工方案和施工工艺。施工操作方法正确与否、施工方案选择是否得当、施工工艺是否先进可行都对工程项目质量有直接影响。为此，在严格遵守操作规程，尽可能选择先进可行的施工工艺的同时，还要针对施工的难点、重点，以及工程的关键部位或关键环节，进行认真研究，深入分析，制定出安全可靠、经济合理、技术可行的施工技术方案，并付诸实施，以保证工程的施工质量。

5.“环”的因素

“环”即是环境。影响工程项目建设质量的环境因素很多。主要有自然环境，如地形、地质、气候、气象、水文等；劳动环境，如劳动组合、劳动工具、作业面、作业空间等；工程管理环境，如各种规章制度、质量保证体系等；社会环境，如周围群众的支持程度、社会治安等。环境因素对工程质量的影响复杂而多变，对此要有足够的预见性和超前意识，采取必要的防范与保护措施，以确保工程项目质量目标的实现。

二、水利工程项目的质量特征

（一）水利工程建设的特点

水利工程项目多建在江河之上，具有建设规模大、建设周期长、影响因素多、参与者多等特点，给质量监督管理增添了一定的难度，并形成了自己的特点。

1.建设周期长

一般来说，一项水利工程从立项、可行性研究、初步设计、施工准备、施工、生产准备、竣工验收和交付使用，少则需要几个月，多则需要几年甚至几十年才能完成。已经建成的三峡工程，对已经建成的三峡工程进行可行性研究，1986年6月开始重新论证，确定正常蓄水位为175m的方案，1992年获得全国人民代表大会批准建设，1993年10月29日三峡枢纽工程获准实施。1994年12月14日正式动工兴建，2003年开始蓄水发电，于2009年全部完工，工程建设总工期长达15年。

2.实体庞大，固定不动

除江河湖海堤坝延绵数百公里外，水库大坝、大型水闸、巨型水电站仅单个建筑物就大得惊人，更不用说整个水利枢纽工程了，必然带来巨大的工程量，修建时需要大量的资金、材料和人力，需要使用各种类型的机械设备。只要建设项目选址确定后，所有的建设活动都是围绕这个确定的地点进行的，形成了在有限的施工场地集中了大量的人力、建筑材料、施工机械、设备等。

3.建设地点偏僻，流动性大，施工人员整体素质差

由于水力资源地域分布不均，工程绝大部分地处野外，远离城市，有的还在偏僻山区，地点分散，交通、通信不便，有的还必须修建专门的对外交通道路和辅助及临时设施；施工多为露天作业，受自然条件和环境尤其是季节性变化影响较大，工作环境相当艰苦。施工队伍随着工程建设会在不同的施工场地间流动，同时，施工队伍中人员流动也相当大，总是有新的工人加入到施工队伍中，使施工队伍的管理难度加大。目前，很多工地上的建筑工人大多是外来务工人员，文化水平不高，素质较差，质量管理难度大。

4.一品性

手工操作多，体力消耗大。由于水利工程都是在特定的自然条件（环境）、特定的使用条件下按照设计要求施工的，每项工程的建设规模、内容、结

构各不相同，即使工程内容完全一样，也因外界条件的不同或变化（如水文、地质、气象、交通运输等条件的变化），其施工方法也不尽相同。尽管目前推广应用先进科学技术，出现了大模、滑模、大板等施工工艺，有了推土机、铲运机、挖掘机、运输机等机械设备代替了不少人的劳动，但从整体建设活动来看，手工操作的比重仍然很高，工人的体力消耗很大，劳动强度相当高。

5.产品的多样性和施工工艺复杂多变性

水利工程一般都是挡水或过水建筑物，有防冲、防渗、防气蚀、稳定、安全等要求，有时还会遇到复杂的地质条件，如渗漏、软弱地基、断层、破碎带及滑坡等需要进行技术复杂的地基处理，客观上决定了水利工程施工的每道工序、施工的方法是不同的，尽管在有的过程中有一定的规律性，但建设产品的多样性和施工生产工艺的复杂多变性，受施工要求、施工时间、施工场地等多种因素的影响，施工过程变化多，管理难度大。

（二）水利工程项目的质量特性

由于水利工程建设存在上述特点，其工程质量也存在如下特性。

1.影响性

由于水利工程建设项目实体质量，是经过立项、可行性研究、初步设计、施工准备、施工、生产准备、竣工验收和投产使用等各阶段有序过程的有机集合而形成的，每个阶段都可能受到人、机、料、法、环等诸多因素的影响。

2.波动性

由于水利工程建设项目具有复杂性、多样性和一品性的特点，决定了它不能像一般工业产品那样有固定的生产工艺、生产流程、配套的生产设备、稳定的生产环境和完善的检测技术，所有这些都使得工程项目的质量较一般工业产品的质量波动性更大。

3.变异性

水利工程建设涉及面广、环节多、参与方多、影响因素多，工程建设中，不论哪个因素、哪个环节出了问题都可能造成严重的质量事故。这就是质量的变异性。

4.虚假性

由于水利工程建设施工过程中工序交接多、中间产品多、隐蔽工程多，若未及时发现其存在的质量隐患，事后从表面看来会造成质量很好的假象，产生判断错误，形成虚假质量。

5.终结性

水利工程项目建成后，不可能像工业产品那样，采用拆卸或解体的方式来检查其内在的质量。所以在工程竣工验收时，一般不容易发现其内在的、隐蔽的质量缺陷。即使发现问题，也不可能像工业产品那样采取“包换”或“退货”的方式了结质量纠纷。

6.必用性

水利工程多建在江河之上，发挥着挡水、过水或提水的功能，受自然环境的制约。有时遭遇突发性洪水等严重自然灾害，不论工程建成与否，都得部分或全部投入使用，这是水利工程区别于其他土木建筑工程的一个显著特点。

第二节　水利水电工程施工质量评价方法

一、水利水电工程质量评价的目标与内容

（一）水利水电工程质量评价的目标

在中国的发展过程中，很早就有“无规矩，不成方圆”的道理，随着时代的发展，现代化的评价体系也逐渐成了质量考量的重要标准，在水利水电工程施工质量评价里，主要目标就是能够客观、真实、全面地呈现和反映目前的水利水电工程质量管理现状，充分反映各个环节存在的问题，提高管理决策的有效性与合理性，结合时代发展的需求，为进一步改善工程建设环境、消除安全隐患做好铺垫。

（二）水利水电工程质量评价的内容

在分析水利水电工程质量管理评价目标后，最重要的就是评价内容，当然，这种内容要以目标为依据，按照工程建设的实际需求与建设行政管理职能定

位，拟定出科学的评价模块，然后根据各级管理部门的相应监管职责与权限，对工程质量中涉及的施工和使用安全问题、工程与环境协调统一问题进行科学细致的监管、评价。只有同时把握目标和内容，才能达到更好的评价效果。

二、水利水电工程质量评价相关原则

（一）标准原则

任何工程项目都具有一定的标准。伴随着中国水利水电工程建设事业的不断发展，工程涉及的范围越来越广，难度也越来越大，施工单位必须在具体施工过程中严格遵循相关的标准进行，这也是保证质量的基本条件。

（二）预测性原则

政府管理部门对水利水电工程不仅具有监管责任，而且还需要能够根据目前的情况预测未来的发展情况，并确定具体的质量管理方法以及工程实践的目标。所以通过这种预测性能够进一步反映出水利水电工程事业的未来发展状况，对于相关部门来说也可以及时做出调整。

（三）客观性原则

客观性原则在质量评价中主要体现在能够客观地反映出工程的整体质量，并能够保证和工程有关的各项数据的准确性，同时也应该秉持着公正的原则对工程进行评价，这也是评价人员必须遵守的原则。

（四）导向性原则

在进行水利水电管理过程中应该做好宏观质量管理，而这主要是以质量评价的宏观结果作为基础。而对于政府管理部门来说，宏观管理具有导向性。此外，政府部门在遵守导向性原则的基础上制定质量检测的标准，进一步促进我国工程质量评价水平的提高。

（五）规范性原则

为了更好地进行质量评价，评价人员必须根据相关的规定并按照固有的评价方法和程序进行评价，查看该工程的施工方法和技术是否符合规范性。

（六）系统性原则

由于整个水利水电工程就是一个系统性工程，所以在进行质量评价时需按照系统性原则开展评价工作，这也要求整个质量评价过程能够形成一个体系，这样也能够方便评价人员进行质量评价。

（七）动态发展原则

由于外部环境不断变化，科学技术不断进步，水利水电工程的质量得到了很大提高，不过在具体的施工过程中还是应该通过创新思维方法，不断完善质量评价体系，进一步提高相关部门的质量评价能力。

三、工程施工中存在的质量评价问题

（一）划分单元工程不能过小

过小的单元工程不利于水利工程的客观性评价，容易导致评定结果出现偏差的现象。例如，在实际评价过程中，出现某施工段的项目较少时，在划分时分部常常出现与工程个数相同的状况，而评价分为优、良两个等级，这种情况下，会出现一样的评价结果，这是不符合质量评定标准的。如果单纯地依靠评定数值来看，并不能对工程的施工质量做出客观公正的评价，科学的评价体系是必不可少的，对于客观公正的评价水利水电工程的施工质量有十分重要的意义。

（二）缺乏系统的质量检验和评定标准

水利水电工程目前还缺乏一套系统的建设工程质量检验和评价标准，只能参照水利建设工程的《质量评定标准》来实行，然而传统的工程质量评定方法已无法适应现代水利水电工程的特点。

（三）缺乏科学的质量体系

按照评价标准的要求，必须达到所有各项要求才能达标，但是在实际操作中，却存在明显的不合理，由于考虑到影响工程质量的因素有很多没有做到全面考虑，评价体系缺乏科学性和合理性。

（四）缺乏对工程的质量等级区分

目前所普遍使用的主要评定方法仅仅是对指标进行量化，缺乏对工程质量等级上的区分，存在明显的模糊性，导致质量相关评价不够客观公正。

四、水利水电工程质量评价方法

（一）工程前期准备阶段的质量评价方法

对于水利水电工程的特点分析，由于其工期长，规模大，对于环境以及社会的影响也很巨大，所以在施工前期会有很多准备工作要完成。对于评价方式而言，统一来讲就是对前期规划和工程环境两部分进行评价，因为这是工程质量评价的最重要环节。所以管理部门应该按照施工人员实际配置、机械设备、施工材料等各项需求拟定详细规划方案，为后续的施工过程评价做好铺垫。对所有原材料、成品、半成品都要制定详尽的质量标准作为评价标准。

（二）工程施工阶段的质量评价方法

对于前期准备工作的评价基本完善后，最重要的核心评价就是施工过程的评价方法建设。在当代水利水电工程中，自动化评价系统是非常高效和精准的，自动化评价系统也是整个评价工作的关键部分。相关部门的评价技术人员可以根据水利工程的实际施工情况对施工过程中的重要环节进行有目的和有计划的自动化检测。例如涉及水利工程流域地区的水位增长和下降情况、施工地区的天气变化检测、大坝的挡水方式和作用力效果等项目进行定期监测，定期发送监测数据。这样一来，监测的结果会自动传到工程质量监管中心，进行最新的数据备份，进而形成评价。

除此之外，还有一种方法是最传统的，但也是最具有实际效果的，那就是人工巡视检查。评价人员要想获得最新并且最准确的完整资料和实际情况，除了上述的自动化系统是远远不够的。只有两种方法结合起来，增加施工现场巡视的人员数量和质量，才能把有安全隐患的细节问题扼杀在摇篮里，保障施工的稳定进行。

（三）工程竣工阶段的质量评价方法

对于各种大型工程而言，竣工并不代表工程的彻底结束，而是要以设计方案中的数据为基础，对工程涉及的各个方面进行审核，检查施工是否达到设计标准。另外，在条件允许的情况下，还要把施工过程中发生的事故进行统计分析，从而在不断改进中落实评价体系的完善。

第三节 水利水电工程施工质量验收评定

一、水利水电工程项目的划分

一个水利水电工程的建成，由施工准备工作开始到竣工交付使用，要经过若干工序、若干工种的配合施工。而工程质量的形成不仅取决于原材料、配件、产品的质量，同时也取决于各工种、工序的作业质量。因此，为了实现对工程全方位、全过程的质量控制和检查评定，按照工程形成的过程由点滴到局部再到整体的原则，考虑设计布局、施工布置等因素，将水利水电工程依次划分为单元工程、分部工程和单位工程。

单元工程是进行日常质量考核和质量评定的基本单位。工程项目划分时，应按从大到小的顺序进行，这样有利于从宏观上进行工程项目评定的规划，不至于在分期实施过程中，从低到高评定时出现层次、级别和归类上的混乱。质量评定时，应从低层到高层的顺序依次进行，这样可以从微观上按照施工工序和有关规定，在施工过程中把好施工质量关，由低层到高层逐级进行工程质量控制和质量检验。

水利水电工程项目划分方法是根据有关规定和水利水电工程特点制定的。水利水电枢纽工程，一般可划分为若干个单位工程；每一个单位工程可进一步划分为若干个分部工程；而每个分部工程又可划分为若干个单元工程。

在工程建设正式开工前，项目法人（建设单位）应组织监理、设计、施工单位，共同研究单元工程、分部工程、单位工程的具体划分方案，经质量监督部门确认后实施。

水利水电工程项目划分总的指导原则是：贯彻执行国家和水利水电行业的有关规定和标准，水利建筑安装工程以水利水电行业标准为主，其他行业标准参考使用；水利水电工程中的道路及房屋建筑安装工程应以建筑等相关行业标准为主，参考使用水利水电行业标准。

（一）单元工程的划分

单元工程是分部工程中由几个工种施工完成的最小综合体，是日常考核工程质量的基本单位。对不同类型的工程，有各自单元工程划分的方法。

水利水电工程单元工程是依据设计结构、施工部署或便于进行质量控制和考核的原则，把建筑物划分为若干个层、块、段来确定单元工程。

1.岩石边坡开挖工程。

按设计或施工检查验收的区、段划分，每一个区、段为一个单元工程。

2.岩石地基开挖工程。

按相应混凝土浇筑仓块划分，每一块为一个单元工程；两岸边坡地基开挖也可按施工检查验收区划分，每一验收区为一个单元工程。

3.岩石洞室开挖工程。

混凝土衬砌部位按设计分缝确定的块划分；锚喷支护部位按一次锚喷区划分；不衬砌部位可按施工检查验收段划分，每一块、区、段为一个单元工程。

4.软基和岸坡开挖工程。

按施工检查验收区、段划分，每一区、段为一个单元工程。

5.混凝土工程。

按混凝土浇筑仓号，每一仓号为一个单元工程；排架柱梁等按一次检查验收范围划分，若干个柱梁为一个单元工程。

6.钢筋混凝土预制构件安装工程。

按施工检查质量评定的根、套、组划分，每一根、套、组预制构件安装为一个单元工程。

7.混凝土坝接缝和回填水泥灌浆工程。

按设计或施工确定的灌浆区、段划分，每一灌浆区、段为一个单元工程。

8.岩石地基水泥灌浆工程。

帷幕灌浆以同序相邻的10～20孔为一单元工程；固结灌浆按混凝土浇筑块、段划分，每一块、段的固结灌浆为一个单元工程。

9.基础排水工程。

按施工质量考核要求划分的基础排水区确定，每一区为一个单元工程。

10.锚喷支护工程。

按一次锚喷支护施工区、段划分，每一区、段为一个单元工程。

11.振冲地基加固工程。

按独立建筑物地基或同一建筑物地基范围内不同振冲要求的区划分，每一独立建筑物地基或不同要求区的振冲工程为一个单元工程。

12.混凝土防渗墙工程。

在混凝土防渗墙工程中，每一槽孔为一个单元工程。

13.造孔灌注桩基础工程。

按柱（墩）基础划分，每一柱（墩）下的灌注桩基础为一个单元工程。

14.河道疏浚工程。

按设计或施工控制质量要求的段划分，每一疏浚河段为一个单元工程。

15.堤防工程。

对不同的堤防工程按不同的原则划分单元工程。如土方填筑按层、段划分；吹填工程按围堰仓、段划分；防护工程按施工段划分等。单元工程划分界限宜设在变形缝或结构缝处，长度一般不大于100 m。

在实际工程建设中，对于堤身填筑断面较大的分层碾压的堤身填筑工程，通常以日常检查验收的每一个施工段的碾压层划作一个单元工程，这样便于进行质量控制和考核。但对于堤身断面较小的堤身填筑工程，一般规定按长度200～500 m和工程量1000～2000 m^3来划分单元工程。

金属结构、启闭机和机电设备安装单元工程，是指组成分部工程的由几个工种施工完成的最小综合体。一般是依据设备的复杂程度和专业性质或是以每一台（套）设备和某一主要部件的制作或安装作为一个单元工程。

水利水电工程中土建工程的单元工程一般有三种类型：有工序的单元工程，不分工序的单元工程和由若干个桩（孔）组成的单元工程。

水利水电工程施工中的工序一般是指操作者利用一定的机械设备和工具，采用一定的技术方法，将投入工程施工中的原材料、半成品或零配件，以完成某一既定部分工程建设内容为条件的作业过程。工序可以是一个人、几个人或更多人集合在一起为完成同一部分工程建设内容所进行的作业过程。通常的单元工程都是由一个或若干个工序组成。工序可视工程项目的规模及工作量的大小来确定。如钢筋混凝土工程施工中的钢筋预制、钢筋绑扎（焊接）、模板预制、配件预制、模板支立、混凝土搅拌、混凝土振捣、养护、拆模、运输、吊装等均为一个工序。而在水利水电工程质量等级评定中，将钢筋混凝土单元工程归并为基础面或施工缝处理、模板制作及安装、钢筋制作及安装、预埋件制作及安装、混凝土浇筑和外观质量检查6个工序。

（二）分部工程的划分

分部工程是指在一个建筑物内能组合发挥一种功能的建筑安装工程，是组成单位工程的各个部分。在分部工程中，将其对单位工程的安全、功能或效益起主要控制作用的分部工程称为主要分部工程。

由于现行的水利水电工程施工质量等级评定标准是以优良个数占总数的百分率计算的。分部工程的划分主要是依据建筑物的组成特点及施工质量检验评定的需要来进行划分。分部工程划分是否恰当，对单位工程质量等级的评定影响很大。因此，分部工程划分应遵循如下原则：

1.枢纽工程中土建工程按设计或施工的主要组成部分划分分部工程；金属结构、启闭机和机电设备安装工程按组合发挥一种功能的建筑安装工程来划分分部工程；渠道工程和堤防工程依据施工部署、长度或功能划分分部工程；大、中型建筑物按工程结构主要组成部分划分；除险加固工程，按加固内容或部位划分。

2.同一单位工程中，同类型（如几个混凝土分部工程）的各个分部工程的工程量不宜相差太大，一般不超过50%；不同类型（如混凝土分部工程、砌石分部工程、闸门及启闭机安装分部工程……）的各分部工程的投资不宜相差太大，一般不超过100%。

3.为了使单位工程的质量等级评定更为合理，对每个单位工程中分部工程的数目也要有一定的要求，一般不宜少于5个。

（三）单位工程的划分

单位工程是指具有独立发挥作用或独立施工条件的建筑物。单位工程通常可以是一项独立的工程，也可以是独立工程中的一部分，一般按设计和施工部署进行划分。人们把失事后将造成下游灾害或严重影响工程效益的建筑物称为主要建筑物，属于主要建筑物的单位工程称为主要单位工程。

水利水电工程中通常按设计、施工部署和便于质量管理等原则划分单位工程。单位工程划分一般遵循如下原则：

1.枢纽工程

以每座独立的建筑物为一个单位工程。工程规模大时，也可将一个建筑物中具有独立施工条件的一部分划为一个单位工程。

2.渠道工程

按渠道级别（干、支渠）或工程建设期、标段划分，以一条干（支）渠或同一建设期、标段的渠道工程为一个单位工程。大型渠道建筑物也可以每座独立的建筑物为一个单位工程。

3.堤防工程

项目一般根据设计和施工部署划分为堤身、堤岸防护、交叉连接建筑物和管理设施等单位工程。在仅有单项加高培厚或基础防渗处理等项目时，也可单独划分为单位工程。由于堤防建设战线长、范围大，一个项目可能贯穿不同的地（市）、县。

考虑到地方按行政区域组织建设的实际情况，可按如下原则划分单位工程。

（1）一个工程项目由若干项目法人负责组织建设时，每一项目法人所负责的工程可划分为一个单位工程。

（2）一个项目法人所负责组织建设的工程，可视规模按照堤段划分为若干个单位工程。

（3）较大交叉连接建筑物可以每一独立建筑物划为一个单位工程。

（4）堤岸防护和管理设施工程可以每一独立发挥作用的项目划为一个单位工程。

4.除险加固工程

按招标标段或加固内容，并结合工程量划分单位工程。除险加固工程因险情不同，其除险加固内容和工程量也相差很大，应按实际情况进行项目划分。加固工程量大时，以同一招标标段中的每座独立建筑物的加固项目为一个单位工程，当加固工程量不大时，也可将一个施工单位承担完成的几个建筑物的加固项目划分为一个单位工程。

二、质量等级评定的标准

（一）单元工程质量评定标准

单元工程质量等级按《检验与评定规程》进行。当单元工程质量达不到合格标准时，必须及时处理。其质量等级评定标准如下：

1.合格

（1）经加固补强并经过鉴定能达到设计要求的，只能评定为合格。

（2）经鉴定达不到设计要求，但建设（监理）单位认为能基本满足安全和使用功能要求的，可不补强加固。

（3）经补强加固后，改变外形尺寸造成永久缺陷的，经建设（监理）单位认为能基本满足设计要求的。

2.重新评定等级

对于全部返工重做的单元工程要重新进行等级评定。

（二）分部工程质量评定标准

分部工程质量的等级可以分为合格和优良两个等级，其各自的评定标准条件如下：

1.质量合格

（1）单元工程质量全部合格。

（2）中间产品质量及原材料质量全部合格。

（3）金属结构及启闭机制造质量合格。

（4）机电产品质量合格。

2.质量优良

（1）单元工程质量全部合格。

其中有50%以上达到优良，主要单元工程、重要隐蔽工程及关键部位的单位工程质量优良，且未发生过质量事故。

（2）中间产品质量全部合格

混凝土拌和物质量达到优良；原材料质量、金属结构及启闭机制造质量合格，机电产品质量合格。

（三）单位工程质量评定标准

单位工程质量评定的等级也分为合格和优良两个等级，各自的评定标准条件如下：

1.质量合格

（1）分部工程质量全部合格。

（2）中间产品质量及原材料质量全部合格；金属结构及启闭机制造质量合格；机电产品质量合格。

（3）外观质量得分率达70%以上。

（4）施工质量检验资料基本齐全。

2.质量优良

（1）分部工程质量全部合格。

其中有50%以上达到优良，主要分部工程质量优良，且未发生过重大质量事故。

（2）中间产品质量全部合格

混凝土拌和物质量达到优良，原材料质量、金属结构及启闭机制造质量合格，机电产品质量合格。

（3）外面质量得分率达85%以上。

（4）施工质量检验资料齐全。

（四）工程质量评定标准

单位工程质量全部合格，工程质量可评为合格；若其中50%以上的单位工程优良，且主要建筑物单位工程质量优良，则工程质量可评优良。

三、水利水电工程施工质量验收评定

（一）单元工程施工质量验收评定

根据现行规定，水利水电工程中的土石方工程、混凝土工程和堤防工程中单元工程基本上分为两种类型，有划分工序的单元工程和不划分工序的单元工程。对划分工序的单元工程，应先评定单元工程中各工序的质量等级（工序的质量等级是根据该工序各检验项目的质量情况评定的），再根据各工序的质量等级评定单元工程的质量等级。对于不划分工序的单元工程，可直接根据该单元工程中各检验项目的质量情况评定单元工程的质量等级。

水利水电工程中的地基处理与基础工程的单元工程有4种类型：

1.当单元工程由若干个孔（桩、槽）组成，并且每个单孔（桩、槽）又划分出工序时，应先评定单孔（桩、槽）各工序的质量等级，由工序的质量等级评定单孔（桩、槽）的质量等级，再由该单元工程中各单孔（桩、槽）的质量等级评定单元工程的质量等级；

2.单元工程由若干个孔（桩、槽）组成，而每个单孔（桩、槽）未划分出工序时，应先评定单孔（桩、槽）的质量等级，再由该单元工程中各单孔（桩、槽）的质量等级评定单元工程质量等级；

3.当单元工程由若干工序组成，应先评定该单元工程中各工序的质量等级，再由各工序的质量等级评定单元工程的质量等级；

4.单元工程未划分出单孔（桩、槽），也未划分出工序时，直接由该单元工程中的各检验项目的质量情况评定该单元工程的质量等级。

水利水电工程中的水工金属结构安装工程、水轮发电机组安装工程、水力机械辅助设备系统安装工程的单元工程应先评定各安装检验项目的质量等级，再根据该单元工程中各安装检验项目的质量等级评定该单元工程的质量等级。

水利水电工程中的发电电气设备安装工程、升压变电电气设备安装工程的单元工程可直接在单元工程检验项目的检验结果、试运转达到标准要求，并具备完整安装记录的基础上进行。

（二）分部工程施工质量验收评定

分部工程中所有单元工程已经完成，单元工程质量评定与联合验收签证时提出的问题已经处理或者有监理机构出具的书面意见，且该分部工程在施工过程中发生的质量事故及质量缺陷已按要求进行了处理，并且处理结果经检验符合有关规定要求。此时，可由施工单位质量管理人员负责将该分部工程中各单元工程质量等级评定结果（单元工程种类、工程量、单元工程个数、合格数、其中优良个数）填入该分部工程施工质量评定表，如果属重要隐蔽单元工程、关键部位单元工程应填入相应栏内，并分别计算出该分部工程的合格率和优良率，重要隐蔽单元工程及关键部位单元工程的个数、合格率和优良率，以及该分部工程中原材料质量、中间产品质量、金属结构及启闭机制造质量和机电产品质量情况等填入表中，如果该分部工程中有质量事故或质量缺陷的，应将其处理情况一并填入表中。

根据以上情况，由施工单位质量管理人员负责评定该分部工程的质量等级，如果确定该分部工程经施工单位质量管理人员自评达到合格及以上等级后，评定人员签字确认，报告项目部技术负责人审核签字，并加盖施工单位项目部公章。

施工单位完成以上工作后，应填写分部工程施工质量评定报验单，并将其与分部工程施工质量评定表、各单元工程施工质量验收评定表及其相关资料等一起报送监理机构。负责该分部工程监理的监理工程师应核查施工单位报验资料是否真实、齐全、规范，结合平行检测和跟踪检测结果等资料，复核该分部工程施工质量等级是否达到合格及以上质量等级，在施工单位提交的分部工程施工质量评定表中填写复核意见，复核该分部工程施工质量等级，签字确认后，报总监或副总监审核，并加盖监理机构公章。

监理机构完成上述工作后，应将该分部工程的施工质量评定表及其相关资料一起，书面报送项目法人（或建设单位）。由代表项目法人（或建设单位）现场负责该分部工程管理的工程技术人员审查，并签署审查意见，签字确认后送项目法人（或建设单位）的技术负责人审核，并签字，加盖项目法人（或建设单位）公章。

至此，该分部工程施工质量评定工作已全部完成。项目法人（或建设单位）除留下该分部工程的部分资料外，应将其余资料分别反馈给监理机构和施工单位。

（三）单位工程施工质量验收评定

由于单位工程的质量是通过分部工程的质量来反映的，所以一个单位工程中分部工程的个数，可能对该单位工程的质量等级产生影响，所以要认真做好分部工程的项目划分工作。

在推行单元工程质量等级评定标准之初，单位工程的质量等级只简单地由评定后的分部工程质量等级，采用统计方法来确定。1996年颁布的《水利水电工程施工质量评定规程》（SL 176–1996）不仅考虑了分部工程质量等级统计汇总的结果，还考虑了对影响单位工程的安全和使用功能的中间产品及原材料、金属结构制作和机电设备产品的质量及施工记录、运行试验和单元工程评定记录等施工质量检验资料，并考虑了现代工程建设对美化和改善环境的作用，对单位工程的外观质量进行严格认真地审查和评判。2007年颁布的《水利水电工程施工质量检验与评定规程》（SL 176–2007）对单位的质量评定，特别强调了质量事故的处理情况，以及工程施工期及试运行期，单位工程的观测资料分析结果是否符合国家和行业技术标准以及合同约定的标准要求。而将中间产品及原材料、金属结构制作和机电设备产品的质量仅作为单位工程中的分部工程施工质量评定的要求，而在单位工程评定时不再强调。这些都体现了水利工程质量管理工作不断规范、完善，同时也反映了现代社会对工程建设不仅要有良好的内在质量，完好的使用功能，还要有完美的外观质量的综合要求。

单位工程质量是由①分部工程质量等级统计汇总结果；②质量事故处理情况；③工程外观质量；④直接反映单位工程安全和使用功能的施工质量检验资料；⑤工程施工期及试运行期，单位工程观测资料分析结果符合国家和行业技术标准以及合同约定的标准要求5个方面来综合评定的。

第四节　水利工程质量监督核定与核备

一、核定与核备的内容

根据《水利工程建设项目验收管理规定》（水利部令30号）、《水利水电建设工程验收规程》（SL 223–2008）和《水利水电工程施工质量检验与评定规定》（SL 176–2007）的规定，水利工程质量监督机构对监督的水利工程项目应适时对相关内容开展核备、核定、审核、备案、批准和确认等工作。为方便起见，将这些内容统称为水利工程质量监督核定与核备。

需要水利工程质量监督机构核备与核定的内容有：

1.对《水利水电工程施工质量检验与评定规定》（SL 176–2007）附录A水利水电工程外观质量评定办法中各类项目的外观质量评定表所列的外观质量项目有

增加时应对其质量标准及标准分进行核备。

2.对《水利水电工程施工质量检验与评定规定》（SL 176–2007）附录A水利水电工程外观质量评定办法中的水工建筑物外观质量评定表所列各项目的质量标准应报工程质量监督机构确认。

3.对临时工程质量检验及评定标准应报工程质量监督机构核备。

4.对《水利水电工程单元工程施工质量验收评定标准》未涉及的项目其质量标准与评定表格进行批准或备案。

5.对重要隐蔽单元工程及关键部位单元工程质量验收签证结果进行核备。

6.对工程质量缺陷备案表进行备案。

7.对分部工程验收的质量结论进行核备（核定）。

8.对工程外观质量评定结论进行核定。

9.对单位工程验收的质量结论进行核定。

10.对堤防工程竣工质量抽样检测的项目和数量进行确定。

11.对其他水利水电工程竣工质量抽样检测的项目、内容和数量进行审核。

12.对工程项目质量等级进行核定等。

上述这些核定、核备、备案、确认、确定和审核工作内容应以书面形式进行，工程质量监督机构在接到项目法人的有关书面申请报告后，应根据项目法人提供的相关资料，重点检查资料的真实性、规范性和完整性，并在相应的栏目内签署核定、核备、备案、确认、确定和审核意见。

二、核定与核备的方式

（一）强调过程核定

虽然质量监督部门对工程质量结论（等级）核定与核备是在法人验收之后和政府验收之前进行的，但由于工程质量是在工程建设过程中形成的，要想取得比较好的核定与核备效果，正确把握好政策水准，必须对工程建设过程的整体情况有个比较全面准确的了解。为此，在进行重要隐蔽单元工程、关键部位单元工程验收签证核备或参与工程阶段验收以及质量监督检查时，应认真观察、检查、收集各方面的信息和资料，并做好记录，以便为将来核定与核备质量等级收集必要的客观证据，同时也是将质量结论（等级）核定（备）工作引申至施工过程的有效途径。当然，在进行质量结论（等级）核定（备）时，也可以通过仔细审阅施工过程的各种有效记录，来了解施工过程中的一些质量情况。只有尽可能多地了解和掌握施工过程的一些质量情况，再结合单位工程的施工质量检验与评定资料和试运行等情况，才有可能把质量结论（等级）核定（备）工作做得深入、扎实和细致，以取得比较好的核定（备）效果。

（二）有阶段性

水利工程质量监督工作的方式，除约定的到位点（如大型枢纽工程主要建筑物分部工程验收、阶段验收或单位工程验收等）外，是以抽查为主，工作是间歇性和阶段性的，这是质量监督工作的性质决定的。质量监督部门如何通过阶段性的工作，来了解和掌握整个建设施工过程的质量情况，这就需要质量监督员加强业务技术学习并经过实践锻炼，熟练掌握和运用质量监督工作的方法和手段，提高工作效率，追求工作效果。要搞好单位工程的质量核定与核备，就必须认真做好施工过程中各环节的质量体系检查、重要隐蔽单元工程（关键部位单元工程）验收签证和分部工程验收质量结论的核定（备）等工作。

（三）突出重点

进行工程质量结论（等级）核定（备），不能眉毛胡子一把抓，一定要突出重点，抓住对工程的安全、稳定、使用功能及质量有重要影响的关键环节（如质量体系、重要隐蔽单元工程、关键部位单元工程、大型枢纽工程主要建筑物分部工程及单位工程等）的质量结论（等级）核定（备）工作。在具体核定（备）时，应仔细审查工程建设内容完成后的质量效果，如土石方的密实度，基础处理后的承载力，混凝土工程的结构强度，机电设备安装工程的试运行情况等，都是核定（备）的重点。

三、重要隐蔽单元工程与关键部位单元工程的核备

重要隐蔽单元工程和关键部位单元工程完成后，应先对相应的单元工程进行质量验收评定，再按进行重要隐蔽单元工程或关键部位单元工程的验收签证，然后由项目法人（建设单位）将验收签证表报质量监督机构核备。

（一）时间要求

项目法人（或建设单位）在重要隐蔽单元工程（关键部位单元工程）质

量等级签证表形成后的10个工作日内，将重要隐蔽单元工程（关键部位单元工程）质量等级签证表及相关资料，报送质量监督机构进行核备，质量监督机构在收到项目法人（或建设单位）的申报材料后的20个工作日内，将重要隐蔽单元工程（关键部位单元工程）质量等级签证的核备意见反馈给项目法人（或建设单位）。

（二）核定的内容及方式

签证的程序应规范。被确定为重要隐蔽单元工程和关键部位单元工程，在该单元工程施工完成后，应经施工单位自检合格，报监理机构复核后，由施工单位向监理机构申请进行联合验收签证，再由监理机构报告项目法人决定是否进行联合验收签证。项目法人（或委托监理机构）组织联合小组完成验收签证，由项目法人填写重要隐蔽单元工程（关键部位单元工程）质量核备表，并经其质量负责人（或部门负责人）签署确认意见后，连同重要隐蔽单元工程（关键部位单元工程）质量等级签证表及其相关资料报送质量监督机构。

参加人员应符合有关规定，应具有一定的代表性。除建设、监理和施工单位外，设计单位（对于重要隐蔽单元工程，应有从事地质专业的勘察设计人员参加）和运行管理单位（如果有的话）也应参加。

重要隐蔽单元工程和关键部位单元工程的各项质量检验与评定资料应齐全、完整、规范。虽然不同的工程内容，有不同的质量检验与评定资料，但项目法人报送的重要隐蔽单元工程和关键部位单元工程核备的资料，应能完整、准确地反映该重要隐蔽单元工程和关键部位单元工程的质量情况。

（三）注意事项

质量监督机构主要对资料的真实性、完整性和规范性进行审查，评定程序的规范性和质量等级的合理性进行审核。对于没有单元（工序）工程质量评定表、“三检”资料；无检测试验报告（岩芯试验、软基承载力试验、结构强度等）；灌浆工程缺乏灌浆施工原始记录；桩基工程无打桩、灌注、成桩过程记录；有资料不真实等情况，应要求其补充完善；如果是程序不规范（未履行联合签证，或联合签证时，地质和设计等相关人员未参与）应要求其重新组织联合小组签证；如发现质量等级与实际情况明显不符，出入较大，可要求其重新确认质量等级。如果出现重要隐蔽单元工程（关键部位单元工程）质量等级签证表签字不完整；“三检”资料不完整；施工原始记录不完整；无地质编录等情况，可同意核备，并签署核备意见。但应提请报送单位下次注意，下次申报时纠正。

四、分部工程质量结论核定

分部工程完成后，应先进行分部工程质量等级评定，再进行分部工程验收，项目法人再按有关规定将分部工程验收的质量结论及相关资料报质量监督机构核定（核备）。

（一）时间要求

项目法人应在分部工程验收通过之日后10个工作日内，将分部工程验收质量结论和相关资料书面报质量监督机构核定（核备）。质量监督机构应在收到分部工程验收质量结论之日后20个工作日内，将分部工程验收质量结论核定（核备）意见书面反馈给项目法人。

（二）核定的内容

1.审查施工质量检验与评定资料

重点查原材料合格证、出厂试验报告及复检报告；中间产品质量检验与试验资料；金属结构及启闭机、机电设备的合格证、技术文件、安装测量记录、焊接记录及探伤报告、调试及试验记录、运行试验报告等资料；重要隐蔽工程施工记录、资料；质量事故调查及处理报告，质量缺陷处理检查记录；工序、单元工程及分部工程的评定及验收资料；监理机构的平行检测、跟踪检测和见证记录等。

2.审查各单元工程的质量检验评定情况

审查单元工程质量验收评定情况，检验评定是否项目齐全、计算准确、填写规范、手续完备、程序到位；特别是重要隐蔽单元工程和关键部位单元工程是否在验收评定的基础上，按有关规定报请质量监督机构进行核备。审查工序或单元工程质量验收评定的结果在施工单位自评完成后，监理机构是否及时进行了复核；审查分部工程质量验收评定是否经施工单位自检、监理机构复核和项目法人认定的程序。

3.核查中间产品、金属结构及启闭机、机电产品的质量情况

反映各工序和单元工程实体质量的中间产品质量、混凝土（砂浆）试件质

量、原材料质量、金属结构及启闭机制造质量和机电产品质量是否符合要求。重点查中间产品、原材料试验报告和统计分析资料；金属结构及启闭机制造的焊接质量和无损检测报告；机电产品的安装质量、耐压、渗漏、严密性试验及机组运行等方面的质量情况。

4.质量事故及质量缺陷处理情况

在施工过程中，发现影响结构安全和使用功能的重大质量问题，以及发生重大质量事故，建设、监理或施工单位应在规定的时间内通知质量监督部门，并及时进行处理。对于施工过程中发现的质量缺陷，施工单位除采取必要的临时安全维护措施外，不能随意采取措施进行处理，未经有关部门同意而擅自处理或掩盖的，必须清除已处理部分，恢复其原状。不论什么样的质量缺陷，都应按规定的处理权限，将处理方案报有关部门，经批准后才能进行处理和掩盖。对于局部不影响结构安全和使用功能的质量缺陷，施工单位也要将质量缺陷处理方案报建设、监理单位批准认可，必要时还应经设计单位同意，并做好质量缺陷描述记录和质量缺陷处理过程记录。质量监督员应当了解质量缺陷、质量问题和质量事故真相，监督其处理过程，并参与质量事故的调查。对于隐瞒事故真相，逃避责任的单位或个人，质量监督部门应当建议水行政主管部门给予通报批评，严重的要移送司法机关处理。在质量事故的调查、分析、处理过程中，质量监督员对其过程要认真进行监督，检查其是否按“三不放过”的原则进行了处理，是否认真吸取了教训，返工质量是否符合要求等内容。

在施工过程中，因特殊原因使得工程个别部位或局部发生达不到技术标准和设计要求（但不影响使用），且未能及时进行处理的工程质量缺陷问题（质量评定仍定为合格），应以工程质量缺陷备案形式进行记录备案。质量缺陷备案表由监理单位组织填写，内容应真实、准确、完整。各工程参建单位代表应在质量缺陷备案表上签字，若有不同意见应明确记载。质量缺陷备案表应及时报工程质量监督机构备案。

5.分部工程验收情况

分部工程验收是否成立了分部工程验收工作组，组长是否明确，参加人员的素质、数量和代表的单位是否符合规定，验收程序是否符合规范，验收成果是否符合要求，质量结论是否准确等。

（三）注意事项

对于一般分部工程，在验收鉴定书通过之起的10个工作日内，项目法人应将分部工程验收鉴定书、分部工程质量评定表、单元工程施工质量评定表及该分部工程中的重要隐蔽单元工程（关键部位单元工程）签证记录等资料报质量监督机构核备。质量监督机构主要对资料的完整性、程序的规范性、验收中发现的问题、质量等级的合理性进行审核备案。如果没有大的原则问题都可以通过核备。但是，如发现资料不完整、签字不完善，应要求其补充完善；如果是程序不规范（未成立分部工程组，设计等主要人员未参与），应要求其重新组织分部工程验收；如发现质量等级与实际情况明显不符，出入较大，可要求项目法人组织参加验收的单位进一步研究，并将研究意见报质量监督机构，以便质量监督机构对其质量结论进行核备。

核备分部工程验收质量结论时，应着重核查该分部工程涉及的原材料、中间产品、混凝土（砂浆）试件以及金属结构、启闭机、机电产品等资料；还应抽查单元工程的质量评定资料，对于单元工程较多，数量较大时，可以按单元工程的类别采用随机抽查的方式进行，其抽查的数量可根据具体情况确定。

对于大型枢纽工程主要建筑物分部工程，在验收鉴定书通过之日起的10个工作日内，项目法人应将分部工程验收鉴定书、分部工程质量评定表、单元工程施工质量评定表及该分部工程中的重要隐蔽单元工程（关键部位单元工程）签证记录、各种检测试验资料、设备运行调试记录、监理机构的平行检测资料、见证记录等资料报质量监督机构核定。质量监督机构不仅要对资料的完整性、程序的规范性、验收中发现的问题、质量等级的合理性进行审核。还要对该分部过程中使用的原材料、中间产品、金属结构及启闭机、机电产品等形成分部工程的实体质量及其运行效果等方面进行全面审查，以便核定该分部工程的质量等级。如果没有大的问题都可以通过核定。

分部工程验收质量结论核定，应依据分部工程实体质量检测报告，及设备设施的运行调试记录和试验报告，并结合工程质量检验资料等进行综合评判。如发现资料不完整、签字不完善，应要求其补充完善；如果是程序不规范（未成立分部工程组，设计等主要人员未参与），应要求其重新组织分部工程验收；如发现质量等级与实际情况明显不符，出入较大，可要求其重新确认质量等级；如最终实体检测质量指标达不到要求，或未进行设备运行试验等，可要求项目法人组织参加验收的单位进一步研究，并将研究意见报质量监督机构，以便质量监督机构对其质量结论进行核定。

当质量监督机构与项目法人对质量结论仍然有分歧意见时，应报上一级质量监督机构协调解决。根据有关规定，未经工程质量监督机构核定的大型枢纽主要建筑物分部工程验收的质量结论，项目法人不得通过法人验收，核定不合格的大型枢纽主要建筑物分部工程，项目法人应当重新组织验收。

五、单位工程验收质量结论核定

（一）时间要求

项目法人应在单位工程验收通过之日起10个工作日内，将单位工程验收质量结论和相关资料报质量监督机构核定。质量监督机构应在收到单位工程验收质量结论之日起20个工作日内，将单位工程验收质量结论核定意见反馈项目法人。

（二）核定的内容

单位工程验收质量结论核定的内容主要有单位质量验收评定情况；质量事故处理情况；工程外观质量评定结论核定情况；单位工程施工质量检验与评定资料整理归档情况；以及工程施工期及试运行期，单位工程观测资料分析结果符合国家和行业技术标准以及合同约定的标准要求情况等。

1.质量评定情况

在单位工程施工质量检验评定情况核查时，由于大型枢纽工程主要建筑物分部工程已按要求进行了质量核定，如果其他分部工程比较多，可以选取相对比较主要的分部工程抽取其中的一部分进行核查，核查的方法可以按所选分部工程中单元工程数量的一定比例进行核查，若核查的情况与施工单位自评或监理单位复核及项目法人认定的等级相符，就可以认可施工单位自评或监理单位复核及项目法人认定的等级，若不符，应扩大抽查范围。也就是说一直查到与施工单位自评或监理单位复核的质量等级基本吻合时为止。当然应将错评（优良品率计算错误，把加固补强或部分返工重做的单元工程评为优良等级等）、漏评（有关单元工程漏评或应包括的内容没有计算在内等）的情况排除在外。

2.质量事故与质量缺陷处理监督

按前述分部工程验收质量结论核定（备）的相关内容进行处理。

3.工程外观质量等级核定

对于外观质量评定的结论，主要是以得分率来反映，只有外观质量得分率达到70%及其以上时，该单位工程质量等级才有可能评定为合格；外观质量得分率达到85%及其以上时，该单位工程质量等级才有可能评定为优良。

4.单位工程施工质量检验与评定资料核查

质量检验是保证工程施工质量的重要手段，质量检验资料是评定工程质量等级的依据。质量监督员应经常对建设、监理和施工单位的质量检验、测试记录进行检查，及时发现漏检、错检和错评的现象，以便保证质量检验资料能真实反映工程质量现状。审查的内容大体是：检验项目数量是否有漏、缺、少的现象，是否符合有关规定；检验人员是否有必要的资格证书，质量检验员是否专职，尤其是终检的质检员是否为专职并取得相应的岗位资格证书；检验用的仪器、仪表是否在规定的检定周期范围内。对施工单位的质量检验程序也要进行审查，施工单位是否执行了“三检制”，检验是否及时，内容是否完整、真实，填写是否规范，签字是否完整、及时，评定结论是否正确等。对监理单位的质量抽检记录也要进行审查。为了进一步验证检验数据的可靠性，必要时可对有关方面的检验、测试过程进行跟踪检查，看其操作是否熟练、程序是否合法、方法是否得当等。对检查中发现的问题，应及时向有关方面指出，以便于改正。对问题特别严重的，要下达质量监督整改通知。通过对质量检验资料的审查，不仅可以使漏检、错检和错评的现象得到及时纠正，了解质检员的工作水平、质量检验资料的准确程度，同时也能掌握和了解工程质量状况，为最终核定工程质量等级，编制质量监督报告提供可靠的依据。

水利水电工程中单位工程的施工质量评定结果是由分部工程的施工质量评定情况，原材料、中间产品、金属结构及启闭机、机电设备安装质量情况，施工质量检验与评定资料和外观质量评定的结果等方面来综合反映的。质量监督员审查单位工程竣工验收资料，主要是对其完整性、真实性和客观性进行认真审查，必要时对混凝土强度的检验评定情况、砌筑砂浆强度的检验评定情况、土的干容重检验评定情况等方面的质量进行审查和复核，不仅要审查施工单位的资料，也要审查监理单位的抽检资料。

对于原材料、配件和设备的监督抽查，质量监督员主要是审查合格证和出厂试验报告，商标与产品是否相符，是否按规定进行了复检，复检项目、结果是否符合有关要求，存放条件如何，材料的发放、领取是否有完善的制度，执行情况如何等。对于重要的金属结构制作工程（如钢闸门等）在出厂前，质量监督部门最好能参与建设、监理单位组织的出厂前验收。验收时，质量监督员应核验施工单位的金属结构制作生产许可证；审查其施工工艺评定报告；焊条、焊剂出厂合格证；焊接记录和焊工操作证书；无损检测、试验报告；钢材的品种、型号、规格等级和必要的钢材试验报告；防腐工艺及防腐材料的质量情况；金属结构成品质量检验评定情况；外观质量情况等。制作单位还应出具产品出厂合格证，对需要运输的产品，还应了解运输条件。对于施工过程中形成的各种记录、图表，质量事故调查及处理报告、质量缺陷处理检查记录，工程施工期及试运行期观测资料，以及工序、单元工程施工质量评定资料等都应按规定进行监督检查。

单位工程施工质量检验与评定资料核查是单位工程质量等级核定的一项重要内容，做好资料核查，对确保单位工程的结构安全和使用功能有着重要意义。核查时，注意是否有经鉴定检测符合要求的项目，如混凝土无试验报告或组数不够，没有代表性，用回弹方法评定其抗压强度属经鉴定的项目。另外，还要注意有无漏项，如某项工程有一定数量的回填土工程，而资料中没有土方工程填筑试验资料，就是漏项，可认为资料不齐全。除非有其他资料证明回填土质量符合有关规定的要求。

5.工程施工期及试运行期，单位工程观测资料分析结果的核查

按照现行规定，在单位工程验收时，项目法人应提交工程施工期与试运行期的观测资料分析结果报告，如果质量监督员对观测仪器的采购与验收、率定与测试、埋设及土建施工、观测和巡视及资料整理与分析等方面的质量控制情况有所了解和掌握，而项目法人提交工程施工期与试运行期的观测资料分析结果报告分析的方法正确，结果又符合国家和行业技术标准以及合同约定的标准要求，该单位工程就可顺利通过验收。否则，就要找出原因，提出解决问题的办法，进行必要的处理，直至满足要求为止。

工程施工期和试运行期单位工程观测资料主要核查观测仪器的采购与验

收、率定与测试、埋设及土建施工、观测和巡视及资料整理与分析等方面的质量控制情况，特别是工程施工期与试运行期的观测资料分析结果报告中的主要观测技术指标与国家和行业技术标准以及合同约定的标准要求的符合性情况。

6.单位工程验收情况

单位工程验收是否成立了单位工程验收工作组，组长是否明确，参加人员的素质、数量和代表的单位是否符合规定，验收程序是否符合要求，验收成果是否规范，质量结论是否准确等。

（三）注意事项

单位工程施工质量评定是由分部工程质量等级评定情况；质量事故处理情况；工程外观质量得分率；单位工程施工质量检验与评定资料情况；工程施工期及试运行期，单位工程观测资料分析结果符合国家和行业技术标准以及合同约定的标准要求等5个方面共同影响的、共同决定的，不能偏废任何一方。与此同时，质量监督机构核定单位工程验收质量结论时，还应考虑单位工程验收工作是否符合规定要求。

如果单位工程中有下闸蓄水要求，还应按有关规定进行蓄水安全鉴定。项目法人在报送单位工程验收质量结论核定时，还应提供蓄水安全鉴定报告。如果该单位工程进行了合同完工验收，项目法人在报送单位工程验收质量结论核定时，还应提供合同完工验收鉴定书及相关资料。如果该单位工程验收后，需要进行投入使用，应按照单位工程投入使用验收的要求，向质量监督机构报送有关资料。

根据有关规定，未经工程质量监督机构核定的单位工程的质量结论，项目法人不得通过法人验收，核定不合格的单位工程，项目法人应当重新组织验收。当质量监督机构对单位工程验收质量结论有异议时，项目法人应组织参加验收单位进一步研究，并将研究意见报质量监督机构；当质量监督机构与项目法人对质量结论仍然有分歧意见时，应报上一级质量监督机构协调解决。

六、工程项目质量等级核定

（一）时间要求

项目法人应在竣工验收自查、竣工技术鉴定报告形成后，竣工技术预验收之前，将工程项目质量评定结果及相关资料报质量监督机构核定工程项目质量等级。质量监督机构应在收到竣工验收自查质量结论及相关资料之日起20个工作日内，将核定意见反馈项目法人。

（二）核定的内容和方式

1.专项验收情况

根据现行规定，水利水电工程项目的专项验收包括移民征地专项验收、水土保持专项验收、安全设施专项验收、环境保护专项验收和工程档案专项验收等。在这些专项验收中，与质量监督工作关系最为密切的就是工程档案专项验收。水利水电工程项目要按照《水利工程建设项目档案管理规定》的有关要求，对工程档案资料进行收集、整理、立卷、归档和管理，并在工程项目竣工验收前进行工程档案专项验收。质量监督机构应了解专项验收的有关情况，特别是档案专项验收的得分情况及档案专项验收意见等内容。工程施工期和试运行期各单位工程的观测资料。项目法人应督促有关单位，将工程施工期和试运行期各单位工程的观测资料，随各单位工程建设和运行情况，不断地进行观测、整理、分析和总结，直至工程项目完成竣工验收，并全部移交运行管理单位为止。

2.工程项目竣工验收自查情况

申请竣工验收前，项目法人应组织竣工验收自查。自查工作由项目法人主持，勘测、设计、监理、施工、主要设备制造（供应）商以及运行管理等单位的代表参加。项目法人组织工程竣工验收自查前，应提前通知质量监督机构，以便质量监督机构派员列席竣工验收自查工作会议。项目法人在完成竣工验收自查工作之日起10个工作日内，将自查的工程项目质量结论和相关资料报质量监督机构核备。

3.工程项目竣工质量抽样检测情况

根据竣工验收的需要，竣工验收主持单位可以委托具有相应资质的工程质量检测单位对工程质量进行抽样检测。项目法人应与工程质量检测单位签订工程质量检测合同。根据竣工验收主持单位的要求和工程项目的具体情况，项目法人应负责提出工程质量抽样检测的项目、内容和数量，经质量监督机构审核后报竣工验收主持单位核定。堤防工程质量抽样检测的项目和数量，由项目法人报质量监督机构确定。

4.工程竣工验收技术鉴定情况

大型水利工程在竣工技术预验收前，应按照有关规定进行竣工验收技术鉴定。中型水利工程，竣工验收主持单位可以根据需要决定是否进行竣工验收技术鉴定。对于需要进行竣工验收技术鉴定的项目，项目法人在进行竣工技术预验收前，应委托具有相应资质的单位开展竣工技术鉴定工作。项目法人应与竣工验收技术鉴定单位签订合同，竣工验收技术鉴定单位应根据合同和有关规定开展竣工验收技术鉴定工作，形成竣工验收技术鉴定报告，并向竣工技术预验收工作组报告。质量监督机构应了解从事竣工技术鉴定工作的单位是否具有相应的资质，竣工技术鉴定报告是否符合有关规定，结论是否明确，特别是是否有具备竣工验收条件的有关结论等。

（三）注意事项

工程项目质量等级评定，虽然《水利水电工程施工质量检验与评定规程》中仅规定了依据单位工程质量的合格情况，以及工程施工期与试运行期各单位工程观测资料分析结果符合国家和行业技术标准以及合同约定的标准要求的情况两个方面，但在进行工程项目质量等级核定时，不仅要充分考虑上述两个条件，还应对各专项验收通过的情况，工程项目竣工验收自查的情况，竣工质量抽样检测的情况，以及竣工验收技术鉴定的情况等进行综合评判。

当质量监督机构对工程项目的质量等级评定结果有异议时，项目法人应组织参建单位进一步研究，并将研究意见报质量监督机构。当质量监督机构与项目法人对质量等级评定结果仍然有分歧意见时，应报竣工验收委员会裁定。

第五节　水利水电建设工程验收

一、水利水电工程验收的分类及其意义

（一）水利水电工程验收的分类

工程验收是工程建设进入到某一阶段的程序，借以全面考核该阶段工程是否符合批准的设计文件要求，以确定工程能否继续进行、进入到下一阶段施工或投入运行，并履行相关的签证和交接验收手续。

水利工程验收按阶段通常分为中间验收和竣工验收两个阶段。而中间验收又包括隐蔽工程验收、分部工程验收、阶段验收和单位工程验收等几种。隐蔽工程验收是指基础开挖或地下建筑物开挖完毕未进行覆盖以前的验收。分部工程验收是指对已完工的分部工程进行验收。阶段工程验收是指施工进行到一定的关键阶段（如截流、蓄水等）所进行的验收，单位工程验收是指在水利枢纽中某单位工程（如电站、船闸、灌溉引水建筑物等）已完工，具备了提前投入运用的条件进行的验收。竣工验收是指整个工程项目已经完工，具备了投产、运用条件，可以正式办理工程交付使用手续的最终验收。

水利工程建设项目验收，按验收主持单位性质不同分为法人验收和政府验收两类。法人验收是指在项目建设过程中由项目法人组织进行的验收。法人验收是政府验收的基础。政府验收是指由有关人民政府、水行政主管部门或者其他有关部门组织进行的验收，包括专项验收、阶段验收和竣工验收。对于项目法人组织的法人验收，规程规定行政监督管理机关可以视情况列席验收会议，这是对行政管理机关有关项目管理所提出的一种新的管理方式。新的管理方式进一步明确工程建设责任由工程参建单位承担，同时需要有关行政管理人员在具体工作中做到“到位不越位”。

（二）水利水电工程验收的意义

验收工作的依据是有关法律、规章和技术标准，主管部门有关文件，批准的设计文件及相应设计变更、修改文件，施工合同，监理签发的施工图纸和说明，设备技术说明书等。此外还要符合国家现行有关法规的规定。利用外资的工程项目还必须符合外资项目管理的有关规定。

通过对工程的验收，可以检查工程是否按照批准的设计进行建设，检查已完工程在设计、施工、设备制造安装等方面的质量是否符合技术标准、设计文件的要求和合同的规定，并对验收的遗留问题提出处理要求，检查工程是否具备运行或进行下一阶段建设的条件，总结工程建设中的经验教训，为管理和今后的工程建设服务，使工程及时移交，尽早发挥投资效益。

二、中间验收

（一）重要隐蔽单元工程（关键部位单元工程）验收签证

对于重要隐蔽单元工程（如主要建筑物的基础开挖、地下洞室开挖、地基防渗、加固处理和基础排水等）和关键部位单元工程（如堤坝与建筑物及岸坡连接段、高速水流区、重要承重结构、重要复杂表面结构、防渗反滤部位、重要焊缝、机械间隙、安装水平度和平整度、电气参数等），由于其质量的好坏直接关系到工程结构安全和效益的发挥，因此，有关规程规范规定，重要隐蔽单元工程和关键部位单元工程的施工质量验收评定应在施工单位自检自评的基础上，经监理机构复核达到合格以上质量等级，由项目法人（或委托监理机构）组织设计、施工、运行管理等部门的人员共同组成联合小组进行验收签证。

1.验收签证应准备的资料

监理机构签署复核意见的工序和单元工程施工质量报验单；工序或单元工程质量评定表及“三检”记录等备查资料；监理平行检测资料；跟踪检测和见证记录；地质描述编录成果；测量成果；检测试验报告（岩芯试验、软基承载力试验、结构强度等）；影像资料等。

2.验收签证的内容

重要隐蔽单元工程（关键部位单元工程）质量验收签证的主要内容包括：基础断面尺寸，标高，边坡状况及稳定情况，基础处理状况，基础排水情况，地质情况，试桩及其他试验情况，以及原材料质量证明，原材料复验报告，施工记录，质量检查记录和质量评定情况等。联合小组成员应在重要隐蔽单元工程（关键部位单元工程）质量等级签证表中签字，如果联合小组有个别成员对联合小组的核定意见有不同看法，可在保留意见栏内填写保留意见，并经本人签字确认。

3.验收签证的程序

重要隐蔽单元工程（关键部位单元工程）达到验收评定条件后，由施工单位自检和监理机构复核后，施工单位向监理机构提出签证申请，由项目法人（或由其委托的监理机构）组织，成立由项目法人、监理、设计、施工、工程运行管理（施工阶段已经有时）等单位的代表组成联合小组，共同对该单元工程的质量情况和施工单位自评与监理单位复核的结果进行检查核定，并填写重要隐蔽单元工程（关键部位单元工程）质量等级签证表。但在组织验收前，应提前通知质量监督机构，以便其可以派员列席验收签证活动。

4.验收签证的成果

重要隐蔽单元工程（关键部位单元工程）质量等级验收签证的成果是《重要隐蔽单元工程（关键部位单元工程）质量等级签证表》。项目法人在重要隐蔽单元工程（关键部位单元工程）质量等级签证表形成后10d内，将重要隐蔽单元工程（关键部位单元工程）质量等级签证表及相关资料书面报送质量监督机构核备。

（二）分部工程验收

1.验收组织

分部工程验收应由项目法人（或委托监理单位）主持。验收工作组由项目法人、勘测、设计、监理、施工、主要设备制造（供应）商等单位的代表组成。运行管理单位可根据具体情况决定是否参加。质量监督机构宜派代表列席大型枢纽工程主要建筑物的分部工程验收会议。

大型工程分部工程验收工作组成员应具有中级及其以上技术职称或相应执业资格；其他工程的验收工作组成员应具有相应的专业知识或执业资格。参加分部工程验收的每个单位代表人数不宜超过2名。

分部工程具备验收条件时，施工单位应向项目法人提交验收申请报告。项目法人应在收到验收申请报告之日起10个工作日内决定是否同意进行验收。

2.验收条件

①所有单元工程已完成；

②已完单元工程施工质量经评定全部合格，有关质量缺陷已处理完毕或有监理机构批准的处理意见；

③合同约定的其他条件。

3.验收程序

①听取施工单位工程建设和单元工程质量评定情况的汇报；

②现场检查工程完成情况和工程质量；

③检查单元工程质量评定及相关档案资料；

④讨论并通过分部工程验收鉴定书。

项目法人应在分部工程验收通过之日后10个工作日内，将验收质量结论和相关资料报质量监督机构核备。大型枢纽工程主要建筑物分部工程的验收质量结论应报质量监督机构核定。

质量监督机构应在收到验收质量结论之日后20个工作日内，将核备（定）意见书面反馈项目法人。

分部工程验收鉴定书正本数量可按参加验收单位、质量和安全监督机构各一份以及归档所需要的份数确定。自验收鉴定书通过之日起30个工作日内，由项目法人发送有关单位，并报送法人验收监督管理机关备案。

（三）单位工程验收

1.验收组织

单位工程验收应由项目法人主持。验收工作组由项目法人、勘测、设计、监理、施工、主要设备制造（供应）商、运行管理等单位的代表组成。必要时，可邀请上述单位以外的专家参加。

单位工程验收工作组成员应具有中级及其以上技术职称或相应执业资格，每个单位代表人数不宜超过3名。

单位工程完工并具备验收条件时，施工单位应向项目法人提出验收申请报告。项目法人应在收到验收申请报告之日起10个工作日内决定是否同意进行验收。

项目法人组织单位工程验收时，应提前10个工作日通知质量和安全监督机构。主要建筑物单位工程验收应通知法人验收监督管理机关。法人验收监督管理机关可视情况决定是否列席验收会议，质量和安全监督机构应派员列席验收会议。

2.验收条件

（1）所有分部工程已完建并验收合格；

（2）分部工程验收遗留问题已处理完毕并通过验收，未处理的遗留问题不影响单位工程质量评定并有处理意见；

（3）合同约定的其他条件。

3.验收主要内容

（1）检查工程是否按批准的设计内容完成；

（2）评定工程施工质量等级；

（3）检查分部工程验收遗留问题处理情况及相关记录；

（4）对验收中发现的问题提出处理意见。

4.验收程序

（1）听取工程参建单位工程建设有关情况的汇报；

（2）现场检查工程完成情况和工程质量；

（3）检查分部工程验收有关文件及相关档案资料；

（4）讨论并通过单位工程验收鉴定书。

5.单位工程提前投入使用验收

需要提前投入使用的单位工程应进行单位工程投入使用验收。单位工程投入使用验收由项目法人主持，根据工程具体情况，经竣工验收主持单位同意，单位工程投入使用验收也可由竣工验收主持单位或其委托的单位主持。

单位工程投入使用验收除满足基本条件外，还应满足以下条件：

工程投入使用后，不影响其他工程正常施工，且其他工程施工不影响该单位工程安全运行；

已经初步具备运行管理条件，需移交运行管理单位的，项目法人与运行管理单位已签订提前使用协议书。

单位工程投入使用验收还应对工程是否具备安全运行条件进行检查。

项目法人应在单位工程验收通过之日起10个工作日内，将验收质量结论和相关资料报质量监督机构核定。质量监督机构应在收到验收质量结论之日起20个工作日内，将核定意见反馈项目法人。

（四）合同工程完工验收

合同工程完成后，应进行合同工程完工验收。当合同工程仅包含一个单位工程（分部工程）时，宜将单位工程（分部工程）验收与合同工程完工验收一并进行，但应同时满足相应的验收条件。

1.验收组织

合同工程完工验收应由项目法人主持。验收工作组由项目法人以及与合同工程有关的勘测、设计、监理、施工、主要设备制造（供应）商等单位的代表组成。合同工程具备验收条件时，施工单位应向项目法人提出验收申请报告。项目法人应在收到验收申请报告之日起20个工作日内决定是否同意进行验收。

2.验收条件

（1）合同范围内的工程项目已按合同约定完成；

（2）工程已按规定进行了有关验收；

（3）观测仪器和设备已测得初始值及施工期各项观测值；

（4）工程质量缺陷已按要求进行处理；

（5）工程完工结算已完成；

（6）施工现场已经进行清理；

（7）需移交项目法人的档案资料已按要求整理完毕；

（8）合同约定的其他条件。

（五）阶段验收

阶段验收应包括枢纽工程导（截）流验收、水库下闸蓄水验收、引（调）排水工程通水验收、水电站（泵站）首（末）台机组启动验收、部分工程投入使用验收以及竣工验收、主持单位根据工程建设需要增加的其他验收。

1.枢纽工程导（截）流验收

枢纽工程导（截）流前，应进行导（截）流验收。

（1）导（截）流验收应具备以下条件：

导流工程已基本完成，具备过流条件，投入使用（包括采取措施后）不影响其他未完工程继续施工。

满足截流要求的水下隐蔽工程已完成。

截流设计已获批准，截流方案已编制完成，并做好各项准备工作。

工程度汛方案已经有管辖权的防汛指挥部门批准，相关措施已落实。

截流后壅高水位以下的移民搬迁安置和库底清理已完成并通过验收。

有航运功能的河道，碍航问题已得到解决。

（2）导（截）流验收应包括以下主要内容：

检查已完水下工程、隐蔽工程、导（截）流工程是否满足导（截）流要求。

检查建设征地、移民搬迁安置和库底清理完成情况。

审查导（截）流方案，检查导（截）流措施和准备工作落实情况。

检查为解决碍航等问题而采取的工程措施落实情况。

鉴定与截流有关已完工程施工质量。

对验收中发现的问题提出处理意见。

讨论并通过阶段验收鉴定书。

工程分期导（截）流时，应分期进行导（截）流验收。

2.水库下闸蓄水验收

水库下闸蓄水前，应进行下闸蓄水验收。

（1）下闸蓄水验收应具备以下条件：

挡水建筑物的形象面貌满足蓄水位的要求。

蓄水淹没范围内的移民搬迁安置和库底清理已完成并通过验收。

蓄水后需要投入使用的泄水建筑物已基本完成，具备过流条件。

有关观测仪器、设备已按设计要求安装和调试，并已测得初始值和施工期观测值。

蓄水后未完工程的建设计划和施工措施已落实。

蓄水安全鉴定报告已提交。

蓄水后可能影响工程安全运行的问题已处理，有关重大技术问题已有结论。

蓄水计划、导流洞封堵方案等已编制完成，并做好各项准备工作。

年度度汛方案（包括调度运用方案）已经有管辖权的防汛指挥部门批准，相关措施已落实。

（2）下闸蓄水验收应包括以下主要内容：

检查已完工程是否满足蓄水要求。

检查建设征地、移民搬迁安置和库区清理完成情况。

检查近坝库岸处理情况。

检查蓄水准备工作落实情况。

鉴定与蓄水有关的已完工程施工质量。

对验收中发现的问题提出处理意见。

讨论并通过阶段验收鉴定书。

工程分期蓄水时，宜分期进行下闸蓄水验收。

拦河水闸工程可根据工程规模、重要性，由竣工验收主持单位决定是否组织蓄水（挡水）验收。验收工作可参照水库下闸蓄水验收进行。

3.引（调）排水工程通水验收

引（调）排水工程通水前，应进行通水验收。

（1）通水验收应具备以下条件：

引（调）排水建筑物的形象面貌满足通水的要求。

通水后未完工程的建设计划和施工措施已落实。

引（调）排水位以下的移民搬迁安置和障碍物清理已完成并通过验收。

引（调）排水的调度运用方案已编制完成；度汛方案已得到有管辖权的防汛指挥部门批准，相关措施已落实。

（2）通水验收应包括以下主要内容。

检查已完工程是否满足通水的要求。

检查建设征地、移民搬迁安置和清障完成情况。

检查通水准备工作落实情况。

鉴定与通水有关的工程施工质量。

对验收中发现的问题提出处理意见。

讨论并通过阶段验收鉴定书。

工程分期（或分段）通水时，应分期（或分段）进行通水验收。

4.水电站（泵站）机组启动验收

水电站（泵站）每台机组投入运行前，应进行机组启动验收。首（末）台机组启动验收应由竣工验收主持单位或其委托单位组织的机组启动验收委员会负责；中间机组启动验收应由项目法人组织的机组启动验收工作组负责。验收委员会（工作组）应有所在地区电力部门的代表参加。根据机组规模情况，竣工验收主持单位也可委托项目法人主持首（末）台机组启动验收。机组启动验收前，项目法人应组织成立机组启动试运行工作组开展机组启动试运行工作。首（末）台机组启动试运行前，项目法人应将试运行工作安排报验收主持单位备案，必要时，验收主持单位可派专家到现场收集有关资料，指导项目法人进行机组启动试运行工作。

（1）机组启动试运行工作组应主要进行以下工作。

审查批准施工单位编制的机组启动试运行试验文件和机组启动试运行操作规程等。

检查机组及相应附属设备安装、调试、试验以及分部试运行情况，决定是否进行充水试验和空载试运行。

检查机组充水试验和空载试运行情况。

检查机组带主变压器与高压配电装置试验和并列及负荷试验情况，决定是否进行机组带负荷连续运行。

检查机组带负荷连续运行情况。

检查带负荷连续运行结束后消缺处理情况。

审查施工单位编写的机组带负荷连续运行情况报告。

（2）机组带负荷连续运行应符合以下要求：

水电站机组带额定负荷连续运行时间为72 h；泵站机组带额定负荷连续运行时间为24 h或7天内累计运行时间为48 h，包括机组无故障停机次数不少于3次。

受水位或水量限制无法满足上述要求时，经过项目法人组织论证并提出专门报告报验收主持单位批准后，可适当降低机组启动运行负荷以及减少连续运行的时间。

（3）首（末）台机组启动验收前，验收主持单位应组织进行技术预验收，技术预验收应在机组启动试运行完成后进行。

①技术预验收应具备以下条件：

与机组启动运行有关的建筑物基本完成，满足机组启动运行要求。

与机组启动运行有关的金属结构及启闭设备安装完成，并经过调试合格，可满足机组启动运行要求。

过水建筑物已具备过水条件，满足机组启动运行要求。

压力容器、压力管道以及消防系统等已通过有关主管部门的检测或验收。

机组、附属设备以及油、水、气等辅助设备安装完成，经调试合格并经分部试运转，满足机组启动运行要求。

必要的输配电设备安装调试完成，并通过电力部门组织的安全性评价或验收，送（供）电准备工作已就绪，通信系统满足机组启动运行要求。

机组启动运行的测量、监测、控制和保护等电气设备已安装完成并调试合格。

有关机组启动运行的安全防护措施已落实，并准备就绪。

按设计要求配备的仪器、仪表、工具及其他机电设备已能满足机组启动运行的需要。

机组启动运行操作规程已编制，并得到批准。

水库水位控制与发电水位调度计划已编制完成，并得到相关部门的批准。

运行管理人员的配备可满足机组启动运行的要求。

水位和引水量满足机组启动运行最低要求。

机组按要求完成带负荷连续运行。

②技术预验收应包括以下主要内容：

听取有关建设、设计、监理、施工和试运行情况报告。

检查评价机组及其辅助设备质量、有关工程施工安装质量；检查试运行情况和消缺处理情况。

对验收中发现的问题提出处理意见。

讨论形成机组启动技术预验收工作报告。

（4）首（末）台机组启动验收应具备以下条件：

技术预验收工作报告已提交。

技术预验收工作报告中提出的遗留问题已处理。

（5）首（末）台机组启动验收应包括以下主要内容。

听取工程建设管理报告和技术预验收工作报告。

检查机组和有关工程施工和设备安装以及运行情况。

鉴定工程施工质量。

讨论并通过机组启动验收鉴定书。

5.部分工程投入使用验收

项目施工工期因故拖延，并预期完成计划不确定的工程项目，部分已完成工程需要投入使用的，应进行部分工程投入使用验收。在部分工程投入使用验收申请报告中，应包含项目施工工期拖延的原因、预期完成计划的有关情况和部分已完成工程提前投入使用的理由等内容。

（1）部分工程投入使用验收应具备以下条件：

拟投入使用工程已按批准设计文件规定的内容完成并已通过相应的法人验收。

拟投入使用工程已具备运行管理条件。

工程投入使用后，不影响其他工程正常施工，且其他工程施工不影响部分工程安全运行（包括采取防护措施）。

项目法人与运行管理单位已签订部分工程提前使用协议。

工程调度运行方案已编制完成；度汛方案已经有管辖权的防汛指挥部门批准，相关措施已落实。

（2）部分工程投入使用验收应包括以下主要内容。

检查拟投入使用工程是否已按批准设计完成。

检查工程是否已具备正常运行条件。

鉴定工程施工质量。

检查工程的调度运用、度汛方案落实情况。

对验收中发现的问题提出处理意见。

讨论并通过部分工程投入使用验收鉴定书。部分工程投入使用验收鉴定书是部分工程投入使用运行的依据，也是施工单位向项目法人交接和项目法人向运行管理单位移交的依据。提前投入使用的部分工程如有单独的初步设计，可组织进行单项工程竣工验收。

（六）专项验收

工程竣工验收前，应按有关规定进行专项验收。专项验收主持单位应按国家和相关行业的有关规定确定。项目法人应按国家和相关行业主管部门的规定，向有关部门提出专项验收申请报告，并做好有关准备和配合工作。专项验收应具备的条件、验收主要内容、验收程序以及验收成果性文件的具体要求等应执行国家及相关行业主管部门有关规定。

专项验收成果性文件应是工程竣工验收成果性文件的组成部分。项目法人提交竣工验收申请报告时，应附相关专项验收成果性文件复印件。

三、竣工验收

（一）总要求

竣工验收应在工程建设项目全部完成并满足一定运行条件后1年内进行。不能按期进行竣工验收的，经竣工验收主持单位同意，可适当延长期限，但最长不得超过6个月。

一定运行条件是指：泵站工程经过一个排水或抽水期；河道疏浚工程完成后；其他工程经过6个月（经过一个汛期）至12个月。

工程具备验收条件时，项目法人应向竣工验收主持单位提出竣工验收申请报告。竣工验收申请报告应经法人验收监督管理机关审查后报竣工验收主持单位，竣工验收主持单位应自收到申请报告后20个工作日内决定是否同意进行竣工验收。

工程未能按期进行竣工验收的，项目法人应提前30个工作日向竣工验收主持单位提出延期竣工验收专题申请报告。申请报告应包括延期竣工验收的主要原因及计划延长的时间等内容。

项目法人编制完成竣工财务决算后，应报送竣工验收主持单位财务部门进行审查和审计部门进行竣工审计。审计部门应出具竣工审计意见。项目法人应对审计意见中提出的问题进行整改并提交整改报告。

竣工验收分为竣工技术预验收和竣工验收两个阶段。

大型水利工程在竣工技术预验收前，应按照有关规定进行竣工验收技术鉴定。中型水利工程，竣工验收主持单位可以根据需要决定是否进行竣工验收技术鉴定。

1.竣工验收的条件

工程已按批准设计全部完成；

工程重大设计变更已经有审批权的单位批准；

各单位工程能正常运行；

历次验收所发现的问题已基本处理完毕；

各专项验收已通过；

工程投资已全部到位；

竣工财务决算已通过竣工审计，审计意见中提出的问题已整改并提交了整改报告；

运行管理单位已明确，管理养护经费已基本落实；

质量和安全监督工作报告已提交，工程质量达到合格标准；

竣工验收资料已准备就绪。

工程有少量建设内容未完成，但不影响工程正常运行，且能符合财务有关规定，项目法人已对尾工做出安排的，经竣工验收主持单位同意，可进行竣工验收。

2.竣工验收的程序

项目法人组织进行竣工验收自查；

项目法人提交竣工验收申请报告；

竣工验收主持单位批复竣工验收申请报告；

进行竣工技术预验收；

召开竣工验收会议；

印发竣工验收鉴定书。

（二）竣工验收自查

申请竣工验收前，项目法人应组织竣工验收自查。自查工作由项目法人主持，勘测、设计、监理、施工、主要设备制造（供应）商以及运行管理等单位的代表参加。

竣工验收自查应包括以下主要内容：

检查有关单位的工作报告；

检查工程建设情况，评定工程项目施工质量等级；

检查历次验收、专项验收的遗留问题和工程初期运行所发现问题的处理情况；

确定工程尾工内容及其完成期限和责任单位；

对竣工验收前应完成的工作做出安排；

讨论并通过竣工验收自查工作报告。

项目法人组织工程竣工验收自查前，应提前10个工作日通知质量和安全监督机构，同时向法人验收监督管理机关报告。质量和安全监督机构应派员列席自查工作会议。

项目法人应在完成竣工验收自查工作之日起10个工作日内，将自查的工程项目质量结论和相关资料报质量监督机构核备。

参加竣工验收自查的人员应在自查工作报告上签字。项目法人应自竣工验收自查工作报告通过之日起30个工作日内，将自查报告报法人验收监督管理机关。

（三）工程质量抽样检测

根据竣工验收的需要，竣工验收主持单位可以委托具有相应资质的工程质量检测单位对工程质量进行抽样检测。项目法人应与工程质量检测单位签订工程质量检测合同。检测所需费用由项目法人列支，质量不合格工程所发生的检测费用由责任单位承担。

工程质量检测单位不得与参与工程建设的项目法人、设计、监理、施工、设备制造（供应）商等单位隶属同一经营实体。

根据竣工验收主持单位的要求和项目的具体情况，项目法人应负责提出工程质量抽样检测的项目、内容和数量，经质量监督机构审核后报竣工验收主持单位核定。

工程质量检测单位应按照有关技术标准对工程进行质量检测，按合同要求及时提出质量检测报告并对检测结论负责。项目法人应自收到检测报告10个工作日内将检测报告报竣工验收主持单位。

对抽样检测中发现的质量问题，项目法人应及时组织有关单位研究处理。在影响工程安全运行以及使用功能的质量问题未处理完毕前，不得进行竣工验收。

（四）竣工技术预验收

竣工技术预验收应由竣工验收主持单位组织的专家组负责。技术预验收专家组成员应具有高级技术职称或相应执业资格，2/3以上成员应来自工程非参建单位。工程参建单位的代表应参加技术预验收，负责回答专家组提出的问题。

竣工技术预验收专家组可下设专业工作组，并在各专业工作组检查意见的基础上形成竣工技术预验收工作报告。

1.竣工技术预验收的主要内容

检查工程是否按批准的设计完成；

检查工程是否存在质量隐患和影响工程安全运行的问题；

检查历次验收、专项验收的遗留问题和工程初期运行中所发现问题的处理情况；

对工程重大技术问题做出评价；

检查工程尾工安排情况；

鉴定工程施工质量；

检查工程投资、财务情况；

对验收中发现的问题提出处理意见。

2.竣工技术预验收的程序

现场检查工程建设情况并查阅有关工程建设资料；

听取项目法人、设计、监理、施工、质量和安全监督机构、运行管理等单位工作报告；

听取竣工验收技术鉴定报告和工程质量抽样检测报告；

专业工作组讨论并形成各专业工作组意见；

讨论并通过竣工技术预验收工作报告；

讨论并形成竣工验收鉴定书初稿。

（五）竣工验收

竣工验收委员会可设主任委员1名，副主任委员以及委员若干名，主任委员应由验收主持单位代表担任。竣工验收委员会由竣工验收主持单位、有关地方人民政府和部门、有关水行政主管部门和流域管理机构、质量和安全监督机构、运行管理单位的代表以及有关专家组成。工程投资方代表可参加竣工验收委员会。

项目法人、勘测、设计、监理、施工和主要设备制造（供应）商等单位应派代表参加竣工验收，负责解答验收委员会提出的问题，并作为被验收单位代表在验收鉴定书上签字。

竣工验收会议应包括以下主要内容和程序：

1.现场检查工程建设情况及查阅有关资料。

2.召开大会：宣布验收委员会组成人员名单；观看工程建设声像资料；听取工程建设管理工作报告；听取竣工技术预验收工作报告；听取验收委员会确定的其他报告；讨论并通过竣工验收鉴定书；验收委员会委员和被验收单位代表在竣工验收鉴定书上签字。

工程项目质量达到合格以上等级的，竣工验收的质量结论意见为合格。

数量按验收委员会组成单位、工程主要参建单位各1份以及归档所需要份数确定。自鉴定书通过之日起30个工作日内，由竣工验收主持单位发送有关单位。

四、工程移交及遗留问题处理

（一）工程交接

通过合同工程完工验收或投入使用验收后，项目法人与施工单位应在30个工作日内组织专人负责工程的交接工作，交接过程应有完整的文字记录并有双方交接负责人签字。

项目法人与施工单位应在施工合同或验收鉴定书约定的时间内完成工程及其档案资料的交接工作。

工程办理具体交接手续的同时，施工单位应向项目法人递交工程质量保修书。保修书的内容应符合合同约定的条件。

工程质量保修期从工程通过合同工程完工验收后开始计算，但合同另有约定的除外。

在施工单位递交了工程质量保修书、完成施工场地清理以及提交有关竣工资料后，项目法人应在30个工作日内向施工单位颁发合同工程完工证书。

（二）工程移交

工程通过投入使用验收后，项目法人宜及时将工程移交运行管理单位管理，并与其签订工程提前启用协议。

在竣工验收鉴定书印发后60个工作日内，项目法人与运行管理单位应完成工程移交手续。

工程移交应包括工程实体、其他固定资产和工程档案资料等，应按照初步设计等有关批准文件进行逐项清点，并办理移交手续。

办理工程移交，应有完整的文字记录和双方法定代表人签字。

（三）验收遗留问题及尾工处理

有关验收成果性文件应对验收遗留问题有明确的记载。影响工程正常运行的，不得作为验收遗留问题处理。

验收遗留问题和尾工的处理由项目法人负责。项目法人应按照竣工验收鉴定书、合同约定等要求，督促有关责任单位完成处理工作。

验收遗留问题和尾工处理完成后，有关单位应组织验收，并形成验收成果性文件。项目法人应参加验收并负责将验收成果性文件报竣工验收主持单位。

工程竣工验收后，应由项目法人负责处理的验收遗留问题，项目法人已撤销的，由组建或批准组建项目法人的单位或其指定的单位处理完成。

（四）工程竣工证书颁发

工程质量保修期满后30个工作日内，项目法人应向施工单位颁发工程质量保修责任终止证书。但保修责任范围内的质量缺陷未处理完成的除外。

1.工程质量保修期满以及验收遗留问题和尾工处理完成后，项目法人应向工程竣工验收主持单位申请领取竣工证书。申请报告应包括以下内容。

（1）工程移交情况。

（2）工程运行管理情况。

（3）验收遗留问题和尾工处理情况。

（4）工程质量保修期有关情况。

2.竣工验收主持单位应自收到项目法人申请报告后30个工作日内决定是否颁发工程竣工证书。颁发竣工证书应符合以下条件。

（1）竣工验收鉴定书已印发。

（2）工程遗留问题和尾工处理已完成并通过验收。

（3）工程已全面移交运行管理单位管理。

工程竣工证书是项目法人全面完成工程项目建设管理任务的证书，也是工程参建单位完成相应工程建设任务的最终证明文件。

工程竣工证书数量按正本3份和副本若干份颁发，正本由项目法人、运行管理单位和档案部门保存，副本由工程主要参建单位保存。

新材料在水库、河道中的运用

随着经济和社会的发展，人们环保意识不断提高，以前所采用的人工在河床上铺设硬质材料，采用混凝土施工、衬砌河床的河道治理手段已经被世界各国普遍否定。在科技发展的带动下，应用于水库、河道整治的新材料应运而生，这些新材料的运用不但保证了工程质量，缩短了工期，减轻了劳动强度，大大提高了工效，而且为生态水库、生态河道建设提供了物质保障。新材料的运用以满足资源、环境的可持续发展和多功能开发为目标，使水库、河道整治工程中，草木丰茂、生物多样、水体鲜活流动、水质明显改善，形成了具有自我净化、自我修复能力的水利工程。

本部分主要由两个章节构成，第七章主要介绍了在水库防渗堵漏中，灌浆新材料和新型封堵材料的具体应用，以及在水库加固中加固新材料的应用；第八章主要介绍了作为城市基础设施建设重要组成部分的河道，在其整治、加固过程中所开发出的新材料，以及这些新材料在现实中的应用。

第七章　新材料在水库防渗、加固中的应用

水库工程作为国家基础建设工程，具有独特的功能与意义。水库具有调节水资源存储的功能，而且为田地灌溉提供了水源，大大推动着农业的发展。随着社会的进步，经济的不断发展，我国中小型水库建设的数量也越来越多，而新材料如灌浆材料、封堵材料、加固新材料在水库防渗、加固中的应用也越来越多，本章即对这些新材料的应用进行相应的介绍。

第一节　灌浆新材料在水库防渗堵漏中的应用

位于岩溶地区的水库，由于岩基节理或裂隙较发育，大部分存在不同程度的渗漏。处理该类工程问题，主要的方法是灌浆堵漏。如今的灌浆技术水平已处于先进水平，但在灌浆材料的研究上还未有新的突破，基本上仍以纯水泥浆为主。但由于浆液稳定性、附着力和黏结力差，往往难以达到理想的效果。因此，必须改善灌浆材料的性能，提高稳定性、胶结性，特别是使其遇水不分散，凝结时间可调控，以适应岩溶地区水库渗漏通道大，多处于动水中，且流速较大的特点。

一、灌浆材料使用概述

我国从20世纪90年代起对灌浆基材进行了大量的研究，并先后研制成功以活性混合材料为主体的超细磨新型胶凝材料，但这些特种水泥的成本较高，而且，在动水条件下难以奏效，并不适合于岩溶地区的堵漏灌浆。

本书针对岩溶水库防渗堵漏灌浆中浆材存在的主要问题，经过对多种材料的比较试验，选择了MPVA作为水下不分散灌浆新材料的基材，优选出合理实用的浆材配比，并将灌浆新材料应用于实际水库堵漏工程中，取得了较好的工程效果和经济效益。

二、灌浆材料的原材料选择

经过反复试验比较研究，确定水下不分散浆材的基本材料为：C（水泥），MPVA（改良的聚乙烯醇），S（硅酸钠），m（粉煤灰）。其中，MPVA（改良的聚乙烯醇）是一种高分子化合物，无毒、无腐蚀性，化学性质稳定，是由常用建筑涂料PVA掺入少量化学制剂处理而成，是新型浆材的抗分散剂，能提高浆材的黏聚力，限制水泥的分散、离析，但不与水泥发生化学反应。MPVA在65℃~95℃的水中完全溶解，一般选用溶液为浓度4%~6%，浓度越高，黏度就越大，但浓度超过10%时，易冻结。经分析比较，本研究主要采用4%和8%两种浓度的MPVA溶液进行试验。S硅酸钠（水玻璃）为常用的建筑材料，在浆液中主要起到控制凝结时间的作用。MPVA加入水玻璃可改性，两溶液混合，瞬间生成较好的弹性体。调整水玻璃的掺量，则可以控制浆液的凝结时间，使浆液可瞬间胶凝，也可一个多小时后胶凝，满足不同的工程需要。

三、灌浆材料的配合比实验

（一）MPVA/C配合比试验

选用4%MPVA和8%MPVA两种溶液浓度与水泥C配合，MPVA/C共进行了0.50，0.75，1.00，1.254个比级的试验。

4个液灰比的浆体，在水中和空气中的浆液同步凝胶，凝胶时间为8~14h，结石时间为18~24h。液灰比比值减小或MPVA溶液浓度增大，凝胶和结石的时间缩短，反之则延长。在凝胶至结石过程中，浆液均不析水，比值<1的浆液结石体体积不收缩。注入水中的浆液，抗水性强，浆液不分散，不离析，浆液周围水清澈。高浓度浆液落入水中时，保持落入时的形状，基本上不流动，而稀浆落入水中时，即向周边流动较快，呈薄层状，并有气泡杂物上浮水面。试验表明，液灰比4%MPVA/C<1效果最好。

（二）速凝材料配合比MPVA/C：S试验

甲液采用4%MPVA/C按1.00，0.80，0.603个比级；乙液S浓度为10°，15°，20° Be（玻美度）。甲、乙两液体积比分别采用10，5，3.3，2.5，2共5个体积比进行交叉配合，共进行了38组试验。

试验时，先把甲液搅拌均匀后，把乙液慢慢喷入甲液，边喷边搅拌，使甲、乙两液混合成细腻浆体，表面光滑，结石体均一。

搅拌均匀的浆体抗水性强，水中不离析，黏度大，凝胶和结石时间在水中和空气中同步。甲、乙两液比值小而浓度大，凝胶和结石时间快，反之则慢。

浆液凝胶时间可控制在瞬间至125 min，结石时间1~12 h。

经分析，MPVA/C的比值为1~0.5，MPVA/C：S的比值为3~5，S浓度为10~20° Be比较适宜。

（三）掺和料配合比试验

根据工程的具体情况和收集的有关资料，经多次试验分析后：取甲液为4%MPVA/[C+m]分别为0.60/1，0.80/1，1.00/1共3个比级（其中，[C+m]=60%水泥+40%粉煤灰）；乙液（水玻璃）采用S=10°，15°，20° Be；甲、乙两液体积比采用1：0.2进行配合。先把水泥与粉煤灰混合均匀，再与MPVA溶液搅拌均匀成甲液，把乙液喷入甲液，边喷边快速搅拌，把混合浆搅拌得细腻、均一。否则，浆液在凝胶过程中，煤灰易上浮，而形成煤灰层。

掺有粉煤灰与未掺粉煤灰两种浆液对比，在相同的条件下，掺有煤灰的浆液，其凝胶、结石时间比较快，强度较低。当甲液达到0.5高浓度时，与乙液一触即凝，难以搅拌。

四、浆液结石体的相关力学性能

根据配合比试验情况，优选了多个配合比进行浆液结石体抗压强度、抗渗强度和弹性模量等试验，成果摘选见表7-1。

从试验成果可见，浆液MPVA/C比值小，抗压强度则较高，反之，则较低。浆液中水玻璃浓度越小时，抗渗强度越大，相应弹性模量越高。

表7-1 灌浆新材料结石体力学性能试验成果表

序号	材料配合比	凝胶时间/min	结石时间/h	湿密度/（kg/m）	抗压强度			抗渗标号弹性模量/MPa
					3d	7d	28d	
1	4%MPVA/C=1.00/1	700	<24	1261	0.6	1.2	4.3	
2	=0.80/1	700	<24	1401	1.0	2.5	8.0	
3	=0.60/1	700	<24	1637	2.8	10.5	21.1	
4	4%MPVA/C：S（10° Be）=1.00/1：0.2	80	<8	1304	0.8	2.1	4.5	
5	=0.80/1：0.2	70	<7	1327	1.0	3.0	5.5	
6	=0.60/1：0.2	60	<4	1488	5.4	10.3	13.2	
7	4%MPVA/C：S（15° Be）=1.00/1：0.2	60	<4	1259	1.0	2.4	4.4	
8	=0.80/1：0.2	50	<3	1355	1.7	4.3	6.5	
9	=0.60/1：0.2	40	<1	1435	4.7	8.5	11.4	

续表

10	4%MPVA/[（C+m）]：S（10° Be）=1.00/1：0.2	40	<2	1217	0.7	1.6	8.0	S_8	705
11	4%MPVA/[（C+m）]：S（10° Be）=0.80/1：0.2	30	<2	1327	1.0	3.0	3.2	S_{10}	826
12	4%MPVA/[（C+m）]：S（10° Be）=0.60/1：0.2	20	<2	1355	1.7	4.3	2.9	S_{12}	955
13	4%MPVA/[（C+m）]：S（15° Be）=1.00/1：0.2	20	<2	1457	4.0	6.6	8.5	S_8	676
14	4%MPVA/[（C+m）]：S（15° Be）=0.80/1：0.2	14	<2	1355	1.7	4.3	6.5	S_{10}	798
15	4%MPVA/[（C+m）]：S（15° Be）=0.60/1：0.2	10	<2	1347	4.0	6.0	8.9	S_{12}	921
16	4%MPVA/[（C+m）]：S（20° Be）=1.00/1：0.2	15	<2	1310	1.5	2.6	4.3	S_8	628
17	4%MPVA/[（C+m）]：S（20° Be）=0.80/1：0.2	3	<2	1398	1.8	4.3	5.1	S_8	725
18	4%MPVA/[（C+m）]：S（20° Be）=0.60/1：0.2	1	<2	1358	3.6	6.9	9.7	S_{10}	868

五、灌浆材料的防渗堵漏试验

（一）试验方法

模拟实际工程施工情形，用一段长120 cm，内径10 cm的透明有机玻璃管，内装5~10 mm卵石，管进口接自来水，出口用疏网纱拦封，灌浆前控制管出口流速12 cm/s。

灌浆采用手掀式压力泵，灌浆口设在管进口10 cm处，把浆液压入被灌管道内，观测浆液在管内运行情况，直至被灌管道闭气断流，供水水压上升。

（二）试验情况

采用以下不同的浆液进行对比试验：

单液A：W/C=0.50/1（纯水泥浆）；

单液B：4%MPVA/C=0.50/1；

双液A：采用4%MPVA/C：S（15° Be）=0.80/1：0.2；

双液B：采用4%MPVA/[（C+m）]：S（15° Be）=1.00/1：0.2。

单液A（纯水泥浆）注入管中后，浆液随水流全部带走。单液B浆液灌注时，有少许流出，90 s左右闭气断流，结石体比较饱满。双液A灌注不到1min就闭气断流，浆液与卵石结石为一体，比较饱满，成长枣核状。双液B灌注约1min闭气断流，浆液与卵石结石为一体，结石成长条状，浆液流动性比较均匀，效果比　较好。

六、结果分析

（1）通过对试验研究结果的综合分析，推荐新型P·C·S水下灌浆材料为：4%MPVA/[（C+m）]：S=1/1：0.2。

（2）MPVA溶液浓度以4%~5%；液灰比4%MPVA/C＜1为佳。

（3）可根据需要选择不同的S浓度，以控制凝结时间，但强度有显著的降低。一般MPVA/C的比值为1~0.5，MPVA/C：S的比值为3~5，S浓度为10° ~20° Be比较适宜。

（4）粉煤灰掺和量可占水泥用量的40%，不但可减少水泥用量，降低成本，同时，浆液具有流动性好，凝结时间可调范围大，浆液结石强度高，后期强度增长大，耐久性好等优点。

（5）浆液多采用水灰比0.5的水泥浆，而采用MPAV/C和MPVA/（C+m）将分别增加26%和13%的材料造价。但在灌浆工程中，机械台班和人工费占总投资的大部分，材料费一般只占总投资的20%左右，故实际的投资增加并不大。更重要的是，纯水泥灌浆在大于流速12 cm/s时难以奏效。而新浆材特别适用于动水条件和大流量涌水的堵漏防渗。

（6）水下不分散灌浆新材料的适用性范围：①MPVA/C浆材，宜用于静水或流速较慢的动水条件下的岩溶洞隙，沙砾石层的防渗堵漏，以切断地下渗流；②MPVA/C：S浆材，可根据需要控制浆液胶凝时间，适宜于动水条件下的防渗堵漏，和大管道涌水的处理；③MPVA/（C+m）：S浆材，比较经济，适宜临时建筑物基础的防渗堵漏。

七、灌浆材料的具体实际应用

大龙洞水库位于广西上林县西燕乡大龙洞村，库区全部位于岩溶地区，是一座利用天然岩溶洼地，采用堵塞落水洞和岩溶裂隙等工程措施而形成的大Ⅱ型水库，总库容1.51亿立方米。水库建成蓄水后，渗漏严重。1997年以来，坝首第一渗漏段原铺盖被击穿，多次出现坝坡塌陷漏水现象，漏水量由0.684 m^3/s突增至1.16~3.84 m^3/s，严重影响到水库的安全和效益。

水库再次进行灌浆堵漏，选择25#孔采用水下不分散灌浆新材料进行灌浆，25#孔孔深27.60 m，与溶洞连通。浆液采用525#普通硅酸盐水泥和本项目研制的MPVA溶液，灰浆比为1：0.6。使用工地现有的设备制浆、灌浆，新浆材对设备完全适用，表观质量良好，可灌性好。灌浆后取芯试样3组进行试验：试样表观光滑、致密，胶结良好，试件抗压强度10~15 MPa，渗透系数$<n\times10^{-8}$ cm/s，满足工程要求。

第二节　新型封堵材料在水库防渗中的应用

一、水库放水洞的现状

纸坊水库放水洞于8年前在除险加固中进行了防渗漏处理，混凝土管外的廊道采用砂石混凝土填充，管内采用凯顿百森速凝型水泥基快速封堵材料（简称KP）和缓凝型水泥基封堵材料（简称KB）对裂缝孔隙封堵，洞身用凯顿百森水泥基渗透结晶型砂浆防水材料（简称KW-1）进行一、二道抹面，第三道用凯顿百森隧道专用水泥基渗透结晶型高效防水材料（简称KT1）抹面压光。5年前开始运行，运行中发现冬季放水洞坝后段有漏水现象，出水点3个，北侧干砌石墙有渗水明流。

二、新型封堵材料在放水洞的相关防渗处理

（一）防渗新材料

新材料KP，是一种速凝型快速封堵材料，与传统防渗漏材料相比，有很强的勃结力，能够勃结砖、石、混凝土，有很强的硬度和密实性，能够快速止水，并承受1.5 MPa的水压；专用封堵加强材料KB具有良好的渗透性，与混凝土的亲和力能抗拒细微裂缝并具有自我修复性能，和混凝土具有类似的膨胀性，与基层混凝土能够很好地进行勃结，并且固化后，有着优良的致密性和很高的强度。

（二）基面处理

1.以原伸缩缝中心线为基础，向两边各剔除1530 cm宽，深度为1.5~2 cm，并把此槽标记为A槽。

2.在A槽基础上以原伸缩缝实际情况为准，再次向放水洞壁内开槽，规格比原伸缩缝宽3 cm，深3~4 cm，并把此槽标记为B槽。

3.用水清理A，B槽内杂物、污物。

（三）伸缩缝防渗堵漏处理

1.用KP和KB两种材料结合化学灌浆对伸缩缝B槽进行封堵，标准为与A槽底相平；并埋设灌浆针头4个缝，用油性聚氨酯进行封堵。

2.在距伸缩缝中心线两边各6.5 cm处，环向每隔15 cm距离打孔。

3.用KB材料对A槽进行找平固结后，抹一层壳牌填缝胶，并宽于防水卷材（格雷斯自勃橡胶防水卷材）的宽度，并快速勃结3层厚度为4~5 mm，橡胶高分子卷材，宽度为18 cm，用橡胶锤锤实。其中，橡胶高分子卷材具有较高的抗撕裂强度、抗穿透和抗冲击性能，在潮湿环境下施工，并且钢钉穿刺固定后，能够紧裹而不漏水。

4.用膨胀螺丝或钢钉加钢板对防水卷材进行固定。

5.两边加固。在防水卷材两边厚度2cm用伸缩缝专用材料（简称W）（KP与弹性乳液按1：5比例调制）抹平，固结后用壳牌填缝胶在防水卷材上抹一层，整体用W抹平厚度为2cm。其中，伸缩缝专用材料W固化后为一种双组分半刚半柔材料，与基层结合紧密，可以在潮湿情况下施工，能够承受较大的背水压力。

（四）放水洞内壁防渗补强处理

首先，对整个放水洞内壁进行清理，除掉杂物、污物及松动面。其次，对整个放水洞内壁涂刷防水材料KT1，并养护至少3d。最后，对整个放水洞内壁进行水泥、砂浆及KW-1按照比例涂抹厚1.5~3cm压光，对整个放水洞内壁涂刷凯顿百森防水材料KT1，并养护不少于一周。其中，水泥基渗透结晶型砂浆防水材料KW-1是一种具有很强修复裂缝能力的防水材料，特别是浸泡在水中的建筑物，当产生小于1mm裂缝时，在水的作用下本材料具有很强的修复能力，使裂缝自愈；凯顿百森KT1是一种水泥基渗透结晶型防水材料，具有很高的渗透性，渗透深度可以达到5cm，在混凝土或砂浆中间，能够起到很好的防水和黏结作用。

三、处理后效果

放水洞渗漏处理经由一个月的时间完工。经过两年的运行，未发现漏水现象，整体处理效果明显，达到设计要求，确保了水库枢纽工程正常运行。

四、总结及建议

1.浮桥建设对河段治理规划实施不会产生不利影响，与防洪标准和有关技术要求无矛盾，对河道行洪、防凌不会产生大的影响，对河势稳定不会产生影响等。

2.浮桥建设对黄河水质不会产生影响，但在运行中需要加强对过往车辆的管理，以免造成水质及环境的污染。

3.浮桥建设对部分堤防工程和控导工程有一定的影响，但采取工程加固、加强管理和监测、发现问题及时修复等减免措施后，可减少不利影响。

4.工程建设及运行期间，建设和管理单位应接受黄河河道主管机关的监督管理，积极配合河道主管部门，做好防汛的准备工作。在调水调沙期间及汛期，当预报花园口发生3000 m/s以上洪水时，24h内必须拆除浮桥；凌汛期，当冻口河面出现淌凌时，24h内必须拆除浮桥。如遇特殊情况，严格执行当地河务部门和防汛指挥部的指挥和命令，在指定时间内拆除浮桥。

5.浮桥的架设严禁采用散石、石笼或者混凝土墩等将导致河势产生恶化、破坏下游整个河道整治目标的防护措施，严禁修筑永久性桥头建筑物。

第三节　加固新材料在水库加固中的应用

水库既是水源工程，又是防洪工程。中华人民共和国成立后，党和政府非常重视，依靠群众开展了大规模的江河整治工作，修建了大量的水库工程。这些水库为防御洪水灾害和保障国民经济建设发挥了重要作用。但由于各种原因，目前，许多水库存在着防洪标准偏低，达不到有关规范、规定要求，以及工程本身质量差，工程老化失修等问题，形成了大量的病险水库，工程不能正常运行，严重威胁着下游人民生命财产的安全，也不能充分发挥其兴利效益，这些险库急需抓紧除险 加固。

一、水库除险加固工程的必要性

1.严重威胁人民生命财产安全。水库拦蓄有数千万立方米的水，如果出现垮坝失事，将会引起支流水位升高，农田淹没，对下游地区造成灾难性的影响。

2.降低调蓄能力。水库工程病险隐患的存在，一方面会使工程自身安全运行得不到保障；另一方面，由于不得不采取限制蓄水的措施，汛期到来时水库调蓄能力减低，影响下游区域的安全。

3.水资源得不到充分利用。荣成市水资源比较紧缺，人均占有量少，尤其是近两年来，受气候影响，降水量明显偏少，水资源时空分布不均。资源性或工程性缺水严重制约了经济社会的发展。水库是重要的水源工程，如不能正常拦蓄水源，必然浪费资源，加剧水资源的供需矛盾。

4.水生态环境恶化。由于缺乏有效管理，造成水库水体富营养化、水质恶化，水库库区、坝区环境脏、乱、差，生态环境遭到破坏。水库工程面貌与环境状况同荣成市经济社会发展和现代化进程极不协调。

经济社会的快速发展，人民生活水平的不断提高，城市化、工业化进程的不断加快，对水资源的依赖度也逐步提高，广大群众迫切要求改善病险水库状况，提高水库防洪除涝能力，保障经济社会持续稳定发展。

二、加固新材料在水库加固中的应用

针对不同水库的不同除险加固工程分别介绍不同的加固新材料的用途。

（一）碳纤维复合材料、粘钢加固技术、超细水泥灌浆技术等新技术在水库加固中的应用

1.1号水库存在的问题

（1）弧形门支座附近闸墩局部受拉区、弧形闸门牛腿支座的配筋不满足现行规范要求。

（2）坝体黏土心墙与溢洪闸左边墩连接处出现了两处集中渗漏点，一处沿浆砌块石挡土墙散渗，渗漏量为0.25 L/min（在正常水位以下3.82 m时观测），另一处位于右坝肩坝后14 m处，长年渗漏，渗漏量为4.85 L/min（在正常水位以下3.82 m时观测），二者高水位时渗漏量约为正常水位以下3.82 m时的5~8倍。

（3）溢洪闸弧形工作闸门的主要受力构件不能满足现行规范要求，且面板安全余量偏小。4扇闸门仅有两台QHQ—2 × 15 t启闭机，运行管理不便。经多年运行，闸门局部锈蚀严重，止水失效，启闭设备严重老化，并已到折旧年限。

（4）副溢洪道侧堰与基础存在接触渗漏，漏水点呈串珠状分布，涌水呈股状。

2.出现此种现象的原因

在《水工混凝土结构设计规范》（SL/T—96）推出之前，我国对于弧门支承结构的受力性能、抗裂计算和承载力计算均缺乏系统的研究，大都采用一般钢筋混凝土构件即柱上牛腿来进行计算。但弧门支座和闸墩组成的联合体是空间的非杆件结构，虽然弧门支座和柱上牛腿都是短悬臂构件，但弧门支座位于闸墩下游边缘，作用在支座的弧门推力要通过局部拉筋的悬吊作用间接传递到整个闸墩上去，而作用于柱上牛腿的荷载是通过牛腿的混凝土的斜压杆传给下柱的。因此两者的受力性能有较大的差异。根据试验结果，弧门支座的承载力要比相同尺寸、相同配筋的柱上牛腿低10%~30%。这主要是因为两者的内力臂系数不同。因此对于在（SL/T—96）规范实施之前的弧形闸门支承结构设计大都存在配筋不足，带来的问题就是闸墩受拉区出现裂缝，随着裂缝的开展，将危及整个建筑物的安全。

3.相应的除险加固方案

（1）闸墩加固方案

水库管理处委托检测机构对闸墩进行抽样检测的结果表明：原设计闸墩混凝土标号为150#，混凝土强度经抽检，被检芯样测试龄期抗压强度平均值均大于20 MPa，外观检查闸墩未见裂缝，闸墩混凝土无胀裂破损等缺陷，除水下局部表面砂浆略有冲刷外，闸墩混凝土完好，碳化程度低。经技术经济比选，最后选用的加固方案是：对支座附近局部受拉区采用粘贴碳纤维片材进行补强，利用碳纤维片材和原闸墩受拉区钢筋联合受力。

根据弧形门支座受力特点，在支座前约2倍支座宽、1.5~2.5倍支座高的扇形局部受拉区，若计算的主拉应力大于混凝土的设计拉应力，应沿受拉钢筋方向呈射线状粘贴碳纤维片，以提高该处受拉区承载力。

钢筋与碳纤维片共同承受弧形闸门支座推力，即 $F = F_s + F_{cf}$，碳纤维布所承受的支座推力按如下公式计算：

中墩：$F_{cf} = \frac{1}{\gamma_d} E_{cf} \sum_{i=1}^{n} \varepsilon_{cf_i} A_{cf_i}$

边墩：$F_{cf}=\frac{1}{\gamma_d}\left(\frac{B-a_s}{e_0+0.5B-a_s}\right)E_{cf}\sum_{i=1}^{n}\varepsilon_{cfi}A_{cfi}$

式中，γ_d 为钢筋混凝土结构的结构系数；A_{cf} 为闸墩两侧或一侧局部受拉有效范围内的第i条碳纤维布的截面面积；E_{cf} 为碳纤维片的弹性模量；a_s 为受拉区非应力钢筋合力点至受拉区边缘的距离；B为闸墩厚度；e_0 为弧门支座推力对闸墩厚度中心线的偏心距；ε_{cf_i} 为闸墩两侧或一侧局部受拉有效范围内的第i条碳纤维布的应变，根据与受拉钢筋应变相等的原则，$\varepsilon_{cf}=\frac{f_{cf}}{F_s}=\frac{210MPa}{2.1\times10^5MPa}=0.001$。

（2）牛腿加固方案

对钢筋混凝土支座因推力不足的补强，借鉴工民建的加固技术，即对承载力不足的悬臂构件的加固采用增撑法。根据原钢筋混凝土支座的结构，在钢筋混凝土支座处加一钢结构支托，钢支托用粘钢加固技术和快硬水泥锚杆固定在闸墩及支座混凝土面上，钢支托和钢筋混凝土支座共同承担因弧形门支铰推力所引起的弯矩和剪力。

（3）溢洪闸左边墩连接挡墙加固方案

坝体与溢洪闸左边墩连接挡墙为50#浆砌块石挡土墙，挡墙内设厚50 cm的“Z”型混凝土截渗墙。由于该挡墙是分期建造且施工质量较差，存在两处渗漏点。管理单位曾采用普通水泥进行灌浆处理，但效果不明显。为彻底解决该部位的渗漏，加固方案采用了超细水泥灌浆技术。沿坝轴线方向设3排灌浆孔，灌浆分两期进行，先低压浓浆灌两侧排孔，再灌中间排孔。二期灌浆的目的为解决左边墩墩背砌石挡墙的渗漏。

①先期灌浆。钻孔轴线与坝轴线平行布置，共两排，分居坝轴线两侧，距坝轴线2.0 m；孔距1.5 m分两序钻孔，孔间距3.0 m，浆液采用低压浓浆。目的是为了形成坝轴线两侧止浆体，为接下来的浆砌块石挡墙内灌浆做好准备。

②二期灌浆。主灌浆孔沿坝轴线布置，另外在原厚50 cm混凝土“Z”型截渗墙与边墩相交处的上下游0.50~0.75 m的位置布设灌浆孔加密灌浆，砌石挡墙的防渗堵漏钻孔灌浆结合坝基防渗灌浆。中间排灌浆压力要大于上下游两侧两排孔的压力，采用超细水泥浆灌注，具体灌浆压力通过试验确定。

（4）其他部位加固方案

针对副溢洪道侧堰与基础存在接触渗漏问题，加固方案采用单排帷幕灌浆处理。帷幕灌浆布置在堰顶，孔距2.0 m；深度以伸入相对不透水层（5 Lu）5 m控制，帷幕灌浆处理基本控制在基岩10 m范围内。

对于溢洪闸上部结构，除下游交通桥外，启闭机梁系需拆除重建，因为弧形门原启闭方式为一机两门，启闭机设于中墩及近中墩的启闭机梁上，其梁系不符合一机一门的使用要求。

金属结构部分的加固方案为：主溢洪道处的弧形工作闸门按目前设计工况进行更新改造处理；凿除底槛处二期混凝土，更换埋件；改变原弧形闸门的运行方式，由原来的两台QHQ弧形闸门启闭机启闭，改为4台QHQ-22×7.5弧形闸门启闭机启闭，对原来的两台弧形闸门启闭机进行更换处理。

4.除险加固的效果

根据除险加固后的溢洪闸左边墩渗流量和测压管的监测资料，该处的渗漏量为0.047 L/min（库水位在正常水位附近时，晴天观测），测压管处于无水状态，与除险加固前比较，该部位情况有了明显改善。

5.评价

碳纤维复合材料加固补强混凝土结构技术、粘钢加固技术、超细水泥灌浆技术等新技术在工业、民用建筑领域中已被广泛使用，而在水利工程中应用尚少。通过一个典型的工程实例，对溢洪道建筑物存在的病险原因进行了剖析，并有针对性地提出了加固方案，使这些新技术在该工程中得到了有效应用，其特点是施工简便，施工效率高，施工期短且质量易保证。利用新技术的加固效果及综合经济效益显著。

（二）CJY—J1混凝土无机界面黏结胶、CJY—J2无机锚固（植筋）胶等加固新材料在水库加固中的应用

1.2号水库存在的主要病险问题

该水库存在的主要问题是大坝变形及渗漏量较大。此前虽经多次加固处理，但效果不理想。现着重介绍CJY-J1混凝土无机界面黏结胶、CJY-J2无机锚固（植筋）胶等加固新材料在磨盘水库除险加固工程中的应用情况，以便为此类材料在类似工程中的应用起到借鉴作用。

2.加固施工工艺及材料选择

此次加固的一项重要内容是对原面板进行处理后，在其表面新浇一层80cm

的新混凝土防渗面板。由于2号水库上游坝坡较陡，为了增加新老混凝土的整体性、稳定性，必须进行植筋处理，并在新老混凝土接合面涂抹界面剂。因此，在加固施工工艺和加固材料的选择上应考虑以下几个难题：

（1）上游坝坡较陡，大坝上游面坡比为1：0.649，是目前我国病险水库加固中面板最陡的堆石坝之一，最大坝高达61m，面板采用滑模从下到上连续施工，中间不设马道，施工难度大。

（2）新浇混凝土面板采用双层钢筋布置，因此在新老混凝土之间若采用传统方法涂刷混凝土界面胶不仅效率低下，还存在因双层钢筋阻隔而无法涂刷的困难。采用喷涂方法可以解决这种难题，但这就要求界面胶具有可喷涂、黏结力强、不腐蚀钢筋等特性。

（3）面板上需要大量植筋，要求植筋胶施工工艺简单、快捷且具有快凝、早凝的特性，工程强度和难度极大。

针对上述难题，通过现场试验，并经多家单位联合比选，2号水库除险加固工程最终选用了由长江勘测规划设计研究院和武汉大学联合开发的CJY–J1新老混凝土界面无机黏接胶和CJY–J2无机钢筋锚固（植筋）胶等新材料、新工艺。

3.混凝土无机界面胶

（1）混凝土界面修补材料

目前，用于新老混凝土界面黏结的材料主要分无机和有机材料两类。常规无机类有水泥净浆或水泥砂浆等，其主要缺点是黏结性差，虽能在一定程度上提高界面的黏结强度，但达不到完全消除薄弱界面的目的。有机类主要以环氧基结构胶为主，虽黏结强度相对较高，但耐水性差，在潮湿环境下黏结强度低，在水下浸泡后耐久性大大降低，耐温性差，在紫外线照射的环境下老化和耐久性问题比较突出，且与混凝土的线膨胀系数相差太大，易变形剥落；不能喷涂施工，施工效率低，施工程序复杂，在铺设钢筋密度较大的地方施工难度大甚至无法施工；价格高，需干面施工，一般有毒性。

（2）CJY–Jl混凝土无机界面黏结胶特点

CJY–J1混凝土无机界面黏结胶是为解决混凝土工程中新老混凝土界面黏结难题，保证混凝土工程的施工质量，为病害老化混凝土的修补而专门开发的。该产品获得了发明专利，专利号为ZL01128304.1，其综合指标达到国内领先水平。

CJY-J1混凝土无机界面黏结胶为水泥基材料，线胀系数与混凝土基本相同，不会产生附加温度应力，不会在两者之间开裂。在水性养护下，强度随时间增长不断提高，不容易老化，与混凝土有同等寿命。初凝时间可以根据浇筑需要在2~8 h之间调整。

CJY-J1混凝土无机界面黏结胶具有早强、高强、高黏结性的特点，其黏结抗拉强度可以达到或超过混凝土本体的抗拉强度，从而消除界面薄弱面；具有高抗渗性，其抗渗能力高于普通混凝土，应用于新老混凝土界面可以消除薄弱渗透面；可喷涂施工，克服了有机材料无法喷涂施工的缺点。该材料弥补了现有混凝土界面黏结材料的缺陷，是一种施工方便、无毒、无味、不燃的环保黏结材料。

（3）CJY-Jl混凝土无机界面黏结胶的应用

①施工工艺。

大坝混凝土面板浇筑采用滑模施工，故CJY-J1混凝土无机界面黏结胶也是随滑模边移动边喷涂，具体施工工序如下。

A.基础混凝土表面处理。铺设钢筋前将混凝土表面打毛并冲洗干净。

B.界面黏结胶配制。钢筋铺设好后，按CJY-Jl胶：42.5普硅水泥：水=1：3.6：（0.6~0.8）比例配制无机界面黏结胶，水的用量以无机界面胶具有一定流动性，以便于喷涂为原则。

C.界面冲洗。喷涂前再次冲洗打毛的混凝土表面，使之成饱和面干状态。

D.界面黏结胶喷涂。将配制好的界面黏结胶装入专用容器中，通过专用喷涂机器均匀喷涂在混凝土表面，喷涂厚度控制在2 mm左右。

E.新混凝土浇筑。在界面黏结胶初凝前浇筑新混凝土，边喷涂界面黏结胶边浇筑混凝土，然后与混凝土一起养护。

②效果。

检测结果表明，新老混凝土界面涂刷无机黏结胶后，黏结抗拉强度与混凝土本体抗拉强度基本相当，即无机黏结胶应用于新老混凝土界面可以达到消除薄弱面的目的。CJY-Jl混凝土界面无机黏结胶可在铺有钢筋的界面施工，克服了有机胶不能喷涂，施工复杂等特点，不但提高了工作效率，也大大降低了施工成本。

4.钢筋锚固（植筋）胶

（1）钢筋锚固（植筋）材料。

目前常用的钢筋锚固（植筋）材料分为有机和无机两大类，有机材料通常采用环氧树脂胶、聚酯树脂胶和乙烯基脂树脂胶3种，无机材料通常采用水泥（砂浆）等，其中以有机材料为主。有机材料强度虽高，但耐久性差、变形性能与混凝土不一致、价格高、施工工艺复杂、一般有毒。常规无机材料具有与混凝土一致的变形性能，耐久性较好、价格低、无毒，但其拉拔强度低，需要较大的埋植深度，加大了施工难度，提高了工程造价。

（2）CJY-J2钢筋锚固（植筋）胶特点。

CJY-J2钢筋锚固（植筋）胶是一种新型无机钢筋锚固（植筋）材料，其同时具备无机材料和有机材料的优点，即拉拔强度高、与混凝土变形性能一致、施工工艺简单快捷、耐久性好、价格低、无毒、其生产和使用对环境基本无污染；钢筋植入深度与有机材料基本相当，凝结时间可根据施工要求调节。

CJY-J2钢筋锚固（植筋）胶分普通型CJY-J21和快凝型CJY-J22两种。快凝型无机钢筋锚固（植筋）胶凝结时间可控制在20~80min，普通型无机钢筋锚固（植筋）胶凝结时间在80min以上，可根据工程实际情况调节。快凝型、普通型无机钢筋锚固（植筋）胶龄期分别为24 h，28 d。

5.具体应用

（1）施工工艺

①钻孔。按设计孔径和孔深钻孔，无设计孔深时，按植筋直径的1.5倍在老混凝土面板上钻孔，孔深不低于15倍的钢筋直径。

②清孔。将钻好的孔冲洗干净，并使孔壁成饱和面干状态，孔内不得积水。

③配胶。将无机钢筋锚固（植筋）胶加水拌和均匀，加水量以拌至可灌注的稠度（可搓成条状）为准，注意严格控制用水量，每次配胶不宜过多。用水量控制在以锚固胶拌制好后可灌入钻孔内并不流淌为宜。用量较大时可要求厂家直接配置成更便于施工的药包。

④注胶。将拌好的胶或浸泡后的药包灌入钻孔中，注入量约为孔深的2/3。

⑤植筋。注胶后立即将钢筋插入孔中，越快越好，直到钢筋插入到底部为止，如插入困难时，可用铁锤敲击，然后轻击钢筋使孔中胶体密实，外部略有少

许胶溢出，植筋完成后不得再摇动。

⑥时间控制。配胶+灌胶+植筋整个工艺过程要求在20 min内完成。

⑦养护。孔口处胶体保持潮湿养护5~7d，通常24h后就有足够强度，即可进行下道工序。

（2）检测结果

对该项工程主坝防渗面板植筋后的钢筋进行拉拔检测，检测结果均大于200 kN 。

通过检测机构现场检测，CJY-J2钢筋锚固（植筋）胶的黏接强度达到或超过了设计要求，具有锚固力高、施工工艺简捷、耐久性好、成本低等特点，同时无环境污染，解决了钢筋埋植深度、施工工艺及耐久性等问题。该材料的钢筋植入深度与有机材料基本相当，凝结时间可根据施工要求调节，1d的拉拔强度即可满足设计要求。由于为无机类材料，使用寿命与混凝土相同，其成本仅相当于有机锚固材料的30%~40%，具有较高的经济价值。

6.评价

CJY—J1混凝土无机界面黏结胶和CJY-J2钢筋锚固（植筋）胶均为无机类新型环保材料，同时具备有机类和无机类材料的优点。在磨盘水库除险加固工程中的实践表明，CJY—J1混凝土无机界面黏结胶和CJY-J2钢筋锚固（植筋）胶施工工艺简单，不需大型机械设备，无毒、无味、不燃、成本低。可广泛应用于混凝土工程改造、二期混凝土工程浇筑、混凝土冷缝表面处理、桥梁路面修补、机座浇筑以及混凝土大坝、水闸和砖混结构裂缝灌浆等工程中。

（三）ICG包钢型无机灌浆料在水库加固中的应用

1.3号水库存在的主要问题

3号水库从建成蓄水以来，在隧洞出口洞顶与山体结合部位29m高处一直存在渗水现象。

据现场观测，发现隧洞渗水有以下几个特点：

（1）库水位在38 m以下，没有渗水现象。

（2）库水位在38~39m之间，渗水现象出现，且渗水量达到最大值；此后水位越高，渗水量反而减少，当库水位在41m以后，渗水量剧减。

（3）当库水位大于42 m时，渗水现象基本消失。

（4）库水位在38~42 m时，当闸门关闭后半小时，也没有渗水现象。

（5）渗水为清水，不混浊，不含泥沙。

2.3号水库输水隧洞防渗加固工程

为保证梅州水库的安全运行，充分发挥工程效益，有必要对输水隧洞渗水问题进行加固处理。根据前述3号水库输水隧洞渗水原因的分析，结合输水隧洞存在的缺陷，对输水隧洞采取了如下防渗加固工程：

（1）在原混凝土衬砌内套钢管衬砌，解决洞身向外的渗漏问题，同时提高隧洞结构的强度及安全。钢衬内径为2.8m，采用Q235 C镇静钢，壁厚12mm，钢管与原混凝土衬砌之间进行灌注ICG湿式包钢型无机灌浆料，灌浆压力为0.2~0.4 MPa。

（2）对原隧洞衬砌混凝土老化部位的蜂窝、麻面及裂缝进行修补加固，提高隧洞衬砌混凝土结构强度。

（3）对原隧洞衬砌混凝土与围岩之间进行回填灌浆处理，堵塞洞身与围岩之间的纵向渗漏通道。

（4）在隧洞沿程存在的断层进行固结灌浆，减少围岩断层处裂隙通往隧洞的渗水通道。

（5）在隧洞上游 K_0+024、K_0+081及K_0+086 三处进行环状帷幕灌浆，形成三道截水环，延长渗径，降低下游渗水压力。

3.防渗加固工程新材料应用

（1）ICG湿式包钢型无机灌浆料

ICG湿式包钢型无机灌浆料属水泥基灌浆材料，是一种由水泥、集料、多种化学外加剂和矿物掺和料等原材料，经工厂化配制生产而成的具有合理级配的干混料，其主要性能如下：

1）浆液特点：①现场配制方便，在灌浆料中加入一定比例拌和水即可，施工操作方便简单；②浆液流动好、析水率低；③浆液流动性和凝结时间均可调，可满足不同施工凝结时间要求，同时浆液既可灌注又可黏结锚固，解决了环氧树脂只能灌，乳胶砂浆只能粘贴的施工难题；④可灌性好，可灌注1mm以上缝隙。

2）硬化体特点：①早强、高强且持久高强，抗压强度1d即可达到20MPa，

3d达到40MPa，28d抗压强度在60MPa以上；②不收缩、不空鼓，外包钢与混凝土共同工作性能好；③耐温，耐老化、耐水，灌浆后可在钢板（架）上再施电焊，可解决环氧类灌浆材料不可施焊的缺点。

3）技术指标：ICG湿式包钢型无机灌浆料技术指标在同类灌注中具有抗压、抗折强度高且持久，黏结力大，不收缩、不空鼓，外包钢与混凝土共同工作性能好等特点。

（2）具体应用

3号水库输水隧洞原洞径3m，内套钢管内径2.8m，内套钢管与原硅衬砌之间的缝隙较小，平均值仅128mm，故本次防渗加固工程灌浆方案采用水泥砂浆、环氧砂浆及ICG包钢型无机灌浆料3种材料进行了对比分析，经比较可知：

1）因灌浆空间小，灌浆材料采用便宜的水泥砂浆，加固结构采用加劲环，虽然造价较低，但其灌注料亲水性不好，不易适应隧洞潮湿的施工条件；灌浆固化物密实低，强度小、易收缩，灌浆后要进行顶拱回填灌浆及钢管接触灌浆，施工工期长，无法满足施工期要求。

2）灌浆材料采用环氧砂浆，该材料黏结力大、亲水性好，但造价高，灌浆固化物密实低，易收缩，灌浆后仍要进行顶拱回填灌浆，施工工期长，无法满足施工期要求。

3）采用ICC湿式包钢型无机灌浆料，具有密实、无收缩、强度高、黏结力大等优点，且具有造价适中，施工工期最短，施工质量有保证。综合考虑，灌浆材料最终采用ICG湿式包钢型无机灌浆料。

4.评价

（1）3号水库建成蓄水以来，输水隧洞一直存在渗水现象。依据多年实测资料对隧洞渗水原因进行分析，发现3号水库隧洞渗水主要是隧洞内水外渗的原因，又有围岩裂隙渗水影响，且隧洞沿程存在纵向渗水通道。另外，隧洞洞身结构老化，蜂窝较深，也是导致渗水的原因之一。为保证3号水库的安全运行，充分发挥工程效益，根据3号水库输水隧洞渗水原因，结合输水隧洞存在的缺陷，对输水隧洞采取了防渗加固工程。自加固蓄水以来，隧洞出口原渗水处没有出现渗水，加固效果良好。

（2）ICG包钢型无机灌浆料是针对混凝土结构外包钢加固工程施工中需要

先灌注后焊接的施工工艺和高温车间、潮湿环境等包钢加固施工需要而开发的一种专用水泥基灌浆材料，综合运用了当前水泥基复合材料高强高性能混凝土技术、流态混凝土技术、膨胀混凝土技术、混凝土界面改性技术和混凝土防沉降泌水技术，已在工程上应用十余年，应用领域涵盖民用建筑、工业厂房、交通、铁路、通信、冶金、桥梁、地下结构。目前，该材料在水利行业的应用比较少，还处于推广阶段。在总结本次隧洞灌浆加固效果良好的基础上，建议在以后水利加固工程中，在保证安全、经济的前提下大力推广应用。

（四）镀铬、镀锌防腐新材料在水库加固中的应用

1.4号水库的主要问题

水库运行近三十多年来，工程老化，年久失修，存在诸多病害问题。按照省、市水利主管部门的要求，组织了相关技术人员对4号水库大坝进行了全面、系统的安全鉴定，结论认为：4号水库大坝为三类坝，即水库为病险库。

2.镀铬、镀锌防腐新材料的具体应用

（1）闸门止水、支铰轴等应用新材料。

4号水库在溢洪洞进口闸门改造中，对闸门的止水装置，吸取以往管护经验教训，本次将检修拱形闸门止水装置设在门叶上游面，侧止水水封采用L型水封，底止水采用刀型橡胶水封。对溢洪洞、泄洪洞出口弧形工作闸门，将原胶木轴套改用SLB自润滑轴承，克服了以前胶木轴承支铰抱死而难以启闭的现象。在本次金属结构改造中，对闸门支铰轴、吊耳轴、支承轮轴等表面采用镀铬材料防腐，第一层为乳白铬，第二层为硬铬。

（2）闸门门叶采用喷锌防腐。

在水库工程管护中，加强对水工建筑物尤其是水工钢结构的保护，提高防腐蚀质量，对减轻或防止有害物质对钢结构的腐蚀，延长其使用寿命具有重要的现实意义和经济价值。该库所属的溢洪洞、泄洪洞及输水洞计七扇闸门表面防腐在除险加固前大多采用的是铝粉橡胶水漆涂刷材料、X 06–4型红丹乙烯耐水漆和X 55–1铝粉乙烯耐水漆，这些涂刷材料保护层薄、防腐年限短，导致闸门锈蚀加剧，特别是易积水部位锈蚀斑点严重。对上述存在的问题，结合除险加固改造，经对防腐材料（涂漆、喷锌、电化学保护多方案比较，后选用喷镀锌层的办法进行防腐。整个过程步骤：备选各种材料—闸门除锈—运用气喷法喷镀锌层，锌层

厚度为0.15~0.2 mm，但有时要根据防腐物体的具体部位和所处的环境做适当的增减，最后用油漆封闭即可。

喷锌效果：经实际运用，与刷防腐材料比较，虽然环氧沥青漆消耗材料（0.8 kg/m²）比喷锌保护消耗材料（2.0 kg/m²）用量少，价格低廉，但喷锌保护基体附着力好，不脱落，不起皮，防腐涂料无龟裂、粉化、剥落现象；喷锌保护周期长，运行管理费用低，而涂刷材料运行效果则相反。

（3）坝体钻孔回填应用膨润土。

在大坝观测设施改建中所建立的大坝安全监测系统，首次采用传感器造孔埋设，套管跟进，分段用膨润土回填孔的办法进行，即用二次膨胀系数高的膨胀泥球回填，比一般膨胀泥球回填质量高。我们按照要求精选了高膨胀值的膨润土，一般采用膨胀率大于35%的膨胀土就认为合格。为此我们做了试验，测试了阴干后的泥球水解膨胀率，比做泥球前的膨胀率下降了1/3~1/2。为保证回填质量选用了高膨胀土值（59%）的膨胀土。经测试，泥球后的膨胀率为38%~40%，远比传统做法的回填质量高出一倍以上，这一做法可说属省内水库首创。另外，信号缆线埋设先用砂保护，后用土回填，可防鼠害、积水，维修时不损伤缆线，这些都是打破常规的做法。

（4）坝体反滤巧用土工合成材料。

土工合成材料一般是用于岩土工程和土木工程的聚合物材料或聚合物工程材料，它广泛应用于水利、堤坝、机场、环保等许多领域。土工织物是土工合成材料中主要产品之一，在工程中可起到过滤、排水、隔离、防护加强作用。4号水库大坝加高培厚坝脚反滤首次大面积采用的土工布，它的规格为200 g/m²），厚度为大于或等于1.7mm，最大幅宽5m，卷长随工程需要而定。所覆盖的面积大约为350 m²，接缝采用人工搭接的办法进行，经实际运用观察，符合设计要求，效果良好。

（5）植筋应用新材料。

在泄洪洞出口启闭机闸台梁柱施工中，要在原立柱砼基础上打孔后内植钢筋。植筋现在虽是一种常用技术，但要看它在什么部位和其承载力是多少，恰恰在泄洪洞出口立柱砼植筋，它的部位和承载力既要承载启闭机，又要承载闸房等荷载。在植筋的过程中，所用的钢筋直径大小不存在问题，关键是填充什么样的材料符合设计要求，所受的承载力达到最优。经研究可见，在中国喜利得厂家生产的植筋剂中，也就是所谓的硅固定钢筋的植筋剂采用的是国外进口的填充材料。这种材料适合在所有种类的新旧混凝土上做植筋工程，使用这种药剂时，环境温度应保持在5℃以上，孔内必须填满药剂，绝不可包有空气。经拉拔试验和实际运用，拉拔力达到150 kN，工程结构稳定，质量良好，取得了费省效宏的好效果。

（6）闸位计、水位计及荷重仪选型先进超前。

闸位计就是测量闸门提升、下降及停止的传感器；水位计是反映闸前、闸后水位变化情况的仪器；荷重仪则是监测闸门启闭机在运行过程中，荷载是否超限而进行报警的设备。它们三个仪器是测量闸门启闭机在运行过程中，三个重要参数之一，是确定闸门运行工况的准确性、可靠性和精确度。选用什么样的仪器传感器既显得不落后，又能代表当前水利发展水平，还能符合设计要求，经与设计单位协商，查阅有关资料，对不同的启闭机闸门的运行方式，选择了不同的闸门开度仪、荷重仪、水位计。如溢洪洞台车式启闭机拱形事故检修闸门开度仪选用徐州电子技术研究所生产的SZC-1 M型。本系列闸门开度测控仪采用先进的单片机系列及配套器件和相应软件技术，可配用JB接触式轴角编码器进行闸门开度测量，且具有数字显示、继电器触点输出和多种接口输出功能。其特点是只需四个按键即可完成报警数据预置，同时具有断电记忆功能。BKAGDK-2主令控制闸门开度传感器，配套使用的编码器有接触式绝对型编码器（国产）和光电式绝对型编码器（德国FRABA公司生产）。本产品集传感器与主令控制为一体，为双保险测量控制装置，它能有效地提高闸门的可靠性。BKAGDK-2主令控制闸门开度传感器是由编码器、变速箱、高度表、限位开关、凸轮等组成，闸门荷重测控仪选用徐州电子技术研究所生产的SHC-1M型。本系列荷重测量仪采用先进的单片机系列芯片和相应软件技术，配用各种压（拉）力传感器可完成荷重的测量，它具有数字显示、继电器触点输出和多种接口输出功能。其特点是只需四个按键即可完成各种报警数据预置和测量参数的定标，同时具有断电记忆功能。本仪器使用方便、工作稳定，可长期连续工作。

3.运行效果分析

经过实际蓄水检测，4号水库除险加固工程完工后，闸门止水效果有明显改进，启闭灵活；经喷锌处理的闸门不起皮、不生锈，运行效果良好。选用高膨胀率的膨润土回填后，坝体运行工况良好；坝体反滤材料采用新型土工布后，不仅便于施工，还大大节约了成本。新型植筋剂的应用，提高了工程运行保证率，巩固了工程结构，质量良好。选用先进的闸位计、水位计及荷重仪，提高了闸门监测仪器运行的准确性、精度和稳定性，且方便了日常管理。

总之，新材料在4号水库除险加固工程中的应用，大大提高了水库的防洪标准，更大程度地发挥了4号水库的综合效益，收到了很好的效果，值得其他相似水库除险加固工程参考和借鉴。

4.评价

4号水库经过几年的除险加固工程建设，彻底摘掉了病险库的帽子。在除险加固工程中通过新材料的应用，使水库除险加固方案科学、经济、合理，从而有力地确保了除险加固工程质量和进度，经济效果十分显著。

（五）钢纤维喷射混凝土在水库加固中的应用

1.钢纤维喷射混凝土概述

钢纤维混凝土在我国一直主要应用于建筑、桥梁、公路路面、机场道面、隧道、港工、军事工程以及建筑制品等领域，在水利工程上主要应用如下：

（1）支护工程。

钢纤维混凝土由于抗拉、抗弯、抗剪强度高，能承受较大的围岩和土体的变形作用而保持良好的整体性，因此可用于隧洞支护、山体护坡等工程。如浙江省开化县齐溪水电站有压隧洞在两个工程段内采用喷射钢纤维混凝土衬砌，使围岩能在较大程度上发挥作用，减少了衬砌厚度，由原来的钢筋混凝土衬砌厚度500mm减至钢纤维混凝土喷衬厚度60mm，省去了钢筋加工和绑扎工程量，同时不需立模和回填灌浆，造价由每延米1175元减至398元，施工工作量减少3/4。工程至今正常运行。

（2）储水、防渗、输水管道工程。

钢纤维混凝土由于抗裂性能好、收缩率低，因而防水、防渗性能较好，可用于低压输水管、蓄水池、地下室防渗等工程。而在储水和防渗结构中钢纤维混凝土可做防水层，有时也可兼做结构层代替钢筋混凝土。如浙江省余姚岭水库混凝土坝面多次出现裂缝、下游面局部出现渗水，在混凝土面层采用喷射钢纤维混凝土，厚度50mm，达到了防渗效果，与高频振荡钢丝网水泥砂浆防渗面板相比，具有工艺简单、施工方便、造价低等优点。

（3）高速水流冲刷磨损部位。

钢纤维混凝土具有较高的抗冲磨、抗气蚀能力，因此可用于溢洪道、消力池、闸底板等承受高速水流作用的部位。

（4）处于腐蚀环境中的构件。

钢纤维混凝土具有良好的耐腐蚀性能，可用于海水等腐蚀环境中的闸门、输水管道等构件的防蚀层或结构层。钢纤维混凝土的应用大大改善混凝土的抗渗性能、抗冲击及抗震能力，钢纤维混凝土以其优良的物理力学性能被广泛应用近二十年来，随着钢纤维生产技术不断发展，成本逐步降低，有关钢纤维混凝土材料、构件以及结构的试验研究、理论分析、数值模拟、设计方法日益完善，钢纤维混凝土的工程应用更是如火如荼。这些性能研究与工程应用表明，钢纤维混凝土可以满足工程中的高拉应力、复杂受力、高耐久性、抗裂、阻裂和增韧等普通混凝土难以达到的性能要求，具有良好的社会效益、经济效益和广阔的应用前景，其显著的效果已为实践所证明。

另外还可用于：

（1）动力荷载作用部位和抗震结构节点。

由于钢纤维混凝土具有较高的抗拉强度、断裂韧性和抗疲劳等性能，因此，可用于承受动力荷载的机墩、抗震结构的框架节点等部位。

（2）复杂应力部位。

钢纤维混凝土中的钢纤维一般呈三维乱向分布，沿每个方向都有增强和增韧作用。钢纤维对混凝土结构复杂应力区增强是非常有利的，而且容易浇筑成型，比钢筋更能适应各种复杂的结构形式。此外，钢纤维限制混凝土裂缝的作用也是钢筋不能相比的。因此，可用于大坝内廊道、泄水孔等孔口复杂应力区和牛腿等受弯构件的抗剪以及板的抗冲切部位等。

2.喷射钢纤维混凝土现场试验

在室内试验初步掌握钢纤维喷射混凝土原材料和不同配合比混凝土特性的基础上，为了选择适合连拱坝加固设计和施工需要且经济合理的钢纤维喷射混凝土，有必要结合施工设备，喷射操作工艺和实际施工条件通过现场试喷进行各项试验研究和有关性能指标测试，以选定用于连拱坝加固实际施工的钢纤维喷射混凝土的各种原材料及其配合比，各项控制指标以及相适应的施工设备，操作程序和工艺等。

现场试验历经喷射钢纤维混凝土配合比调整与施工工艺研究、喷射钢纤维混凝土配合比性能试验两个阶段。参加试验的有关人员对喷射钢纤维混凝土施工设备性能、工艺、关键工序和喷射钢纤维混凝土的各项性能等有了进一步的认识。现场试验的主要成果是：

（1）提出了喷射工艺和现浇工艺施工推荐采用的原材料及配合比。

（2）推荐配合比的喷射和现浇钢纤维混凝土的各项性能指标。

（3）现场试验成果表明：采用推荐配合比的钢纤维混凝土拌和物坍落度控制在170~210 mm之间可正常喷射，成品混凝土的28天抗压强度、劈拉强度和韧度试验指标等均满足设计要求，抗折强度基本满足设计要求，但轴拉强度略低于设计要求，新老混凝土接合面的黏结抗拉强度偏小较多。采用推荐配合比的钢纤维混凝土拌和物坍落度控制在100~140 mm之间可正常泵送，成品混凝土的各项力学性能和韧度特性均满足设计要求，且其变形性能优于喷射混凝土，但新老混凝土黏结性能仍不能满足设计要求。

（4）提出了喷射钢纤维混凝土施工中获得较优喷射效果的施工参数：采用进口麦斯特喷射机，其喷射距离为0.8~1.2m，混凝土输送方量为5~6 m/h、枪口风压为0.5~0.6 MPa、喷枪口与受喷面夹角在80°以上时可获得较佳的喷射效果。

3.喷射钢纤维混凝土施工技术要求

原材料：（1）通过优化试验选择的原材料在正式施工中不得随意变动，使用前应按照有关规范要求进行原材料性能的检测。在使用速凝剂前，应做与水泥的相容性试验及水泥净浆凝结效果试验，初凝不应大于5min，终凝不应大于10min；若使用其他类型的外加剂或几种外加剂复合使用时，也应做相应的性能试验和使用效果试验。（2）应采用坚硬耐久的中砂或粗砂和卵石或碎石，砂的细度模数宜大于2.5，粗骨料的最大粒径为15mm，骨料级配宜控制在给出；（3）拌和料用水可采用库水和坝下游的河水以及自来水，不得使用污水及pH小于4的酸性水，水中不应含有影响水泥正常凝结与硬化的有害物质。

施工机具：喷射硅的施工机械性能应满足：（1）本工程喷射钢纤维砼采用

湿喷工艺，喷射砼系统的喷射、搅拌、运输等设备应能满足设计配合比的钢纤维砼湿喷顺利施工和保证质量的要求。（2）现场试验喷射机主要采用进口麦斯特湿式喷射机，外形尺寸较大，操作复杂，对操作人员素质要求较高，其优点是速凝剂计量准确，混凝土输送距离远（现场试验实际输送距离近100m），喷射出料无脉冲现象，工效较高（现场试验输送能力达5~6 m/h）。由于喷射施工部位主要为两端拱，对喷射设备无尺寸限制，为确保施工质量和提高工效，宜优选进口喷射设备。（3）施工中须配备多用空气压缩机，应满足喷射机工作风压和耗风量的要求，风压要稳定，其波动值不大于0.01 Mpa，压缩机进入喷射机前，必须进行油水分离。送风管的耐压强度不小于1.0 Mpa，接头应牢固可靠。（4）混凝土的搅拌宜采用强制式搅拌机，需保证钢纤维与其他混合料拌制均匀。（5）向喷射机料斗内上料设备，应能满足喷射机连续均匀的输料要求，结合拌和料的运输，采用集中拌制站，砼搅拌车运输供料比较合理。（6）输料管应能承受不小于1.0 Mpa的压力，并有良好的耐磨性，内壁光滑，避免堵塞和爆管。

混合料的配合比与搅拌及运输：（1）经优化试验确定的配合比不得在施工中随意变动；（2）原材料的称量误差应满足：钢纤维、水泥和掺和料为±2%，砂石±3%，水和外加剂±1%；（3）混合料搅拌时间应遵守下列规定：采用容积小于　400 L的强制式搅拌机时，搅拌时间不得少于60s，采用自落式或滚筒式搅拌机时，搅拌时间不得少于120 s，采用人工搅拌时，搅拌次数不得少于3次，掺有外加剂时搅拌时间应适当延长，并经试验确定；（4）钢纤维砼的运输可采用与普通砼相同的运输规定；特别注意应缩短运输时间，运输过程应遵守不得初凝、减少水分和坍落度的损失、避免拌和物离析等原则。如产生离析应作二次搅拌。所用的运输器械应易于卸料。运输过程应防止雨淋、滴水和杂物混入。速凝剂应在喷口均匀加入混合料中，计量设备应率定准确。（5）混合料拌制后，应进行坍落度的测定，其坍落度宜大于150 mm。

喷射前的准备工作：（1）喷射作业现场，应做好下列准备工作：按照有关规定进行裂缝修补和基面凿毛，并用高压风水冲洗干净；按照施工图进行钢筋和锚筋制安；埋设控制喷射砼厚度的标志；作业区应有良好的通风和足够的照明装置。（2）喷射作业前，应对机械设备、风、水管路、输料管路和电缆线路等进行全面检查及试运转。（3）受喷面有滴水、淋水时，喷射前应按下列方法做好治水工作：有明显出水点时，应进行封堵；（4）喷射前应检查速凝剂的泵送及计量装置 性能。

喷射作业：（1）钢纤维砼喷射作业应遵循以下要求：现场喷射应以施工图的分缝要求划分喷射单元，要求自上而下依次喷射。本工程要求钢纤维砼喷层厚度为100~200 mm，采用一次连续喷射成型。为防止表面钢纤维锈蚀破坏，按照有关规范要求，在钢纤维混凝土表面喷一层同强度等级的水泥砂浆，厚度10mm。每喷射单元内的相邻喷射面之间的喷射间隔时间不得超过砼的初凝时间。相邻喷射单元的上下左右接头部位喷射成1：2的斜面，后一单元喷射前对先前喷射的接头部位须清除表面松渣并用高压风或水冲洗。喷射中如发现喷层表面拉裂和砼下坠滑移时须及时清除并进行补喷。喷射过程中一旦发现堵塞事故，应立即停止供料和喷射作业，查找堵塞部位，及时处理（可用专用木槌敲打输料管，使堵料松散，然后突然加压使之疏通）；如短时间内无法查找堵塞原因和处理，必须清除喷射机和输料管内的存料。冬季施工时，应符合喷射砼作业区的环境气温不低于+5℃，混合料进入喷射机时的温度不低于+5℃。喷射砼的强度低于设计强度30%时，不得受冻。

（2）喷射机操作要求和规定：喷射机操作人员应掌握设备的性能，严格按照产品说明书和技术要求进行操作、保养和维护。喷射作业开始前，对喷射机及连接的输料管和速凝剂管进行检查和试运转，开始时，应先送风，后开机，再给料（同时送速凝剂）；结束时，待喷射机和输料管内的混合料喷完后再关机。须保持喷射机供料均匀；正常运转时，料斗和速凝剂容器内须保持足够的存料。控制喷射机的喷射压力和喷头的压力，并根据输料管的长度和垂直输料高度及每小时喷射量等调整喷射机的工作压力，参照现场喷射砼试验的有关资料、设备说明书和有关工程经验选定。现场试验喷射结果表明，对进口麦斯特湿式喷射机，喷射距离为0.8 m、2 m、混凝土输送方量为5~6 m/h，枪口风压为0.5~0.6 MPa，喷枪口与受喷面夹角在80° 以上时喷射效果最佳。具体喷射时根据本试验结果应逐步进行调试，以达到最佳喷射效果。在喷射过程中，喷射机操作人员与喷射手应密切配合，根据喷射作业区的实际情况进行开机、送风、给料和停机等操作，并及时调整喷射机工作风压。喷射作业完毕或事故停机时，必须清除喷射机和输料管内的存料。

（3）喷射手操作的要求和规定：喷射手的操作是控制喷射砼质量及回弹量的关键，需经考核选用具有技术水平和一定经验的人员。喷射作业前，需检查喷头内的水环与输料管及喷组的连接是否紧密，连接处是否紧密，连接处是否有胶皮垫圈，严防连接部位漏水。喷射作业开始前，须用高压风、水冲洗受喷面，并使受喷面保持适当湿度。喷射作业开始时，先用净浆润滑料斗及输料管、连接速凝剂管，待拌和料装满料斗时，开始送料，当料至喷头时打开风阀，启动速凝剂泵。喷射作业时，应使喷头出口与受喷面垂直，喷头与受喷面一般保持1.0~1.5 m距离，有钢筋网处，开始喷射时应减少喷头与受喷面的距离，并调整角度，使钢筋与老砼面间结合密实，待钢筋被覆盖后再按正常距离作业。喷射时，喷头应按直径约300 mm的螺旋形轨迹一圈压一圈呈S形由下向上移动，保持喷射面平整。喷射手须与喷射机操作人员密切联系，做好开停机、送料、送风等工作，并根据喷射过程中的实际情况调整风压和处理事故等工作。喷射作业结束后，喷射手应清洗并检查喷头。

（4）钢筋网喷射砼作业：钢筋网的铺设应遵守下列规定：钢筋使用前应清除污锈；钢筋与老混凝土壁的间隙，宜为20~30 mm；钢筋网应与锚筋或临时支撑锚筋连接牢固，喷射时钢筋不能晃动。

喷射作业应注意的事项：喷射作业开始时，应减小喷头与受喷面的距离，并调节喷射角度，以保证钢筋与壁面之间砼的密实性；喷射中如有脱落的砼被钢筋网架住，应及时清除。

温控和养护：按照现浇钢纤维混凝土的有关规定执行。

质量检查和验收：（1）原材料与混合料及建基面等的检查应遵守下列规定：外购的钢纤维、水泥、混合料和外加剂等，每批材料进工地后，按相应的质量标准进行质量检查、验收，合格后方可使用；现场加工的或采购的粗细骨料在堆入料库前，每批取一组料样（不少于3个）进行各物质含量、密度、坚固性等技术指标的检测，经检测合格验收后，分别堆放粗、细骨料库（场）；对长期保管的水泥、掺和料和外加剂等原材料，在使用前应进行复查，超过保质期或变质的材料应予以废弃，清除出料库（场）。除应执行普通砼质量检测的有关规定外，对混合料的配合比及称量偏差、搅拌的均匀性每班检查不少于2次，设计配合比改变时或其他条件变化时应及时检查，现场旁站检查拌和后的混合料在运输过程中的离析现象，离析严重的须在混合料卸入泵送机料斗前进行二次搅拌。建基面在喷射砼前应进行地基检查处理与验收；在喷射施工中，应按有关规定，对埋入砼块体中的止水、排水设施和各种埋设件的埋设质量以及伸缩缝的施工质量进行检查和验收；钢纤维的称量每一工作班至少检验两次；同时，应采用水洗法在喷射地点取样检验钢纤维的损失率，每一工作班至少两次，水洗法检验钢纤维损失率不应超过35%。（2）喷射钢纤维混凝土抗压强度和抗拉强度的检查应遵守下列规定：喷射钢纤维混凝土必须做抗压强度、抗拉（轴拉或劈拉）强度试验。考虑新老混凝土接合面黏结强度检测手段比较复杂，生产性施工中，一般不要求检查，若施工工艺与试验工艺存在较大的差别，可能影响工程质量时，监理工程师可安排抽检；检查喷射钢纤维混凝土抗压和抗拉强度所需的试块应在工程施工中抽样制取。试块数量，每喷射50~100 m，混合料或者是混合料<50 m^3的独立工程，不得少于一组，每组试块不得少于3个：材料和配合比变更时，应另作一组。若需进行新老混凝土黏结强度抽样检测，则由监理人根据施工情况，现场布置检查点，检测方法可采用钻芯拉拔方法，也可选择一混凝土板块，按照施工条件凿毛、喷射和养护后，切割成标准试块进行新老混凝土接合面黏结强度的劈拉试验。检查喷射钢纤维混凝土的抗压和抗拉强度的标准试件应在一定规格的喷射混凝土板件上切割制取，并按规范《GB 50086-2001》附录F的要求制成标准试块，在标准养护条件下养护28天，用标准试验方法进行强度检测。采用立方体试块做抗压强度试验时，加载方向必须同试块喷射成型方向垂直，抗拉强度试验必须使受拉面与试块喷射成型方向一致。（3）喷射钢纤维混凝土抗压强度和抗拉强度以及新老混凝土接合面黏结强度（若进行抽检时）等的验收应符合下列规定：同批喷射钢纤维混凝土的抗压、抗拉和新老混凝土接合面黏结强度，应以同批内标准试块的强度代表值进行评定；抗压和抗拉强度同组试块应在同块大板上切割制取，对有明显缺陷的试块，应予舍弃；每组试块的抗压、抗拉和新老混凝土接合面黏结强度代表值为三个试块试验结果的平均值；当三个试块强度中的最大值或最小值之一与中间值之差超过中间值的15%时，可用中间值代表该组的强度；当三个试块强度中的最大值和最小值与中间值之差均超过中间值的15%，该组试块不应作为强度评定的依据。喷射钢纤维混凝土强度不符合要求时，应查明原因，采取补强措施。④喷射钢纤维混凝土厚度的检查应遵循下列规定：喷层

厚度可用凿孔法和其他方法检查；喷层厚度检查按水平距离10m和垂直距离3m左右布置一检查点；合格条件为全部检查孔处的喷层厚度60%以上不应小于设计厚度；最小值不应小于设计厚度的80%，同时，检查孔处厚度的平均值不应小于设计厚度。

第八章 新材料在河道治理中的应用

第一节 新材料在河道整治中的应用

随着经济和社会的发展，人们环保意识的不断提高，河道作为城市基础建设的重要组成部分，其功能在不断演变。河道在自然生态系统中的纽带作用，在促进城市可持续发展、提高综合竞争力方面的作用日趋明显，传统的以泄洪、排涝、航运等为主要功能的河道的概念已发生了根本的变化，以前城市河道整治中人工在河床上铺设的硬质材料，采用混凝土施工、衬砌河床而忽略自然环境的治理方法已被世界各国普遍否定。以人为本，建设生态河道正逐步成为河道整治的目标和要求，即以安全性、可靠性、经济性为基础和前提，以满足资源、环境的可持续发展和多功能开发为目标，逐步形成陆域草木丰茂、生物多样、自然野趣，水体鲜活流动、水质改善、具有多样水生生物物种种群相互依存，形成系统并能达到自我净化、有自我修复能力的水利工程。

一、新材料在河道整治工程中的应用探究

（一）新型护坡材料的应用

河道整治目标和要求的提高促使建筑材料的选用必须与之相适应，因势利导，因地制宜，作综合考量，自20世纪六七十年代开始，一些发达国家就进行了关于自然的保护与创造的尝试，在河流整治的各种方法中，从生态学的观点出发，对护岸结构的造型，优先采用生物材料方法（植物），其次是混合方法（植物与木材或石料合用），在需要实施河道整治工程时，对生态学和景观方面存有缺陷的河流，努力予以改善，增加植被，利用植物、木材、石料等“自然材料”之间的间隙，形成多孔的空间，以利于生物和植物的生长，或在水流中抛石，为

鱼类营造藏身之处。

近几年发展起来的土工合成材料，可以在河道整治的护岸工程中发挥很好作用。把土工合成材料（土工织物、土工格栅）埋在岸坡的土体中，利用土工合成材料的加筋作用，一方面可扩散土体的应力，增加土体的模量，传递拉应力，限制土体的侧向位移；另一方面增加了土体和其他材料之间的摩阻力，提高了土体的稳定性。利用土工格栅加筋可形成稳定的边坡，再在坡面加设细孔土工网（或三维植被网），在坡面上植草防冲，最终可形成绿色的护坡。这种护坡形式不仅减少了水泥等三材的用量，更改善了岸坡的景观条件及水质环境，有利于水土保持及减少河道淤积，很值得在河道整治中推广应用。

在河道治理过程中，对于易受冲刷的河段，可采用土工织物注浆模袋、土砂石织物袋、织物软体排等进行防冲刷设计，以确保治理效果。这种护坡材料特别适合感潮河段的护岸工程，如钱塘江两岸的护岸工程就采用了土工织物注浆模袋以抵挡钱塘江潮水的冲刷。

（二）护岸材料的选择

要使护岸结构能融入河流景观，材料的选择是关键之一，选择材料时应考虑安全性、耐久性、经济性、生态性以及与原有环境的协调性。

首先，根据河岸的不同土质及周边构筑物的情况确定采用刚性材料或柔性材料，当存在松散的、高压缩性土的时候，可能需要采用刚性材料跨过低承载力地区，或是河岸附近有无法拆除的构筑物时，需要使用刚性材料构筑刚性的、直立式的刚性护岸。而柔性材料的护岸通常允许基础发生限定范围内的位移。

其次，在材料选择时应尽量采用当地容易取得的材料，尤其是天然材料；许多情况下，采用人工材料的造价较为昂贵。就地取材还能与当地的环境协调一致。

然后，在护岸的植物群落的选择上，要考虑土壤、气候、水文条件，并且要注意与当地自然群落的共生关系；协调好人工植物群落与自然群落的优胜劣汰，能给当地生物提供适宜的栖息环境。

最后还要考虑经济因素，考虑护岸的造价及土地的成本。除此之外，还应考虑将来的维护、更新和修复的成本。例如采用重力式浆砌块石的护岸，主要成本在造价上及维护费用上较小；而植被护坡有较大一部分费用是在使用阶段的维护过程中发生。

（三）不同材料以及新老护岸之间的连接

不同材料护岸的连接可分为纵向和横向的连接。纵向的连接指不同护岸断面间的连接，由于受地形、周边环境或地质等的影响，沿河道需设置不同类型的护岸，比如上游和下游不同类型护岸间的连接细小部的处理会影响到整体的观感，粗糙的连接会给人不协调、生硬的感觉。

横向的连接指护岸断面在不同标高之间不同材料间的连接，一般在连接部位留一定宽度，种植灌木、藤蔓植物等覆盖连接部位，以弱化连接处的视觉冲击。同样，在折坡处种植绿化可以缓和折角给人的尖锐感。

新旧护岸可能会采用不同的施工方法和不同的材料，新老构筑物之间会有明显的差异，有时会有明显的差异沉降。对此，可采用覆盖的手段将连接处隐藏起来或干脆利用天然的分割，例如，套口、桥梁等将不同的护岸建造在这些天然分割物的两侧。同样也可利用不同的护岸来划分空间，改变河道冗长呆板的感觉。

（四）新技术、新材料

边坡保护一直是工程建设的要点之一，当环境问题成为人类社会重大问题之一的时候，人们对于因边坡工程带来环境负面的影响愈来愈关注。于是高分子材料，环境生态学等学科和新材料被运用到边坡保护。下面介绍几种近年来运用较为成熟的新技术、新材料。

1.基材喷射植被绿化技术

基材喷射植被绿化技术指的是将含有植物种子、绿化基质和黏结材料的混合物喷射在岩质或贫瘠土质的边坡上的一种绿化方法。其本质是在坡面覆盖一层与原有坡面稳定黏结的材料，而该材料又能为植物生长提供足够的营养。所以基材喷射植被绿化技术适用于因开挖原有植被被破坏而暴露出的岩面，以及在护坡工程和堤防工程中大量采用的浆砌块石或砼斜坡护面结构表面的绿化。另外已建干砌块石斜坡护面也可采用此方法在坡面上建立植被。

植物种子通常选择几种适宜共生的种子混合而成，以便形成合理的植物群落。

绿化基质的作用是提供植物长期生长所需的养分，并具备一定的保水性。

通常由有机质、速效和长效肥料、保水剂、稳定剂、pH调节剂、消毒剂、纤维等按一定的比例混合而成。

黏结剂通常为水泥，也有使用合成树脂类作为黏结材料的，但较为少见。陡坡施工时，坡面上增设复合材料网（用锚钉或锚杆固定），以增加基材与陡坡地连接。

基材混合物厚度可根据种植植物发芽生长所需厚度、边坡类型及坡度、降水量等情况确定。一般而言土质边坡的基材混合物厚度小于岩质边坡，缓坡基材混合物厚度小于陡坡，降水量大的地区基材混合物厚度小于降水量少的地区。通常基材混合物厚度为3~10 cm。

2.多孔植物生长砖

这种砖采用多孔植物生长混凝土制成，孔隙率在20%以上，且具有一定的压缩强度，在多孔砖内填充有机土壤及覆土后采用绿化材料，随着植物根须的生长和透水性能的增强，使堤坝牢固。植物根须在2~3月后通过砖孔扎根到土壤中，通过植物根须的繁生及多孔砖合理的构造以确保堤坝的牢固性。

3.土工合成材料

土工合成材料指与土结合的具有透水、加固土体和防止水流冲刷功能的合成材料。土工织物具有质轻、有柔性、整体性强、价廉、施工简便，在防护工程中应用较广。主要类型有土工布、土工格栅、三维土工网垫。土工布一般结合其他材料使用，本身作为垫层起反滤、分隔作用。土工格栅常作为加筋材料使用，靠与周围土的相互作用，使受压土体的侧向变形受到限制，由于土工格栅低蠕变性，使其成为理想的加筋材料。三维土工网垫是二维土工网的升级换代产品，在防止雨水冲刷、固土效果方面远胜于二维土工网。因此，近年来三维土工网垫被广泛用于植被护坡。

三维土工网由高强度的基础层和凹凸网包层组成，总层数为2~5层。土工网铺设在土坡表层，网包内应充满覆土，土工网由网钉固定在土坡上。铺设范围：植被应遍及要求防护的部位，在高程上，水上坡应铺到坡顶，再横向延伸不少于0.5m；水下坡下端应至低水位以下1m（斜坡长），上端应达高水位以上0.5m（斜长）。

4.植物的配置

上面提到的几种护坡新技术、新材料的运用都需要植物的配合。或者说上述新技术、新材料的最终目的都是为了恢复或建立植被，为了改善、美化环境，绿化已不再是简单的栽上植物或撒播种子，而是一项集岩土工程学、植物学、环境生态工程学的综合工程，而其中植物的合理配置是成功的关键，这牵涉到以下几个方面：

（1）环境的调查和分析方面：目前河口及河底的宽度和标高，河道边坡的冲淤情况，河道的纵横断面，河道护岸状况，植被情况，河道相关区域的地形图。

（2）主要水文资料及水力设计参数：包括地下水水位、高水位、常水位、低水位、流量、最大流速以及行船状况。

（3）气象资料：地区海拔；年最高、最低气温；最冷、最热月气温及各月平均气温；年平均降水量、各月降水分布及蒸发量；风速、风向等。

（4）地质资料：土层分类及分布、力学参数、土的颗粒分析、渗透性、液化情况等。

（5）土壤资料：土壤类型、土壤酸碱度、总含氮量、有机质含量、磷、钾含量等。

（6）周边常见物种，借此可以了解适宜该地生长的植物类型、生态要求，也可据此引进相似物种。

（7）当地人文情况及已有建筑物的情况，区分民用建筑、工业建筑、商业建筑或是受保护的古建筑等，还需该地区相关的规划资料，了解周边构筑物的可能变化，与周围河网的关系及与交通路网的关系。

（8）明确建设要求和财力：根据实际的建设要求和所能运用的财力做最合理的安排。

（9）植物群落：植物群落指一定范围内，由各种植物种群所构成的有规律的组合，它具有一定的种类组成、结构和数量，并在植物之间以及植物与环境之间，构成一定的相互关系。

植物的合理配置就是为了建立适宜的植物群落。一般要求与当地的植被有类似的形态。植物的配置除了要适应当地水文、气候、土壤还要考虑下列几个方面：

群落中应合理地搭配草本植物和木本植物的比例。草本植物发芽生长快，能迅速覆盖土坡，减少表层土裸露时间；木本植物发芽生长慢，仅种植木本植物会使表层土裸露时间过长而遭受侵蚀，但其根系深长可有效防止崩坍。配置木本植物时还应选择树冠较小抗风性好的树种，以免在大风时反而危及边坡稳定性。

对于不同水质的河道应选择不同的植物种群。应根据水中的有机质、氮和磷等营养盐类、重金属离子和有毒物质的含量，有针对性地选择植物，以起到最大净化水质的效果。

植物是景观的有机组成部分。水体提供恬静、轻快的风景，植物提供了丰富的色彩和香味。合理配置河中和沿岸的各种水生植物、湿地植物和陆生植物，组成一个层次丰富、多姿多彩的河道，可以给人一种抽象的环境美。配置植物时还应注意到合理安排分别代表四季的植物，用标志性的植物告诉人们季节的变化，利用大自然的力量给人美感。

（10）常用植物：按生长环境可分为水生植物、陆生植物。

水生植物又可分为浮叶植物：常见的有睡莲、王莲、药菜（亦名水葵）等；挺水植物：常见的有荷花、石菖蒲、黄菖蒲、金钱蒲、千屈菜、慈姑、水芹、美人蕉等。

适宜在岸边栽培的陆生植物主要有水杉、夹竹桃、金叶女贞、垂柳、紫薇等。

5.其他措施

在护岸工程中还有一些其他的手段可用于保护护岸，比如建设控制性工程（闸、坝）使水位稳定，并可控制流速，减少冲刷。此外，还可用活的植物枝条制成柴排、柴捆等用于护岸。

二、新技术、新材料、新工艺在黄河下游河道整治工程中的应用

我国治黄以来，特别是20世纪90年代以后，黄河下游在河道整治工程中，不断采用新技术、新材料、新工艺，做了大量有益的尝试，先后修建了十多种实验坝。从运行的情况看，比较成熟的新技术有铅丝笼沉排坝、长管袋褥沉排坝、混凝土桩坝、铰链式混凝土沉排和塑料编织布袋底技术；新材料有土工布、土工

膜、编织布、耐特龙网等土工合成材料。与传统的筑坝技术相比，新技术施工速度快，抢险少或不抢险，经济和社会效益较高。

（一）新技术、新材料、新工艺在黄河下游河道整治工程中应用的基本情况

1.铅丝笼沉排坝

铅丝笼沉排坝是利用土工织物的强度高、柔性好和铅丝笼的整体抗冲等性能，将排体铺放在坝基受溜部位，排体随排前冲刷坑的发展逐步下沉，自行调整频度直至稳定坡面，达到护底、护根和防冲的目的，采用的材料为土工布、铅丝和石方。20世纪90年代以来，黄河下游分别在中牟九堡控导工程下延128~134坝、柳园口险工下延王奄工程23~30坝、巩义赵沟控导工程、蔡集工程21~22坝等地分别修建了十多道铅丝笼沉排坝。

2.长管袋褥沉排坝

该技术的主要材料为土工布、沙土或水泥土。

长管袋褥沉排坝是利用土工织物的强度高、柔性好、耐冲透水等性能，将排体铺放在坝前受溜部位，排体随排前冲刷坑的发展逐步下沉，自行调整坡度直至稳定坡面，达到护底、护根和防刷的目的。这种坝型是从1985年的编织袋装水泥土沉排坝（大功12坝，管袋下无排布），1988年的长管袋褥沉排坝（禅房24坝，管袋下布设排布，但袋与布不相连），发展成现在的长管袋褥沉排坝戈禅房37坝、马渡94~95坝等，其管袋与排布相连，管呈半圆形），1998年以来，长管袋褥沉排坝成为黄河下游应用较多的一种坝型。

3.混凝土桩坝

目前建成的混凝土桩坝分透水桩和不透水桩两种。该技术的主要材料为钢筋混凝土。

透水桩是通过缓流落淤控制河势，不透水混凝土桩坝采用混凝土插桩技术，形成坝体以达到河道整治控导主溜的目的。郑州花园口东大坝透水桩于1998年修建以来多次受洪水考验，一直未出险，河口八连国不透水混凝土桩坝于1997年汛前完工，经1998年汛期3200 m³/s洪水考验，均未出现沉陷、位移和变形。

4.铰链式模袋混凝土沉排

该技术的主要材料为土工布、混凝土或水泥土。

模袋混凝土是1983年从日本引进的一种混凝土护坡新技术，它是利用特制

的双层合成纤维织物做模袋，其内灌注具有一定流动度的混凝土或砂浆制成的构件。铰链式模袋是模袋充填后形成的矩形块体，其间用高强度柔性绳连接，可以适应地基的不均匀沉陷，将排体铺放在坝前受溜部位，排体随排前冲刷坑的发展逐步下沉，自行调整坡度直至稳定坡面，达到坡底、护根和防刷的目的。

1994年在郑州马渡险工26坝下修建了铰链式模袋沉排，经过靠溜运用试验，效果较好，没有出现险情。1999年在东明老君堂28坝、29坝和十八户等地进行了应用。

5.塑料编织袋护底

1985年汛前，首次应用塑料编织袋装土部分代替柳石结构修建了哪城桑桩险工20坝，在塑料编织袋中装土，形成长形袋体，将袋体铺放在坝前受溜部位，袋体随冲刷坑的发展逐步下沉，自行调整坡度直至稳定坡面，达到护底、护根和防刷的目的。1986年在东明老君堂控导工程16坝、27坝，1987年在高村下延41坝也采用了这种结构。1989年，在柳石料供应不上的情况下，菏泽地区河务局采用编织袋代替块石用于卢井11坝抢险，赢得了时间，取得了一定的效果。

（二）施工工艺及质量控制

1.铅丝笼沉排坝

施工工艺为用泥浆泵在滩地挖槽，槽深约2.5m左右。人工在槽底铺放由一层无纺布和一层编织布组成的防冲排布。为防止笼石刺穿排布，在其上平铺厚0.3m的秸料保护层。然后在其上面沿垂直坝轴线方向排放宽5m、高1m的铅丝笼，笼及排布均锚固于坝基内以增强抗滑能力，坝体护坡为块石结构。铅丝笼网为8号铅丝编成的10cm见方的网络。沉排长度根据设计冲刷坑深度及排体最终稳定的坡度确定。

施工时要注意：一是排体各部分铅丝连接紧密，二是要防止铅丝或块石将土工布划破。

2.长管袋褥沉排坝

长管袋为不透沙且具有相当强度的土工织物材料，长度根据设计冲刷坑深度及排体最终稳定的坡度确定，一般在25m以上，内充材料为水泥土、沙土或混凝土等，并每隔1m左右缝合使之呈藕节状，管袋间用化纤绳相连，管袋下铺设土工织物排布并与之连接构成褥垫，上端头布设散石或编织袋压载，保证排体的稳定，并构成坝护坡，护坡后为土胎坝体。管袋管径约90cm，可以在工厂预制，也可以在现场缝制，利用机械拌浆、泥浆泵充填。考虑到土工织物的老化问题和人为破坏因素，沉排最好铺设在枯水位以下1~2 m。

该坝型施工的关键：一是排布铺放时坡角要压好，二是严格控制泥浆浓度，三是管袋充填方法要得当。

3.混凝土桩坝

透水坝施工时，先用潜水钻机钻孔，然后采用水力沉桩或振动沉桩，将预制钢筋混凝土管桩插入河底，再在上部用系梁管桩横向连接成整体，以便减少单桩振动。另外，也可采用现浇混凝土桩法施工。

不透水混凝土桩坝采用混凝土插板桩技术，根据设计板桩长度预制成桩，水冲法沉桩，然后现浇连梁桥板。各板间互相咬合，连接，不透水的桩墙，桩后可填筑土料。

该坝型施工的关键：一是透水混凝土要定位准确，二是不透水混凝土桩坝要严格控制预制件的加工精度，桩后填筑土料要适时。

4.铰链式模袋混凝土沉排

铰链式模袋是将模袋充填后所形成的矩形块体，其间用高强度柔性绳连接，可以适应地基的不均匀沉陷。施工时先铺放土工织物排布，然后在其上面铺铰链式模袋，再向其中冲灌细石混凝土或砂浆，排体端部锚固于上部坝体内，坝垛护坡可修成散石，也可修成模袋混凝土护坡。

该坝型施工的关键：一是做好膜袋布铺放和搭接，二是严格控制混凝土或砂浆和易性，三是膜袋充填方法得当。

5.塑料编织袋护底

施工中用编织袋进行水下护根，与柳石枕相同。使用的编织袋有大、中、小三种，大袋长度有6m，8m，10m三种，每米装土0.4m^3，主要用于水下护根。中袋1m × 1.2m，主要用于压塌和护坡；小袋1mx0.5m，主要用于捆枕搂厢。施工时采用岸抛和船抛两种方法。编织袋与坝轴线平行排列成沉排，沉排宽一般大于20m，沉排上覆0.3m土，以防编织袋老化。

施工时要注意：一是袋口要扎紧，二是装土时要防止将塑料编织袋划破。

（三）技术特点和适用性

1.铅丝笼沉排坝

该坝型与传统的柳石沉排比较接近，适于旱地施工，工艺简单，如果排体长度适宜，只要无横河、斜河，一般不会出险，筑坝有抢险总费用，与传统散抛石坝接近。缺点是铅丝在水位变化区耐久性较差。

将铅丝笼换成相互互联的柳石枕即成柳石沉排坝，其枕上要铺散石，排体周围用铅丝石笼压坠。

2.长管袋褥沉排坝

该坝适于旱地施工和水中进占，具有整体性强、护底作用好、坝前不会形成冲刷坑、适应坝基变形能力强、施工管理方便、施工工艺简单、造价低、出险少等优点。实践证明，只要严格按照设计施工，除坝头稍有变形、坦石缓慢下蛰外，基本不会出大险。该结构中小水时可控制河势，适用于在弯道工程下修做，造价也较为适中。缺点是排体出露水面后易老化。

3.混凝土桩坝

混凝土桩坝结构简单，施工快；坝顶可露出水面或潜入水下，能控导溜势和落淤造滩；安全可靠不用抢险；少挖压土地。但也存在一次性投资较大、施工技术及工艺要求高、透水混凝土桩坝挑流作用不及实体丁坝明显、不透水混凝土桩坝施工时需要较大型的吊装机械和高压泵等问题。

4.铰链式模袋混凝土沉排

该结构既适宜于旱地施工，也可用船和浮筒配合在水上施工。虽然一次性投资略高，但可在工厂制作模袋，用机械充填施工，用工少、工效高。缺点是排体出露水面后易老化。

5.塑料编织袋护底

该技术适于旱地施工和水中进占，具有护底作用好，料源充足、易运输、易存放、易管理、易施工，造价低（仅为传统石料的50%左右），防冲护根效果好，适应变形能力强等优点。缺点是袋体出露水面后易老化。防老化和防刺破是施工中必须注意的关键问题。

（四）几点技术问题探讨

1.铅丝笼沉排

铅丝在水位变化区耐久性较差，建议以后使用时做防锈蚀处理。为避免铅丝锈蚀问题，可将铅丝网换为土工网，即为土工网石笼沉排坝。

2.长管袋褥沉排坝

排体出露水面后易老化，建议排体上覆土0.5~1.0 m，以保护排体，提高其使用寿命。若使长管袋褥沉排的坝顶高程与滩面高程一致，顶面配以护面材料（如铅丝笼），即成潜坝。该结构中小水时可控制河势，大水可漫坝行洪。另外，目前土工布的铺设机械化程度尚需提高。

3.混凝十桥坝

根据坝在河湾中的位置和作用，进行地质勘测，用这些资料为设计和施工提供依据，施工时，要严格工艺，确保工程质量。

4.铰链式模袋混凝土沉排

建议在旱地施工时，挖槽将排体置于地下或在其上覆土0.5m，以保护排体，提高其使用寿命。相同的条件下，比长管袋褥沉排更适宜做潜坝。建议改进动水下充填模袋的工艺，提高充填成功率。

5.塑料编织袋护底

防老化和防刺破是施工中必须注意的关键问题，建议袋装的土料中加入一定比例的水泥，使其固结成水泥土。

综上所述，笔者认为，在技术方面，混凝土桩坝最可靠，虽然一次性投入大，但其潜在的效益也很大；其次是铰链式模袋混凝土沉排和长管袋褥垫沉排坝。在投资方面，塑料编织袋护底最经济；其次是长管袋褥垫沉排和铰链式模袋混凝土沉排。总之，在投资相当的情况下，从不抢险和少抢险考虑，应优先采用新材料和新坝型，为不抢险和少抢险创造条件、积累经验，推动科技治黄事业的发展。

三、新材料、新工艺在长江河道整治工程中的应用

（一）护岸工程

近50年来，长江中下游护岸工程技术处于不断发展与探索的过程。在护岸

工程形式上，由传统的守点工程，包括矶头、丁坝，改进为平顺型护岸，并逐步为工程实践广泛地采用，积累了一定的经验。在护岸材料上，由传统的抛石、沉柴排到沉排、模袋混凝土、透水六面体等新材料、新技术的采用。同时，对护岸工程的破坏机理、护岸效果和施工方法等方面进行了大量的试验研究。

1.护岸的主要工程型式

护岸工程按布局、结构、型式、材料及与水流关系等的不同可分为各种类型，如按与水位的关系可分为淹没、非淹没防护工程；按构造情况可分为透水、不透水防护工程；按材料和使用年限可分为永久性、临时性工程；根据是否间断，可将主要护岸型式分为连续性（直接）护岸与非连续性（间接）护岸。中国根据各江河护岸工程经验，将不同护岸型式归类于《堤防工程设计规范》中。护岸主要型式有坡式护岸、坝式护岸、墙式护岸、桩式护岸和生物护岸等。

（1）坡式护岸，坡式护岸在长江河道整治中称为平顺护岸，是将构筑物材料直接铺护在滩岸临水坡面，防止水流对堤岸的冲刷，按护岸工程结构和材料的不同，长江中下游的水下护岸工程可分为抛散粒体和排体护岸工程两类。

（2）坝式护岸，坝式护岸按平面布置有丁坝、顺坝以及丁坝与顺坝相结合的勾头丁坝，在长江护岸工程中的矶头也可看成一种短丁坝型式。

（3）墙式护岸，墙式护岸也称重力式护岸，顺堤岸设置，具有断面小、占地少的优点，但要求地基满足一定的承载能力。墙式护岸可分为直立式、陡坡式、折线式、卸荷台阶式等形式。

（4）桩式护岸，桩式护岸是崩岸险工处置的重要方法之一。它对维护陡岸的稳定，保护堤脚不受水流的冲刷，保滩促淤作用明显，常在抢险中运用。

（5）生物护岸，生物工程护岸是护岸植被形成之前，运用自然可降解的材料，如稻草、大米草、黄麻等制作成垫子或纤维织物，铺于岸坡表面来阻止边坡土粒的流失，并在岸坡上种植植被和树木，当纤维织物和垫子降解时，依靠岸坡植被发达的根系保护岸坡。生物防护措施投资省、易实施，对消波、促淤、固土保堤作用显著。

护岸工程采用的型式与水流条件、河道特性的关系非常密切，地质条件也是河流最重要的特征之一。河道范围内的地质条件决定着河曲的大小与曲率，并影响可能或必须采用的稳定工程的型式和范围。由于护岸措施的工程效果不可能精确估计，所以在确定某一特定河段上的护岸工程时，最好的指导可能是该河流上或同类河流上的成功经验，对于不同的河段可能采用不同的护岸型式。即使对于同一河流，因崩岸类型的不同，采用的治理型式也可能不同。

2.护岸材料和护岸技术

（1）抛石，抛石护岸是最常采用也是传统的方法，具有抗冲能力和自我调整能力强的优点。材料价格便宜，施工简单，无论新护或加固均可采用。抛石在长江中下游护岸工程中广泛采用。在工业先进的国家，抛石护岸仍广泛应用于河道整治工程中。美国许多中小河流的护岸工程仍在广泛采用趾槽式块石护岸，即在规划的河岸整治线上挖槽填石，待岸线崩塌退至该处后即自动形成防护线。美国密西西比河下游的丁坝在20世纪60年代以前都是采用木桩坝，自1964年起，逐步采用堆石丁坝，经过长期实践，直至20世纪80年代仍为航道整治建筑物的主要型式。20世纪80年代，西德境内莱茵河的整治工程仍然大量采用堆石丁坝。

（2）石笼，石笼是国内常采用的传统结构，经常与抛石护脚结合使用。石笼的运用在欧洲已有100多年的历史。国内采用过的石笼有竹笼、铅丝笼、木笼、钢筋笼等，其中钢筋笼效果最好。国外石笼的外笼为镀锌金属丝网篮（为防止海水浸蚀可采用一种聚乙烯外笼），设计成长方形六面体，富有柔性，又不会松脱，折叠成扁平，捆扎运往工地，然后再手工装配成型。据欧洲有关资料，其耐久性可达75年之久。施工条件简单，适于任何季节施工。合金钢网柔性石兜也是一种石笼型式，系选用特种不锈钢丝，以“六角网”格形式编织而成。网石兜为圆形筒状，装填块石后可直接吊装实施抛投。在水流速度不是很大的情况下进行护岸时，采用网石兜系列产品护趾，只需用散抛块石量的1/3，就可达到更好的防护效果。长江中游石首河段北门口迎流顶冲处水下护岸曾采用网石兜，一个网兜内装石料达4 t。实践证明，合金钢网柔性石兜系列产品作为一种新型工程材料，有着较好的抗冲性和适应河床变形的能力。

（3）柴枕，柴枕一般采用一定厚度梢料层或苇料层作外壳，内裹块石或填泥土、外用铁丝束扎成圆形枕状物，上面加压枕石。每隔30~50cm捆扎一档，抛在岸坡枯水位以下护脚。柴枕以上应接护坡石，柴枕外脚宜加抛块石或石笼。

（4）沉排，沉排是护岸工程护脚、护底的结构型式。沉排面积大、抗冲性强，有整体性和柔韧性，能适应坡面、床面变形，但造价较高，施工技术比较复杂。密西西比河下游最早在1882—1883年开始使用编柳排，直到20世纪40年代先后经历了框架沉排、柳捆沉排、混凝土板、混凝土沉排、铰链混凝土沉排的发展过程。此外，还采用过加筋沥青沉排、滚筒式柔性混凝土帘护岸。铰链混凝土板是美国主要用于不稳定河岸的护岸材料。密西西比河下游护岸工程采用得最多。铰接混凝土板沉排的制作和铺设过程可以机械化生产。中国沉排主要有柴排、土工织物软体排、铰链混凝土板沉排和铰接式模袋混凝土排等。

①柴排，柴排是用塘柴、柳枝、竹梢先扎成直径12~15cm的梢龙，构成上下对称的十字格，中间夹梢料形成排体，上压块石使其下沉，铺护在预定需保护的河床上，抗御水流冲刷。

②土工织物软体排，国内土工织物作为护岸工程首次在长江下游嘶马段应用。1974年10月，江苏省江都市采用聚氯乙烯编织布、上扣混凝土预制块的软件排。土工织物排适用于岸坡坡度缓于1：2.5，坡面和床面比较平整，无大的坑洼起伏及块石等尖锐物。

③铰链混凝土板沉排，铰链混凝土板沉排在长江上是一种新型河道护岸形式，它是通过钢制扣件将预制混凝土板连接并组合成排的护岸结构形式。一般由排体和系排梁组成。自20世纪80年代中期以来，先后在长江武汉河段天星洲、湖南澄水津市河段、长江镇扬河段等河道护岸工程中采用，取得了较好效果，积累了一定的经验。1998年洪水后，在长江中下游武汉市龙王庙、粑铺大堤、黄广大堤、同马、无为大堤护岸中相继采用。铰链混凝土板沉排适用于水流条件复杂、主流贴岸或长期处于迎流顶冲、采用其他护岸形式守护比较困难或效果较差的岸线的守护，是一种颇有前景的护岸型式。

（5）塑料和合成纤维，20世纪70年代以来，欧洲和美国在护岸工程的护坡部分，较多地应用过滤织物取代一般砂石导滤层。用化学合成原料如尼龙、涤纶、聚丙烯、聚偏二氯乙烯等织物，可单独使用或混纺使用，将过滤织物直接铺于土基上，再在织物上铺一层碎石，最后铺砌护面块石或混凝土板。由于高分子化合物的发展，20世纪80年代荷兰和日本已成功使用尼龙制成“织垫”或“砂袋”，以抗御水流的浸蚀。尼龙纤维抗拉强度大，其耐磨、耐风化性能也得到加强。荷兰采用的织垫里面可注入细颗粒混凝土浆。日本是将尼龙制成30cm直径的尼龙袋，用1830个连在一起，用一种有特殊装砂装置的铺设船，在施工船上把砂装入袋内，装砂和铺砂能够同时进行，施工工效高、操作简便、经久耐用、柔性好。1973年以来，日本已经逐步推广应用于各种设施。加拿大森特一克累尔萨尔尼亚城附近的可冲河岸上，成功地铺上卡普龙袋缝接的软席垫，它是在袋内高压注入接近干硬的低水灰比的水泥砂浆。

国内的塑料编织布一般由聚乙烯和聚丙烯两种塑料热加工而成，其内层由聚丙烯加工的塑料纤维带编织而成，具有很高的韧性和弯曲疲劳寿命，且在80℃以下能耐酸碱盐及许多有机溶剂的腐蚀。塑料布外层系由聚乙烯薄膜复合而成，柔而韧，耐热性好。塑料布具有极佳的不透水性和一定的机械强度，很适合用于防汛抢险时的大堤临时截渗防浪。

20世纪80年代以来，塑料编织布广泛应用于长江中下游的护岸工程中。湖北省荆州地区在洪湖市田家口、监利县天星阁采用过塑料编织袋土枕及织物枕垫护岸，长度可达10m，直径可达1.5m。此后，湖南省华容县也用此法在上车湾新河作护岸。此外，上海市将此护岸材料首先用于海塘工程，在奉贤区护坎工程中采用土工布代替碎石反滤层，在崇明县用土工布替代柴排护底，均取得了较好的效果。

（6）模袋混凝土，模袋混凝土是由上下两层具有一定强度、稳定性和渗透性的高质量机织化纤布制为模型袋，内充具有一定流动度的混凝土或砂浆，在灌注压力作用下，混凝土或砂浆多余的水分从模袋内被挤出，待凝结后即形成高密度、高强度的固结体——模袋混凝土。根据有无过滤排水点，模袋分为有过滤点模袋和无过滤点模袋；根据模袋的加工工艺和所用材料，模袋又分为机织模袋和简易模袋。根据两层模袋布间的连接方式不同，模袋主要可分为两类，一类是填充混凝土后成为整体式混凝土模袋；另一类是填充混凝土后形成一个个互相关联的小块的分离式混凝土模袋，因块与块之间由模袋内预设好的高强度绳索连接，类似铰接，故也称铰链式混凝土模袋。铰链式模袋混凝土是在一般模袋混凝土基础上发展起来的，它克服了后者柔韧性较差的缺点，适用河床多变、易遭淘刷的水下防护。

模袋护坡技术作为一种新技术广泛地用于防风浪、抗冲刷的防护工程中。既可作为护坡，也可作为护脚之用。20世纪60年代末该技术已在美国纽约阿勒格尼工兵水库大坝的岸坡上使用，20世纪70年代中后期开始广泛地应用于航道、港湾码头、道路桥梁和水库大坝等方面。中国模袋混凝土护坡主要用于运河、航道、船闸、海堤等护岸工程，在江河堤防中应用并不很多。目前模袋材料强度已明显提高，基本实现了模袋规格生产定型化、施工方法规范化、施工队伍专业化。

（7）混凝土异形块体，混凝土预制异形块体在海岸防护工程中应用广泛，各类大的异型混凝土块体，如四脚锥体、工字型、格栅型、扭工字型、翼型等做海堤防护工程已有很多实例。混凝土预制异形块消浪作用较好，可减小波浪的爬高，且块体彼此嵌合，容易形成群体，工程十分坚固、耐久，抗御洪潮台风浪灾害能力强。湖南岳阳长江修防处将混凝土异形块重型护岸防冲材料应用于长江下荆江急流顶冲段护岸工程。混凝土异形块护岸，宜布置在已实施块石或各种枕、排护岸，而且水流顶冲、坡陡、急需加固的弯道凹岸处，并且已有一定粒径较小的材料作底层。

（8）透水体，透水体在国内外护岸工程中已有多年历史，如码搓、沉梢等，应用于多沙河流上缓流促淤效果很好。

①沉梢坝，沉梢坝即沉树枝石坝，是用块石系在树枝扎成的树排上，直立地沉在江中必要的地方，组成一种透水坝。对于减缓流速，促使窝塘淤积效果明显，从而起到保护崩岸段的作用，且建成后不易被水冲毁。1985年以后先后在长江下游镇扬河段内对几个窝塘实施了沉梢坝工程，结果表明，回淤速度较快，一般只需一个汛期回淤达50%以上。1999—2000年在马鞍山小黄洲左缘大窝崩的治理中也应用了沉梢坝技术，取得了成功的经验。

②四面六边透水框架，框架可以用钢筋混凝土杆或木（竹）杆制作，杆长1m，施工时最好将3~4个成串抛投。其作用是减速以护岸，即局部改变水流的流态，降低岸边流速，将其降到不冲流速以下，甚至可以降到可以落淤的程度。实践表明这种护岸框架减速落淤效果很好，自身稳定性也很好，并且不存在基础被冲刷问题。四面六边透水框架群以平顺布置护岸为好。江西省九江市东升堤实施的钢筋砼四面六边透水框架，实测减速率为47%~75%。江西省彭泽县金鸡岭采用毛竹制作的四面六边透水框架，造价仅为钢筋砼框架造价的1/3。

③透水桩坝，透水桩坝是区别于传统实体坝的一种透水体，其主要作用是减缓过坝流速，坝后落淤造滩起到保护崩岸段的作用。它主要是用混凝土制成管

桩或钢管桩，然后用潜水钻机造孔沉桩，在需要保护的岸坡前形成一道透水的桩坝，在黄河下游使用取得了很好的效果。

（9）土工包技术，高分子工业的发展使土工织物愈来愈多地应用于护岸工程。该项技术是先将河滩的淤积土通过抓斗、反铲或挖泥船放在一个预先设有土工布的开底船中，然后将土工布缝起来形成一个大包。开底船行至指定位置后将土工包抛入江中，每一个土工包容量可达240m³至1000m³。19世纪50年代，在荷兰沿海海岸的护岸工程中首先应用尼龙纤维制成的沙袋护岸；美国在佛罗里达州海岸的护岸工程采用聚氯乙烯单丝编织物代替传统的沙砾石护岸材料；日本成功地使用尼龙制成织垫和沙袋，以抗御水流的侵蚀；20世纪60年代，土工织物在国外海岸护岸工程中得到广泛的应用。此方案可以为江岸贴上一层具有一定强度和防冲能力的外坡。具有施工强度高、生产工艺先进、质量易于保证、用于清淤固堤等优点。

（10）其他护岸材料和护岸技术，国内外还有其他护岸材料和护岸技术，如水泥固化土、水下不分散混凝土、土工锚钉挂网喷混凝土、钢码搓和土壤固化护坡技术等。此外，20世纪90年代，印度西孟加拉邦的Hooghly河口附近的Nayachara岛西岸曾采用了外涂沥青的黄麻土工织物作为护岸垫层，上面再加抛石。外涂沥青的黄麻作为合成土工材料已广泛用于印度的护岸工程，其主要优点是经济、取材方便，黄麻土工织物能阻止河岸土壤的移动，且渗透性较好。其缺点是强度随时间推移而减小较大。

除了河道的护岸之外，美国在对海岸的侵蚀研究和保护上也曾作过大量的工作，如美国工程兵团20世纪70年代末到80年代初曾从海岸的保护措施来借鉴河道护岸经验。

（二）河道整治工程

为满足河势控制和河势调整的需要，长江中下游实施了大量的河道整治工程，除上述的护岸工程外，还进行了裁弯、堵汊、潜坝、洲头鱼嘴等整治工程。

从整治工程的结构和材料看，以往在堵汊、潜坝工程中以沉梢坝、堆石坝为主，随着新材料、新工艺的推广应用，近年来，在堵汊、潜坝工程中部分工程采用了土工砂垫和砂枕、沉箱等结构型式与材料。2002年实施的长江镇扬河段和畅洲汊道左汊口门控制的潜坝坝体采用了砂枕，和畅洲左汊口门控制工程位于左汉口门处，主坝体位于深槽部位，坝高程为-5~-2 m，河床最深点高程为-51.7m，主坝体的总长度为1102m，在坝体的左右侧有连接段与左右岸连接。主坝顶高程拟采用变坡形式，坝顶分段高程自-3m至-8m、自-8m至-20m，深槽部位的坝顶高程为-20m。坝顶设计宽度为10m，上游侧平均边坡比例为1：2.5，下游侧平均边坡比例为1：3。坝体由聚丙烯编织布（单位面积重126~1308/m^2）袋充沙形成。充沙袋的直径1.2m、长10m；每个袋上开3个直径为20cm、长50cm的袖口，为充填河沙的进口。在坝体的表面，为提高沙袋的保沙性能和坝体的稳定，袋布采用复合土工布（150 g/m^2聚丙烯编织布+150g/m^2无纺织布），充沙袋的直径1.5m、长10m。

四、岩土工程技术在河道整治中的应用

（一）岩土工程处理技术在河道中的应用

在河道治理过程中，可综合利用岩土工程的基础处理技术，如灌注桩基础加固技术、薄型混凝土防渗墙基础防渗技术等，如苍南县龙港江滨防洪堤工程，由于堤线范围主要是软土淤泥层，堤防设计上采用了灌注桩框架结构，在堤的内外侧布置了两排直径为60cm的混凝土灌注桩，桩的间距为300cm，入土深度为1400~2100cm。另外钱塘江中游地区的堤防基础，多为二元结构，上部为粉细沙、砂砾石，下部为基岩，其中砂砾石层常出现渗透变形，洪水期易发生管涌险情，由于堤防承受水头小、历时又短，薄型混凝土防渗墙就成为很有发展前途的基础处理技术。

（二）岩土工程之监测技术在河道整治中的应用

在河道治理过程中，各种各样的岩土工程监测手段可获得推广应用，如岩土工程的测斜技术，可用来监测堤防及基础的水平位移，对堤防可能发生的垮塌事故可提前做出预报。对在软土地基上修建堤防工程，通过监测地基土的孔隙水压力，对堤防填筑的加荷速率进行控制，以保证堤防顺利建成。另外一些常规的岩土工程监测技术经改装后，还可监测河道的淤积情况、水质变化情况。通过对一些河道的长期监测，找出河床及河流断面的演变规律，寻求实际的河床演变冲刷特性及解决平稳河床问题的实用技术。

此外，利用岩土工程中的无损检测技术，如超声波、回弹仪、高密度电阻

率仪等可对河道整治的建设工程进行质量检测，以保证工程建设的质量。

（三）岩土工程综合治理技术在疏浚淤积物出路方面的应用

目前，浙江省河道淤积现象十分严重，河道整治中一项重要工作是河道疏浚；其中疏浚过程中河道淤泥及水葫芦等淤积物的运输和出路安排已成为河道整治工作中一项十分重要的内容。通过对河道淤积物的特性研究，找出淤积物来源，综合运用岩土工程技术及其他技术，将淤积物或就地消化成为一种堤防边坡护岸材料，或通过采用焚烧及其他方法变废为宝，寻求一种从根本上能长期解决河道淤积物出路的办法。

第二节 新材料在河道加固中的应用

1998年长江和松花江发生特大洪水灾害后，国家特别拨款，修建全国七大重点江河的防洪工程，永定河就是其中一个。永定河防洪是否安全，对于首都北京城市安全至关重要。为此国家拨款进行防洪加固治理工程。从1998年下半年开始，先后完成的工作量为：6个重点险工段的防冲墙和护坡工程；长约10km平乱（滩地）段护坡工程；卢沟晓月湖的河岸土工模袋护坡和河底土工膜防渗工程。本节就土壤固化防冲墙、澳大利亚和国产土工模袋以及土工膜（布）的开发和应用情况介绍如下。

一、河道治理观念的发展

水土流失问题在中国环境治理过程中是一个较为严重的问题。在河道治理工程中必须重视水土流失问题，维持保护河道岸坡安全与稳定。通常状况人们会采用衬砌法，即更换河道以前的土壤，用石头或混凝土取代，采用裁弯取直的方式，忽略河流周围自然形成的地理形态。衬砌法的特点是，规划容易，施工简单，河流经过改造后人工渠道化，具体工程包括：河流形态直线化、河道横断面几何化、河床材料硬质化。这种施工方式只在较为简单的河道防渗、修护工程中适用。但是如果施工过程中，河道衬砌的面积比例过大，就会影响水渠与周围环境之间物质与能量的交换，长此以往，活水就会逐渐变成一江死水，水生植物、水生动物的生存就会受到极大的影响，河水的自净能力将会逐渐丧失，河道的生态系统也将面临崩溃的危险。可持续发展的理念给河道治理工作带来了新的解决方式，这种理念更加注重自然生态，人和自然和谐发展。

二、土壤固化剂防渗墙

（一）土壤固化剂的应用

为了简化砼防渗（防冲）墙的施工工序，提高成墙效率，降低工程造价，我们把土壤固化剂引入防渗（防冲）墙工程中。通过试验研究和开发应用，取得了比较好的技术、经济和社会效益。

土壤固化剂是一种用于固化土壤（砂、黏土和淤泥）的新材料，可分为水泥型和离子型两种。我们在防渗（防冲）墙中使用的是水泥型土壤固化剂。用这种土壤固化剂代替砼中的全部水泥。选定了永定河防洪工程的6个险工段防冲墙作为固化剂的开发和应用目标。永定河防冲墙设计深度6 m，开挖深度9~11m，墙厚0.6m。28天强度C10。为了探索土壤固化剂在防渗墙中应用的可能性，先后进行的工作：（1）室内原材料（主要是各种固化剂）检验和配比。（2）现场搅拌试验。（3）试验性施工47m。（4）推广应用3600m。

（二）试验研究项目

1.固化剂混凝土和砂浆

结合永定河防冲墙工程实际情况，考虑采用固化剂混凝土和砂浆两种墙体材料，下面分别介绍试验和使用结果。

（1）固化剂混凝土

所使用的两种固化剂，均具有很大的保水能力。在使用量260 ~ 280kg的情况下，其混凝土拌和物的和易性和流动性很好，不会发生离析，并可在5~10h内保持良好流动性。

根据多年使用80~120号黏土混凝土的经验，即使水泥用量>300 kg/m^3，如果不加入黏土（泥浆），也是不可能在坍落度达18~22 cm情况下保持良好的和易性的。而固化剂混凝土可以很容易做到这一点。

（2）固化剂砂浆

由于永定河河道中有大量的粉细砂，为了充分利用当地资源和降低工程造价，试验中使用了当地的粉砂（细度模数M_n=1.1）和固化剂拌成的砂浆。其设计强度C10。工程施工中，发现这种粉砂拌成的砂浆，其稠度指标很不稳定。用水量稍有变化，流动性就有很大变化，难以进行质量控制。如果把砂浆强度等级予以降低，再加入适量的膨润土粉或粉煤灰，相信是可以应用的。

2.工程施工

在试验性施工完成以后，经有关专家进行鉴定，认为完全可以在永定河防冲墙工程中使用这种土壤固化剂，在1998年10月至1999年6月间，在永定河6个险工段中建造长约3563 m、深6~13 m、厚0.6 m的固化剂混凝土防冲墙，其截水总面积约36224亩，浇注水下混凝土约15061m^3，工程总投资1000万元，平均工效可达30延米/天，标准断面施工中，共使用了4000 t土壤固化剂，混凝土配比。共取了407块试样，其平均抗压强度>18 MPa（设计为C10），保证率达到95%以上，完全可以满足设计要求。

实践证明，由于土壤固化剂保水力强，不会使水下混凝土离析，在防渗墙施工中，用土壤固化剂替代水泥，可省去搅拌混凝土用的稠泥浆及其生产设备，把过去的“湿拌”改为“干拌”，大大方便了施工。如果不采用土壤固化剂，1998年施工的4段防渗（冲）墙不可能达到300m^3/天的施工速度。

（三）施工要点

土壤固化剂防冲墙的施工工序与普通的地下防渗墙是相近的。由于它不使用黏土，所以混凝土的搅拌工作可以大大简化。

防冲墙是在粉砂地基中建造的，个别地段的地下水位很高，如何保证施工的槽孔稳定，是个非常重要的问题，为此采取了以下一些措施：

1.严格控制导墙两侧地面的堆土高度力≥2m，且应距导墙边至少3.0 m以上。

2.经常保持槽孔内泥浆面不低于槽口以下0.3 m。

3.适当加大泥浆密度和黏度。

（四）工程设计

1.截渗墙位置

高压摆喷截渗墙和深层搅拌桩截渗墙施工机械要求的最小施工宽度为4m，堤顶截渗墙靠临河堤肩布置防渗效果好，考虑这些条件因素，设计堤顶截渗墙体轴线布置在距临河堤肩2.5m处，堤坡脚截渗墙轴线布置在距临河堤坡脚平均约2m处。

2.截渗墙（膜）顶、底高程

根据加固堤段的地形、地质条件，选择55+500等几处典型断面，按现状、堤顶截渗墙、堤身铺设复合土工膜加临河坡脚截渗墙。截渗墙（膜）顶部高程为相应设防水位加lm超高。55+000~55+800段设计洪水位108.68~108.25m，截渗墙（膜）顶部高程取109.6m；56+800~57+650段设计洪水位107.88~107.68m，截渗墙（膜）顶部高程取108.8m；61+850~62+930段设计洪水位106.66~106.33m，截渗墙（膜）顶部高程取107.5m。

根据地勘资料，在55+000–~55+800段堤基第②层和第④层壤土中间夹着第③层砂壤土层。壤土层属弱透水层，砂壤土相对渗透性较强，可选第④层壤土作为相对隔水层，设计截渗墙底嵌入第④层壤土1m。55+000~55+350段截渗墙底部高程为94.0 m，55+350~55+850段墙底高程为93.0m。

56+750~57+100段为历史老口门和老河槽区，堤基细砂层最厚达12.5m，最薄1.5m，砂层下第⑥层粉质黏土层渗透系数平均1.6×10^{-7} cm/s，属极微透水层，截渗墙应穿透砂层，伸入砂层下第⑥层粉质黏土层1.0m，墙底高程取84.0m；57+100~57+700段堤基地层依次是第②层、第⑤层壤土和第⑥层粉质黏土层，第②层壤土平均渗透系数1.71×10^{-5} cm/s，属弱透水层，厚度2~3m，第⑤层壤土平均渗透系数4.4×10^{-6} cm/s，厚度4~6m，第⑥层粉质黏土层平均渗透系数1.6×10^{-7} cm/s o截渗墙应伸入第⑥层黏土层，墙底高程取91.2m。

61+800~62+980段堤基②层和③层壤土共厚7m左右，分布稳定，两层壤土的渗透系数分别为3.0×10^{-6} cm/s，1.5×10^{-5} cm/s，属微、弱透水层。其中在61+800~62+800段堤基下第④层细砂层厚7.6~9.6m，渗透系数为6.3×10^{-4} cm/s，砂层下第⑤层为壤土层，渗透系数为2.7×10^{-6} cm/s，考虑到砂层较厚，分布范围很广，有可能形成绕渗，此段截渗墙底部应穿透第④层砂层，墙底高程取82.0m。

62+800~62+980段截渗墙应伸入第⑤，层粉质黏土层，墙底高程取89.5m。

3.高压摆喷截渗墙设计

（1）设计工序和主要参数。

本次高压摆喷灌浆成墙形式选用高压摆喷技术，摆角25°。高压摆喷灌浆截渗墙连接采用折线型，分两序施工，喷射方向与墙轴线夹角25°。

主要设计参数：水压25~35 Mpa、气压0.5~0.7 Mpa、浆压0.8~1.0 Mpa，提升速度8~10 cm/min，水泥浆液水灰比1.0~1.5，进浆容重16~17KN/m^3，钻孔直径150mm，孔距最好由试验确定，初选孔距1.6m，孔位偏差小于50mm；钻孔的孔斜率小于0.3%。设计最小墙厚≥200mm。水泥标号为$R_{32.5}$。

高压摆喷灌浆截渗墙防渗及物理力学性能指标：设计强度R28≥5.0 Mpa；墙体渗透系数K≤A×10^{-6} cm/s（1≤A≤10）；渗透破坏比降不小于200，允许渗透坡降[J]=50。

（2）回浆处理措施。

高压摆喷灌浆截渗墙施工过程中会产生大量的回浆，这些水泥浆体凝固后虽然不会污染环境，但会占用土地，影响环境美观。本次设计考虑将回浆予以利用，一方面由施工单位净化回收利用一部分回浆；另一方面安排在加固堤段临水坡脚设置储浆围堰，施工中产生的回浆在堤坡脚存储；截渗墙施工完成后，在储浆池废浆顶面铺设0.5m后的壤土盖顶。

4.深层搅拌桩截渗墙设计

（1）墙体厚度确定：

工程设计要求水泥土墙90天龄期的物理力学指标为：墙体无侧限抗压强度不小于0.3 Mpa；渗透系数不大于A×10^{-6} cm/s（1≤A≤10）；渗透破坏比降不小于200。计算时取允许渗透比降[J]=50。

设计最小墙厚可采用下列公式计算：

$S\Delta H/[J]$

式中S——最小防渗墙厚m；

△H——截渗墙两侧的水头差，即浸润线在经过截渗墙时发生跌落的水位差。

经渗流稳定计算，截渗墙两侧水头差最大为4.51m，代入上式可求得截渗墙最小厚度为90mm。考虑施工桩位布置误差（≤50mm）和施工造成桩体的垂直度偏差（≤5‰），深层搅拌桩截渗墙设计厚度应为300mm。为确保墙体设计厚度，本次选用桩径440mm，桩间搭接120mm，搭接处最小理论厚度为300mm，可满足防渗厚度要求。

（2）水灰比和水泥掺入比的确定：

水灰比的选定直接影响成墙质量的好坏，需要根据堤坝地层土的含水量确定，一般选取范围0.8：1~2.0：1，水泥掺入比一般取8%~12%，初步确定取12%。水泥标号为$R_{32.5}$。

（3）施工机具的选择。

深层搅拌桩截渗墙施工有单头搅、双头搅、多头搅，本次设计拟采用BSJB37–III型多头小直径深层搅拌桩机三序法施工。

5.复合土工膜防渗设计

将截渗墙布置在临河堤脚，临河堤坡铺设复合土工膜防渗，可以降低截渗墙深度，减小施工难度。

堤身防渗布置：将原堤防临水坡面上的草皮铲除，树株伐除，树根挖出，削坡整平，清基厚度为0.6m。其上铺设一层复合土工膜，并覆盖壤土保护层，复合土工膜膜顶设计高程高于设计洪水位1.0m，壤土保护层顶宽2.5~3.0m，外边坡1：3.0，经加培后的堤顶宽度不小于10m。筑堤土料粘粒含量应高于3%，土料含水量应适宜，回填土压实系数不小于0.94。

复合土工膜与深层搅拌桩截渗墙连接方式为：将墙顶0.3m范围不合格墙体凿除，立模后浇筑二期混凝土，预埋镀锌螺栓；将土工膜用沥青压条压在混凝土的表面，用螺栓固定；土工膜上回填壤土保护层。

6.截渗墙搭接设计

推荐方案中堤顶截渗墙段与堤身铺设复合土工膜加堤脚截渗墙加固段之间必须有效搭接，以保证防渗加固堤段防渗效果的连续。本次设计加固段间有两处搭界部位，桩号分别为55+350、57+100。其中55+350处搭接方式为下游堤坡复合土工膜与堤脚截渗墙嵌入上游堤顶截渗墙加固段30m，57+100处搭接方式为下游堤坡复合土工膜与堤脚截渗墙嵌入上游高压摆喷截渗墙加固段30m。这两处搭接段截渗墙截断的堤基地层均属弱透水层，设置30m长的搭接段，延长了渗径，降低了背水侧渗透坡降，可以满足渗透稳定的要求。

三、土工模袋的应用

（一）土工模袋护坡技术简介

土工模袋是由某种聚合化纤合成材料经过加工编制而成的袋状产品。中国在20世纪70年代末引进和使用了这项新的技术。模袋的制作工艺是将混凝土或水泥砂浆高压泵灌入模袋中，在袋子里加入吊筋绳等纤状物，一定时间后混凝土或水泥砂浆会与纤维结合形成一种高强度的板状结构。目前，这种新型的建筑材料在国内一些堤坝护坡、护岸等防护工程中得到了广泛的应用。材料的特点如下：

1.一次喷灌成型，施工简便、快速。

2.材料对复杂环境的适应性强，施工过程中节省了填筑围堰的环节，可实现大面积护坡的施工。施工结构整体性强、稳定性好。

3.混凝土或水泥砂浆中的多余的水分可以通过织物空隙渗透，水灰比的降低促进了固化速度，进而增强了结构的抗压强度。

（二）施工规划设计的原则

1.堤线布置和堤型选择

（1）施工人员在河堤布线时要保持河道周围的自然原貌，加强环境保护意识。

（2）在允许的范围内，尽量增加堤线的宽度。在河道治理设计工程中，要充分考虑河道防洪能力，保障植被和生物在浅滩的生长空间，充分发挥河流的自净功能，维护生态平衡。同时还要处理好经济发展与保护生态环境之间的矛盾。

（3）选择堤型时要从渗流稳定、滑动稳定等多个方面考虑，在实践过程中，可以选择当地材料，降低施工过程对河道植被的影响，同时还要采取措施保持水流的侧向连通性。

2.护岸工程

岸坡防护工程影响着河道生态环境，是在河道整治工程中一项不可忽略的因素。20世纪90年代，石笼结构护岸网笼在河道治理工程中被广泛应用，防洪护堤工程中通常会采用铁兹石笼技术进行河道的维护。这种施工方式能有效地稳定河堤基础，防止固坡阻滑，有效地减缓了水流和风浪对河堤的冲刷、重蚀作用。

（1）土工网复合植被技术。这是目前较为普遍的河道治理技术。

（2）多孔质护岸。此工程中护岸结构以混凝土预制件为基础，特点是施工简单，环境适应性好，能为动植物提供良好的庇护所，河道周围的生态与景观环境都得到最大限度保护。

（3）自然型护岸。在一些降雨量较小的河道地区，护岸工程可以选择土壤、木材等自然材料作为结构的主材。

（4）网格反滤生物工程。具体方式是选择当地的植物种类，种植在坡面的网格中。施工特点是投资少、见效快、经济高效。

（5）植被型生态混凝土。这是一项近些年逐渐发展起来的河道治理技术。施工中利用多孔混凝土、保水材料、难溶性肥料及表层土组成填充材料，预制做成砌体结构。该结构较为坚固，对环境影响少，通常可以直接用于河道的护岸工作。

（三）土工模袋护坡施工技术

1.根据工程质量的实际需要，施工过程中要对复合土工膜进行严格的进场质量检测，检测内容包括膜的质量和几何尺寸。复合土工膜进入施工现场时必须出具产品的质量合格证书、相关性能及特性指标检测说明书进场后，施工单位要做好抽样检查的工作，保证材料质量。

2.河道的防渗能力对复合土工膜的拼接质量有着严格的要求。目前常用的测验方法有目测法和现场检漏法。检测后，要及时对焊缝的质量进行检查，及时修补和处理相关的焊接问题。

（四）施工中的质量控制

土工模袋护坡施工是一个系统的施工过程。虽然它的施工工艺并不复杂，但涉及面广，只有各个环节密切配合，才能保证施工的质量。因此在施工过程中，要制定严格的施工程序，对工作流程进行严格的控制和协调，这样才能避免不可挽回的损失，实现最大的效益和成果

1.机具的使用

（1）混凝土泵的功率不能满足施工的需要。由此造成的后果为模袋充填密实度过小，每台班的工作效率降低，窝工现象不可避免，生产成本也会相应增大。与此相反，如果泵的功率过大，过高的压力会使灌注混凝土出现鼓泡或破裂

等现象。

（2）模袋的混凝土注入口离泵过远，或者与泵之间的弯管过多。这样的危害使堵管现象发生频率将会增加。

2.充填料的选择常见问题

（1）如果填充料中的石子粒径过大，在模袋内，骨料的扩展，流动则会容易产生一定的阻碍。

（2）混凝土配制不合理时，充填料稠度如果变大，将会产生充填不足或堵口的现象，相反，如果混凝土稠度过小，同样会因为骨料离析现象，造成堵管或堵口的现象。

（3）水灰比过大时，尽管能在一定程度上改善管道堵口的现象，但由于混凝土等充填料的离析现象，不能达到匀质的质量标准，进而严重影响混凝土结构的整体强度。

3.模袋布易出现的问题

（1）局部出现双层合一，连接线粘连的现象，会影响填料的灌注，甚至产生无填料区。模袋布如果脱结，充填料灌注体积数量和结构坡面的平整度也会受到一定程度的影响。

（2）输料管注入口太浅、角度不合理。充填料如果堆积在注入口附近，容易造成堵塞现象。

（3）充填过程，如果系模袋布质量不合格或泵送压力过大都会增加模袋局部爆裂的风险。遇到这种情况，应及时停止泵机的工作，或在模袋布上重新开口进行混凝土的充灌。

4.模袋铺设工作

（1）模袋铺设时，如果顶端同定桩入土深度过浅或者预留过少的模袋布收缩量，会使模袋的位置产生不同程度的移位。一般情况下，模布的收缩量要预留3%左右，而顶部固定桩要深入土地足够深度。

（2）接缝形成喇叭空隙。产生原因是模袋铺设歪斜，从而使接缝过宽。随着时间的增长，接缝会有不同深度的扩大。

（3）底端上翘。时间长了，极易产生混凝土块体断裂现象。

5.充灌中常见的问题

（1）充灌过程中，填料工作未能在将要达到平台边缘停机，模袋下端平台或折弯处会产生厚度不足的现象。避免措施是分两次充灌。

（2）混凝土密实度不够。解决途径为在充灌时，保证模袋填充密实，没有较大程度的弹性和松弛度。

（3）模袋纵向歪斜或局部撕裂。产生原因可能是铺设时模袋不顺直或者上端松紧器没有在充灌时及时放松，造成受力不均。

（五）土工模袋的设计

水利部准备在全国水利系统推广50个土工合成材料的示范工程，选定北京市永定河卢沟晓月湖的堤岸防护工程，使用从澳大利亚进口的土工模袋（水泥浆垫）。在施工过程中，因拆迁占地等原因，对原设计进行了局部修改。

河道右堤身为天然砂、卵石（局部为细粉），抗冲刷能力差，决定采用土工模袋加以防护。为减少渗漏，保持游览水面，在流量2500 m^3/s水位以下的模袋下面又铺设了厚0.5mm聚乙烯（PE）。原设计模袋顶高程为2500 m^3/s水位加上超高0.5m，卢沟桥以下段改为与正常蓄水位60.2 m相平（PE膜同此）。由于堤身为砂、砾透水料，水位变化速度很慢，可不设排水孔，采用无反滤点的土工模袋。土工模袋应能承受5m/s水流流速的冲刷。经核算，采用厚度100 mm的模袋在1：2边坡条件下，仍能保持稳定。

（六）土工模袋的选用

1.澳大利亚土工模袋

本工程使用的土工模袋是由澳大利亚FORESHOREPROTECTION Pty 1td公司生产的。该模袋被广泛用于河道、渠道、港口、海岸、水库、湖泊、道路等的护岸或护底工程中，至今已完建250多万平方米。它是一种具有很高强度和稳定性的聚酯（涤纶）长纤维织成的双层织物结构，灌入砂浆后固定成型。其特点为：可有效防止水土流失和水流冲刷；耐酸、耐碱、耐有机溶剂和生物侵蚀以及动物撕咬；适应各种形状的地面，可任意裁剪成所需要的形状；施工快捷，适应性强，水上水下、雨天晴天均可施工；抗辐射，抗老化，寿命可达30~50年以上；质量可靠。

根据“水利水电工程土工合成材料应用技术规范”有关要求，模袋护坡工程设计应包括厚度选定、稳定分析、排水和抗滑措施。若安全系数F=1.61>1.50，可满足要求。为确保模袋在施工和运行期间的稳定，施工中把模袋在堤顶部加长0.5~0.7m，灌注后可将其埋入锚固槽内。北京市水利规划设计研究院对土工模袋护坡的基本要求是：28d龄期的最小强度20 MPa；水泥最小用量>400 kg/m³；密度>2240 kg/m³；每平方米重量>150 kg；抗冻标号为D100；承受流速>5m/s；满宁系数n=0.016；垂直渗透系数<1×10⁻⁴ cm/s。

2.国产土工模袋

中国自1982年开始引进日本的土工模袋进行试验性施工以来，1983年江苏开始试制应用，至今已应用到了全国各地的几十项工程中。但北京尚未用过。这次卢沟晓月湖左堤（老石桥—橡胶坝）使用了长317.6 m、面积为5288m²的国产土工模袋护坡。它是由无锡市亿丰产业用布厂生产的WYFM-150型涤纶土工模袋，也是国内首次使用这种新材料，其抗老化性能比过去常用的丙纶模袋要好得多。模袋护坡的设计厚度为150mm，灌注砼。设计龄期90 d，强度不小于20 MPa，抗渗>S4，抗冻>D50，其28 d强度不小于16~18 MPa。1999年8月又在通惠河出口的北运河左岸进行了6690 m²的水下土工模袋施工，模袋布规格仍为WYFM-150，回填水泥砂浆。

（七）土工模袋的施工

本工程采用了国内外两种土工模袋，由于两者的织物结构和充填材料不同，施工方法也不一样。根据本工程特点，我们改变了两种模袋的原有施工方法，取得了较好效果。

1.澳大利亚土工模袋施工要点

（1）施工单元的划分。开工前，澳大利亚公司提出的施工方案是：沿水流方向每50m作为1个施工单元。在每个单元用缝纫线分隔6~8个小单元。每个小单元由堤顶逐渐向河底灌注。每50m之间做有伸缩缝，模袋断开并搭接30cm。考虑到本工程是在无水条件下施工，伸缩缝间距仍为50m，将模袋沿水流方向分成5~6个小单元，每个小单元尺寸约为50×2.5~3.0m（河底为50×5.0m）。灌注顺序仍是上游到下游、由堤顶向河底。

（2）关于模袋的收缩系数。以前该公司多是在水下环境下施工，所使用的模袋面积与实际完成的护坡面积之比（收缩系数）约为1.35~1.40。本工程施工是在无水条件下进行的，模袋与地基土和聚乙烯膜之间的摩擦系数变化较大。故在开工前提出的收缩系数为1.20。但经过前几个施工单元的施工情况表明，这一估计仍偏大，实测收缩系数为1.10左右。

（3）关于模袋底部的细料保护层。原设计在河底的模袋与聚乙烯膜之间铺有5~10cm细料保护层。施工中发现此层细料全被水泡软成泥状，妨碍水从模袋中滤出，其中的大石子还可能刺破聚乙烯膜。经设计同意，后期施工取消了这层细料。

（4）关于锚固槽和伸缩缝。本工程施工过程将原设计的边坡1：2.5改为1：2.0，可节省模袋约5000m²。但边坡变陡后，对抗滑稳定不利，尤其是底下铺了一层聚乙烯膜，更为不利。为保持模袋施工和运行过程中的稳定，在模袋顶部挖一道深约50~70cm的锚固槽，把模袋加长50~70cm。施工时先灌注顶部单元，可防止模袋下滑。施工后期将顶部模袋埋入土中或硅中。按设计要求，每50m做1道伸缩缝，模袋断开并搭接30cm。在分缝处挖槽宽70cm深15~20cm，把搭接段卧在槽内。为使水流平顺，施工时将上游段盖在下游段上。搭接段内涂上冷沥青，但由于模袋收缩率难以把握，所以接缝质量不太好。据我们施工经验，认为今后可取消这种伸缩缝。

（5）关于模袋的缝制和变形调整。土工模袋是一种由斜向拉线连接的双层开边织物，幅宽3.2m，每卷长度80m，运到现场后，根据护坡的实际尺寸，缝制成模袋运到现场铺设。前面已经说到，模袋充入砂浆成形后要收缩10%左右。澳大利亚对此模袋的解决办法是在缝制模袋过程中，大约在每幅布的中间部位，把两幅布折起10~15cm，用手提缝纫机缝线固定，把这条线叫分隔线。在灌注砂浆过程中，每次灌注1个2550×1.6~1.7m的长条形模袋。在灌注下1个单元时，先把分隔线拉断，使后灌的砂浆与先前灌入的砂浆结合成整体。仿此做法，就可把整片模袋灌注完成。这就把模袋灌注过程中约10%的收缩变形分成5~6段，逐段完成，避免大幅度的收缩变形。

（6）关于砂浆配比。根据澳大利亚公司的建议，采用的砂浆配比：普252号水泥500 kg/m³；粉砂1800 kg/m³；水450 kg/m³。其中，粉砂产自永定河下游，细度模数1.20左右。水灰比0.9。由于土工模袋的滤水作用，可使水灰比由0.9降低到0.5左右，从而提高砂浆强度。

（7）特殊处理。遇到树木、拉线时，可将模袋剪开，把树或拉线包在其中，然后再将模袋缝合，灌注砂浆；遇高压线杆时，应在周围保留一个土台，再用模袋将其围住，或用浆砌石和硅将其砌在中间。

（8）主要施工技术要求。①铺设模袋时应确保其在整个工作面上均匀分布，进入锚固槽内的尺寸要满足要求；②模袋表面不得有皱纹、折痕和重叠现象；③当模袋护坡中设有搭接式伸缩缝时，模袋应由下游向上游灌注；④灌注砂浆应有足够压力（0.3~0.4 MPa），使织物充分鼓胀，达到设计所要求的厚度；⑤在灌注过程中，边灌注边用人工脚踩，使砂浆均匀充满模袋；⑥灌注过程中要加强观察，发现变形过大或鼓包时，应及时中止灌注，特别要防止灌注口被挤胀变形；⑦不允许出现扁平的或灌注不充分的断面；⑧在模袋充胀后1h，禁止在上面行走或放上重物。

2.国产土工模袋施工要点

（1）施工单元划分。国产土工模袋都在工厂加工成一定规格的单元，运到现场铺放。本工程模袋单元为12m（6幅布），长边为17.55m。用布分隔成3条浇注单元。为降低工程成本，本段模袋的河底部分采用丙纶模袋，斜坡采用涤纶模袋。这是国内首次使用涤纶模袋。

（2）灌注方案。原计划在每个施工单元中，按照从上游向下游依次灌满3个条状模袋（1，4，7，10；2，5，8，11；3，6，9，12）。但试验3个模袋单元后，发现坡底变形较大。于是改为每个施工单元分成4个水平段，自坡底向坡顶逐段灌注（1，2，3；4，5，6；7，8，9；10，11，12），可保持护坡表面平整，但这样使施工速度放慢了。施工中曾把2个单元（2×12m）连在一起灌注，即先灌河底6个小单元，后依次向坡顶各灌注3次（每次6个小单元），可其速度更慢，今后不宜采用。

（3）模袋砼。采用豆石碒，最大粒径小于15mm；中砂，细度模数2.5。矿渣325#水泥。水灰比0.5~0.6，砂率0.450.50。坍落度22±1 cm。使用配比（kg/m^3）为：水泥385，水204，砂905，石子905，减水剂（FX-128）1.5%。

（4）国产模袋施工过程。①边坡平整压实。②开挖顶部锚固沟槽（50×50cm）。③放样。④埋设固定桩。⑤铺设硅管道。⑥铺设模袋布。⑦砼搅拌和运输。⑧充灌模袋砼。模袋充灌前用水冲湿模袋布，以防止模袋布吸水引起砼坍落度变小而影响硷流动性。泵送前用水泥砂浆（1：2.35）润滑料斗、泵体和输送管道内壁，以减小泵送阻力。充灌次序按自下而上依次进行，每一充灌口的充灌应连续进行。充灌至饱满时，将灌口扎紧，移到下一个灌口。硅砼流动困难时，可采用脚踩或调整软管方向等方法，改善砼流动性。模袋充灌后将有不同程度的收缩，要随时调整和放松顶部松紧器或尼龙绳，并注意每根绳的放松程度，始终保持整块模袋布顺直和平整。模袋充灌饱满后1h，即可用压力水冲洗残留在模袋表面的砼及杂物。⑨封填沟槽和砼养护。对模袋砼应洒水养护至少14d。

我们在永定河和通惠河的四个工地，用澳大利亚和国产土工模袋，在水下和水上条件下建造了约3.5万耐的护岸（底）工程，取得了显著的技术经济和社会效益。土工模袋施工快捷方便，特别是在有水的条件下，可节省导流和围堰的费用，加快施工进度。在大江大河中，用模袋护坡更具有别的方法所不具备的优点。通过本工程两种模袋的对比试验，认为今后应深入研究利用砂浆充填模袋可行性问题。目前需要用模袋做河道护坡的工程大都位于江河下游平原地区，砼用的石子很难在当地找到，但是砂子却是当地材料。如果能够用砂浆来充填模袋，就可充分利用当地资源，并可大大降低工程成本。

3.土工膜（布）的应用情况

在已完成的永定河防洪加固工程中共使用约55万平方米的聚乙烯（PE）土工膜和复合土工膜，其中卢沟晓月湖铺设了约40万m^3的土工膜。土工膜的铺设程序是：土方开挖，基础碾压，铺粉砂（5cm），铺PE膜（0.5mm），保护料（厚70cm）。施工过程中，共调用反铲挖土机12台，大型汽车60多辆，推土机8台，装载机6台，高峰上人500多名，流水作业，分区循环施工，于大汛前顺利完成。施工过程中对所有PE膜的焊缝都进行处理检查和真空抽气检查，发现不合格的立即予以检修。

四、土工模袋混凝土在石狮江护岸工程中的应用

（一）模袋混凝土施工工艺流程

模袋混凝土断面设计→模袋布缝制图设计→模袋布加工→整坡→泵送模袋混凝土级配设计→施工组织设计→设备、材料进场及验收→管道铺设→模袋布铺

设（缝接）→混凝土搅拌、泵送混凝土→模袋混凝土充灌质量现场控制→模袋混凝土培护及设备清洗、维护→下一循环操作准备工作。

（二）主要施工要点

1.整坡要符合设计坡比，坡面要求平实，无树根及尖锐物，坡面回填土要夯实后再削平，整坡的质量影响模袋混凝土的平整、美观，也将影响模袋混凝土充灌的质量和进度，铺设模袋前需精心验收。

2.模袋布要结合现场情况缝制，并绘制模袋布缝制图，对异形单元要编号。

3.土工模袋混凝土在正式浇之前，要进行现场混凝土配比试验，最终确定施工所用的混凝土配比。

4.施工前要放线定位，挖好水上加固齿槽。在齿槽处打固定钢桩，桩深lm，间距2m，在坡脚处打定位木桩，桩深0.8m，间距1m。从按岸线施工方向铺设模袋单元，有异形单元对号入座，施工的顺序方向与单元搭接布同向，要求从上游作铺设起始端从上至下展开膜袋铺平，模袋上顶留孔，水平插入钢管，用粗绳将网管与钢桩固定，调整好距离，保证充灌后模袋的尺寸位置与设计一致。

5.混凝土灌注选用1台HBT20泵型，其最大水平输送距离200m，匹配2台0.4m³混凝土搅拌设备，配备人员40人，要保证连续泵送。混凝土充灌应从已充灌的相邻块处开始，沿自下而上、从左向右的次序进行，充灌过程中应及时调整模袋上缘的拉力，确保土工模袋护坡厚度一致；充灌速度应控制在10~15 m³/h范围内，出口压力以0.2~0.3 MPa为宜；土工模袋混凝土充灌将近饱满时，应暂停5~10 min，待模袋中的水分析出后，再冲灌至饱满。

（三）模袋混凝土充灌过程中应注意的问题

1.泵与充灌操作人员之间应随时联系，紧密配合，充灌到位后及时停机，以防充灌过程产生鼓包或鼓破，出现鼓胀时，应及时停机，查找原因并处理。

2.为防止堵塞事故，应随时检查混凝土级配和坍落度；防止过粗骨料进入和堵塞管道；防止泵入空气，造成堵管或气爆；充灌应连续，停机时间一般不得超过20 min。

3.随时检查坡顶钢桩是否牢固以防充灌过程中模袋下滑。

4.灌完一片后，移动设备，按上述步骤进行下一步的充灌施工。应特别注意两片间的连接、靠紧。施工过程中应做好记录和取样，并进行强度测定。

五、土工模袋在沙颍河河道治理中的应用实例

（一）沙河张湾村险工护岸整修工程

张湾险工位于沙河右岸舞阳县北午渡乡张湾村北，此处原有20世纪60年代做的砖砌护坡。由于年久失修和河床降低等因素，基础已经悬空，护坡多处出现滑坡、坍塌，坍塌体上边线已接近堤角，危及堤防安全。针对工程特点，新工程采用土工模袋与干砌石相结合的护岸型式。护岸工程总长270 m，土工模袋设计厚度40cm，模袋砂浆共4750 m^3，在砌石护坡与砂浆模袋之间开挖一道深50cm、宽100cm的沟槽，槽内充灌水泥砂浆，既作为模袋压顶，又作为护坡的基础，起到连接模袋、稳定护坡的作用。在施工现场实测中，发现在起比桩号0+228~0+270段水面以下边坡陡立，冲刷坍塌严重，沟沟壑壑、高低不平，施工中用浮标做好标志，抛投块石，抛投至1：1.5~1：2边坡稳定时停IF，并用砂袋在其上均匀覆盖一层，以防比块石锐角割破模袋，然后再进行模袋充灌。充灌完成的模袋之问叠压密实、无隙缝，使水流不能对模袋底部造成冲刷，进而掏空，造成模袋断裂。经处理竣工后的工程运用状况良好，确保了工程运用安全和正常使用。

（二）土工模袋在油坊头险工水毁修复工程中的应用

该险工位于漯河市舞阳县候集乡油坊头村沙河左岸，座湾全长5.6 km，曲弯半径1100 m，险工总长800 m。沙河在此由西南转向东南，该险工位于这两个转弯之间，座湾顶冲，岸坡陡立，滩地狭窄。作为防洪重点区域，历年来，修建了不同类型护岸工程700 m。这些工程经多年的运行，由于河床低及受到大水的冲刷，造成基础土沙流失，基础掏空，致使整段基础崩毁，加之下游马湾拦河的频繁蓄放水，使护坡无所依靠，下部混凝土板护岸已全部滑脱，大部分混凝土板已被水流冲走。由于该工程段下游约10 km为马湾拦河闸，水位较深，采用常规浆砌石护岸困难较大，且无围堰土方。考虑本工程毁坏是由于基础系流沙层，被水流冲刷，造成掏空而破坏的实际情况，确定采用水泥砂浆模袋护基护底，力求能达到护岸、固滩、稳定河床和除险加固的目的。设计在高程63.50m处做75“浆砌石基础，高程63.50m以下铺设水泥砂浆模袋，对高程63.50m以上的原混凝土护岸采用补砌维修的方法。水泥砂浆模袋垂直河向顺坡铺设长度为25m，节点最小厚度0.20m，相邻两幅模袋搭接长度为0.30m。油坊头水毁修复工程2005年4月底竣

工，模袋浇注饱满，厚度均匀，搭接嵌压密实，基础与模袋衔接牢固稳定。

经多年的观测，该工程运行情况良好，险情得到有效控制。沙汝河河槽大部分是流沙、淤土，岸坡局部夹砂，受洪水冲刷时，河岸坍塌严重。油坊头砂浆模袋护基护底工程的成功运用给同类防护工程提供了应用参考和借鉴。

（三）土工模袋在马湾拦河闸导流明渠工程中的应用

马湾拦河是河南省沙颍河涡河近期治理工期第Ⅱ标段项目。在导流明渠开挖完成后，发现下部为粉砂中积层。通水后，水流对渠道底部冲刷极其严重，大量的细砂被水流冲走，然后迅速向边坡底部发展，掏空了土袋木桩防护层的底部基础，将防护层掏空冲毁，随后直接冲刷了两岸边坡的底部，造成边坡底部悬空塌陷，在两岸造成了严重的塌方，特别是在上游左岸的老堤处，由于高差大，塌方尤其严重。在此情况下，施工方将进水口强行截堵停止运行。由于工程工期紧，为保证工程顺利进行而不受洪水威胁，在导流明渠出现以上情况后，建设单位、监理单位、设计单位、施工及运管单位多次召开专题研讨会，讨论处理方案。在满足过流流量200 m^3/s，流速2.73 m/s的前提下经过多种方案综合比较，最终确定采用土工模袋护砌。针对工程量大、工期紧的特点，建设方采用大幅模袋，模袋幅长37m、宽12m，长度可以完整覆盖导流明渠横断面。设计用水泥土做充灌材料，水泥土水泥掺量为10%，22060 m^2水泥土模袋充灌仅用了27 d就全部完成。竣工后的模袋整体性好，灌注饱满，厚度均匀，强度高，施工速度快，并且充分利用现场砂土资源，减少了材料运输费用。满足了建设方提出的处理工期要快、质量保证、费用节约的目标要求。马湾闸导流明渠大幅模袋施工方法，打破了常规的模袋技术标准，拓展了水泥土模袋技术在沙颍河河道的应用领域，为抢险、度汛工程提供了一个成功模式。

参考文献

[1] 蔡正咏．混凝土性能[M].北京：中国建筑工业出版社，1979.

[2] 柴振洪，等.环境污染控制[M]．北京：中国环境科学出版社，2001.

[3] 《长江流域水土保持技术手册》编辑委员会．长江流域水土保持技术手册[M]．北京：中国水利水电出版社，1996.

[4] 戴金水，徐海升，等.水利工程项目建设管理[M].郑州：黄河水利出版社，2008.

[5] 丁士昭．建设工程项目管理[M]．北京：中国建筑工业出版社，2004.

[6] 宫立鸣，孙正茂．工程项目管理[M].北京：化学工业出版社，2005.

[7] 黄森开.水利工程施工组织及预算[M].北京：中国水利水电出版社，2002.

[8] 黄森开．水利水电工程施工组织与工程造价[M].北京：中国水利水电出版社，2003.

[9] 冷爱国，何俊.城市水利施工组织与造价[M].郑州：黄河水利出版社，2008.

[10] 李开运．建设项目合同管理[M].北京：中国水利水电出版社，2001.

[11] 李新军.水利水电建设监理工程师手册（上册）[M]．北京：中国水利水电出版社．1998.

[12] 李永强.水利工程档案管理手册[M]．北京：中自水利水电出版社，2001.

[13] 刘丽宏，张松，等．水利工程施工现场管理[M].武汉：华中科技大学出版社，2014.

[14] 刘庆飞，梁丽.水利工程施工组织与管理[M].郑州：黄河水利出版社，2013.

[15] 刘士贤．建筑项目进度控制[M]．北京：中国水利水电出版社，1994.

[16] 刘伊生．建设项目管理[M].北京：北京交通大学出版社，2001.

[17] 卢谦，张琰，唐连钰，等.建筑工程招标投标手册[M]．北京：中国建筑工业出版社，1987.

[18] 马月吉．怎样编制审核工程预算[M].北京：中国建筑工业出版社，1984.
[19] 毛小玲，郭晓霞．建筑工程项目管理技术问答[M].北京：中国电力出版社，2004.
[20] 孟秀英，谢永亮.水利工程施工组织与管理[M].武汉：华中科技大学出版社，2013.
[21] 缪惠.信息工作与档案管理[M]．合肥：合肥工业大学出版社，2005.
[22] 聂俊琴，张强．水利水电工程施工组织与管理[M].北京：中国水利水电出版社，2014.
[23] 彭尚银，王继才.工程项目管理[M]．北京：中国建筑工业出版社，2005.
[24] 祁丽霞.水利工程施工组织与管理实务研究[M].北京：中国水利水电出版社，2014.
[25] 全国建筑施工企业项目管理培训教材编写委员会．工程招标投标合同管理[M].北京：中国建筑工业出版社，1995.
[26] 全国建筑施工企业项目管理培训教材编写委员会.施工项目管理概论[M]．北京：中国建筑工业出版社，1995.
[27] 全国一级建造师执业资格考试用书编写委员会.水利水电工程管理与实务（第三版）[M]．北京：中国建筑工业出版社，2013.
[28] 戎贤，穆静波，王大明．工程建设项目管理[M]．北京：人民交通出版社，2006.
[29] 石庆尧．水利工程质量监督理论与时间指南[M]．北京：中国水利水电出版社，2001.
[30] 石振武，宋健民，赖应良.建设项目管理[M]．北京：科学出版社，2005.
[31] 水利部建设与管理司．水利工程建设管理文件汇编（四）[M]．北京：中国水利水电出版社，2007.
[32] 水利部建设与管理司．水利工程建设项目招标投标文件汇编[M]．北京：中国水利水电出版社，2004.
[33] 水利部建设与管理司，水利建设与管理法规汇编（续编）[M]．北京：中国水利水电出版社，2004.
[34] 四川省土木建筑学会.施工组织与管理[M].成都：四川科学技术出版社，

1986.
[35] 谭章禄，李涵，徐向真．工程管理总论[M].北京：人民交通出版社,2007.
[36] 唐涛．水利水电工程管理与实务[M]．北京：中国建筑工业出版社，2004.
[37] 王武齐．建筑工程计量与计价[M].北京：中国建筑工业出版社，2007.
[38] 王雪青．国际工程项目管理[M].北京：中国建筑工业出版社，2000.
[39] 王要武.工程项目管理百问[M]．北京：中国建筑工业出版社，2002.
[40] 席相霖.现代工程项目管理实用手册（第一卷）[M].北京：新华出版社，2002.
[41] 肖振荣．水利水电工程事故处理及问题研究[M]．北京：中国水利水电出版社，2004.
[42] 杨培岭.现代水利水电工程项目管理理论与实务[M]．北京：中国水利水电出版社，2004.
[43] 尹贻林，阎孝砚．政府投资项目代建制理论与实务[M]．天津：天津大学出版社，2006.
[44] 俞振凯．水利水电工程管理与实务[M].北京：中国水利水电出版社，2004.
[45] 张若美．施工人员专业知识与务实[M].北京：中国环境科学出版社，2007.
[46] 张守金，康百赢.水利水电工程施工组织设计[M].北京：中国水利水电出版社，2008.
[47] 张玉福．水利水电工程施工组织与管理[M].郑州：黄河水利出版社，2009.
[48] 赵启光．水利工程施工与管理[M].郑州：黄河水利出版社，2011.
[49] 郑少瑛.建筑施工组织[M]．北京：化学工业出版社，2004.
[50] 中国水利学会水利工程造价管理专业委员会．水利水电工程造价管理[M].北京：中国科学技术出版社，1998.
[51] 钟汉华．工程建设监理[M].郑州：黄河水利出版社，2005.
[52] 钟汉华．水利工程施工与概预算[M].北京：中国水利水电出版社，2003.
[53] 钟汉华．水利水电工程造价[M].北京：科学出版社，2004.
[54] 钟汉华，薛建荣．水利水电工程施工组织与管理[M].北京：中国水利水电出版社，2005.